国家出版基金项目
NATIONAL PUBLICATION FOUNDATION

核聚变科学出版工程

"十四五"国家重点出版物出版规划项目

面向核聚变等离子体钨基材料

吴玉程 著

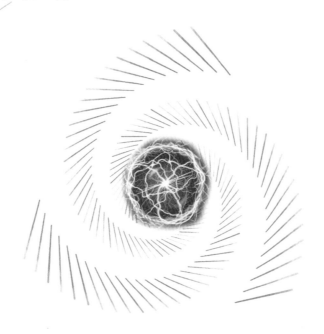

TUNGSTEN MATRIX MATERIALS FACING PLASMA IN NUCLEAR FUSION

中国科学技术大学出版社

内容简介

本书论述了从聚变能的引出到ITER计划的进展与目标,介绍了面向等离子材料服役条件和重要作用,阐明了钨基材料的组分组织调控、性能特征及加工技术,以及解决钨基材料脆性的韧化途径,评价了钨基材料抗热负荷和辐照损伤的能力表现和损伤机理,并针对偏滤器材料选择、模块制造和热负荷测试提出了改进的努力方向。

本书适合核材料、聚变工程和难熔金属材料及机械制造、材料成形加工等学科的本科生、研究生和科技工作者阅读参考,有助于聚变工程、核材料等知识学习,为聚变材料选择和工程设计提供借鉴参考。

图书在版编目(CIP)数据

面向核聚变等离子体钨基材料/吴玉程著. —合肥:中国科学技术大学出版社,2023.12
(核聚变科技前沿问题研究丛书)
国家出版基金项目
ISBN 978-7-312-05778-6

Ⅰ.面… Ⅱ.吴… Ⅲ.钨基合金—复合材料—研究 Ⅳ.TG147

中国国家版本馆CIP数据核字(2023)第212820号

面向核聚变等离子体钨基材料

MIANXIANG HEJUBIAN DENGLIZITI WUJI CAILIAO

出版	中国科学技术大学出版社
	安徽省合肥市金寨路96号,230026
	http://press.ustc.edu.cn
	https://zgkxjsdxcbs.tmall.com
印刷	合肥华苑印刷包装有限公司
发行	中国科学技术大学出版社
开本	787 mm×1092 mm 1/16
印张	20
字数	415千
版次	2023年12月第1版
印次	2023年12月第1次印刷
定价	158.00元

前　言

　　人类正经历从化石能源向可再生能源逐步替代的发展过程,清洁、高效和绿色的能源产生与利用,且利用后减少污染气体的排放是理想目标。环境污染与恶化、河流泛滥与山洪暴发,以及各种疑难杂症等的涌现,都与能源的开发和利用密切相关,所以治理与发展要并驾齐驱,世界各国纷纷提出碳达峰和碳中和的路线图与时刻表。核聚变反应产生的聚变能是洁净、安全和用之不竭的终极理想清洁能源。燃料氘大量存在于海水之中,存量极其丰富,可供使用数百亿年。核聚变能的开发与利用是人类共同面对的问题,1985年,美国、苏联、日本、欧洲等共同提出建造国际热核聚变试验堆(International Thermonuclear Experiment Reactor, ITER)计划,2003年中国正式加入国际ITER计划组织,ITER的技术目标是为了验证聚变产能的可行性和为将来的聚变示范堆(Demonstration Power Plant, DEMO)提供工程和物理上的支持,其中关系到核心部件制造和工程化关键是面向等离子体材料。

　　本书论述了从聚变能的引出到ITER计划的进展与目标,反映了面对等离子材料的重要作用和服役条件,阐述了钨基材料的组分、组织结构调控和性能特征及加工方法,以及解决钨基材料脆性的韧化途径,并详细阐述了钨基材料抗热负荷和辐照损伤的能力表现和损伤机理,同时针对偏滤器材料选择、模块制造和热负荷测试提出了改进与发展的方向。

　　本研究得到科技部国家重大研发计划、ITER重大专项和国家自然科学基金及国际合作重点项目、国家高等学校学科引智计划"清洁能源新材料与技术"(111计划,B18018)等支持,感谢中国科学院等离子物理研究所李建刚院士一直以来的帮助与支持,以及万元熙院士、万宝年院士和陈俊凌研究员、罗广南研究员等的支持,合肥工业大学罗来马教授、刘家琴教授、昝祥教授、朱晓勇副研究员和谭晓月副教授亦为本书涉及的研究作出很大的贡献。在本书出版过程中，丁孝禹作为合肥工业大学与日本京都大学联培的博士生，从事钨基核聚变材料的制备与辐照性能研究，为本书稿的组织与整理作出努力。作者团队正在承担国家未来聚变装置部件及材料的研究任务，力争取得更好的成绩，为我国聚变能源发展贡献力量。

文中难免存在谬误，敬请广大读者批评指正！

吴玉程

2023年8月于合肥

目　　录

第1章 聚变能与面向等离子体材料

1.1 引言

能源是人类活动和生产推进的物质基础,是国民经济发展的基础。相关报道称,目前化石燃料等传统能源储存量有限,甚至很多人预测,在可预见的未来传统能源即将枯竭。现有能源形式不仅产生环境污染,还有二氧化碳排放带来的温室效应等都是严峻的生态问题。作为替代能源,如太阳能、风能、潮汐能、生物能等,目前它们的输出产量和效率还不是很高。另外,相关专家已经注意到废旧电池处理利用和生态二次失衡等问题。对此,世界各国纷纷制定了碳达峰和碳中和的解决方案和时间表。

裂变能虽然缓解了能源供给的压力,但是其安全性和可靠性一直在困扰着政府和产业界,日本福岛核电站泄漏事故再次敲响了环境和安全的警钟。尽管从某种意义上来说,今天裂变反应堆的安全保障性有了很大的提高,但也只能作为一种过渡和补充能源,且已探明的裂变资源铀储量有限。目前,全世界已探明的铀资源约 4.47×10^6 t,如果用于快中子堆可达上千年时间,而用于热中子堆核电站仅可使用50年左右。

通过轻原子核的聚变反应产生的聚变能,作为理想的终极清洁能源,是解决人类能源问题的重要潜在办法,几乎不会带来放射性污染和排放等环境问题。整个地球有 4.6×10^{21} L 储量的海水,聚变反应燃料氘大量存在于海水之中。据估算,1 L 海水所含的氘元素用于聚变时可释放约 1.1×10^{10} J 的能量,全球氘的能量总储量可达到 5×10^{31} J,氘的存量可谓极其丰富,能供人类使用数百亿年。氚也可以通过中子与锂的反应获得,而且锂的储存也相对丰富。

通过人为控制,氕(氢的同位素)原子核在上亿摄氏度的高温条件下发生聚变,产生热核反应从而释放出巨大能量。核聚变反应产生的能量高于核裂变反应,其能量的产生能够依据人类需求进行控制。因此,聚变能可以用作清洁能源来进行输出和应用。

近年来,聚变堆技术已经取得了很大的进展,但是还要有待建成受控、自持的聚变反应堆,才能真正实现聚变能的应用。由于需要解决的技术和工程难题还有很多且复杂,聚变反应堆现在仍然处于工程技术可行性论证与验证阶段,验证起来相当困难。聚变装置包含数以万计的部件,要能胜任高热负荷和高能辐照等环境,面向等离子体材料的选择和应用仍然是一个关键问题。

1.2 聚变基本原理

聚变反应是需要在高温下进行的,又称为热核反应。要想实现聚变反应,必须使产生的等离子体有足够高的温度,加热温度越高,聚变反应发生的概率越大。要使得聚变能有用,释放出的能量必须要大于用来维持聚变反应所需要的能量,即反应满足劳逊(Lawson)准则条件(等离子体温度×密度×能量约束时间)。从获得能量的角度分析,下面几种聚变反应尤为重要。

$$D+D \rightarrow {}^3He(0.8\ MeV)+n(2.5\ MeV) \tag{1.1}$$

$$D+D \rightarrow {}^3T(1.0\ MeV)+p(3.0\ MeV) \tag{1.2}$$

$$D+T \rightarrow {}^4He(3.5\ MeV)+n(14.1\ MeV) \tag{1.3}$$

$$D+{}^3He \rightarrow {}^4He(3.5\ MeV)+n(14.1\ MeV) \tag{1.4}$$

式中,D、T、He、P、n分别代表氘、氚、氦、质子和中子,这几个反应中,(1.3)反应速率快,要求的条件也比其他反应低,相对来说比较容易实现,放出的能量更多。D-T反应与D-D反应相比,实现温度可低一个量级,聚变反应发生要求的等离子体温度达到$2 \times 10^8\ ℃$,同时粒子数密度达到每立方米10^{20}个,能量约束时间超过1 s。

在实验室条件下,D-T反应示意图如图1-1所示。由于质子与质子之间的反应截面非常小,D-T反应最容易实现能量的输出。首先需要达到大约100000 ℃的高温,将作为燃料的氘氚混合气体加热到完全电离的物质等离子态(由电子和离子组成),然后让两个原子核克服强大的静电斥力聚到一起;当它们克服斥力,互相接近达到大约万亿分之三毫米时,核力把两者拉到一起,变成一个新的原子核并释放出巨大的能量。发生聚变反应的过程条件与温度相关,原子核需要以极快的速度运行,从而克服带正电的原子核之间的相互排斥作用,要使原子核达到这种运行状态,就需要有高温条件支撑,继续加热直至温度达到上亿摄氏度,这样氘和氚的原子核会以极大的速度发生碰撞,产生氘氚核聚变反应。

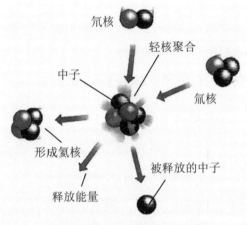

图1-1　氘氚核聚变反应示意图

根据聚变反应原理,设计在环形真空室内,通过辅助加热的方法,让气态氢燃料(D+T)变成高温等离子体,这些氢原子发生碰撞融合并产生巨大的能量,通过氦(He)粒子、中子的动能体现出来。聚变反应堆经过一段时间运行后,内部反应体能够维持继续反应,已经不需要外来能源辅助加热。而核聚变产生的温度足够使得原子核持续发生聚变反应,除了产生的小部分能量能留在反应体内支持链式反应以外,剩余大部分的能量可以通过热交换装置输出到反应堆外,实现输出能量大于输入能量从而进入发电网络。未来核聚变发电厂通过环形真空室内壁吸收这些粒子的动能,将能量转化为热量,利用这些热量产生水蒸气,然后就像传统发电厂一样,通过涡轮机和发电机将其转变成电能从而输送到指定区域。

如果聚变技术和工程设计实现突破,那么一座中等规模的城市只需建立1~2个核聚变发电站就能确保能源供应。核聚变能因无任何核废料、无长期放射性且具有高的能量密度,安全清洁,排放几乎为零,故成为人类实现绿色、低碳、可永久持续发展的理想动力能源,这将是能源该领域的伟大进步!

1.3 核聚变方式

目前可控核聚变方式主要有两种:利用高能激光进行的惯性约束和利用托卡马克(Tokamak)装置进行的磁约束。

1. 惯性约束聚变[1](Inertial Confinement Fusion,ICF)

利用物质的惯性达到约束被称为惯性约束,如何通过惯性约束实现受控聚变? 可以进行下列实验:在极短时间内将高功率的能量注入到少量聚变燃料靶丸(直径约为1 mm的空心小球,装有几毫克的氘和氚的混合气体或固体)中去,使其被急剧加热,赋能粒子高速飞向四面八方,迅速转变成高温等离子体。在一定范围内粒子的惯性飞行必须要有一定时间,但是由于加热时间非常短暂,这些粒子在没有飞出反应区域之前热核聚变反应就已经完成。因此,完成这种方式的聚变反应关键在于,需要高度方向性的束流和极高的功率。

激光束驱动器和粒子束驱动器是20世纪60年代后出现的,成为目前惯性约束核聚变研究的主要装置。把几毫克的氘和氚的混合气体装入直径约几毫米的小球内,然后从外面均匀射入高能激光束或粒子束,球囊内的D-T反应气体受力向内挤压,压力升高导致温度也急剧升高;当温度达到核反应需要的温度时,球内气体发生了核聚变反应,这就是激光惯性约束。

2. 磁约束聚变[2](Magnetic Confinement Fusion,MCF)

在强大磁场环境下形成的一个封闭环绕型磁力线空间,磁力约束迫使等离子体沿磁力线运行,利用各种加热方式将氘氚等离子体升温至可以发生聚变反应的水平,最终实现以准稳态乃至稳态的方式实现核聚变反应。利用强磁场约束高温等离子体的Tokamak是最有希望实现可控热核聚变反应的装置。对磁约束核聚变的研究开始于20世纪50年代,开始时只有苏联、美国等少数几个核大国进行秘密研究,60年代发展到许多国家通过合作方式展开研究。探索磁约束核聚变的途径经历了从快箍缩到磁镜再到仿星器的过程,仿星器由美国学者L. Spitzer提出,其基本原理是通过磁力线旋转变换将带电粒子封闭在环形区域中的漂移轨道,从而得到长期约束。随着聚变研究的深入和装置技术的不断进步,除仿星器外,这些聚变装置的参数都很低,逐步退出了科研平台。从19世纪80年代起,国际上主要以Tokamak装置研究为主,逐步建成了世

面向核聚变等离子体钨基材料

界上最大的聚变反应堆欧洲联合环(Joint European Tours, JET)[1]、美国的 TFTR 和 DIII-D[2]、日本的 JT-60 等[3]。中国可控核聚变装置虽然起步较晚,如中国环流器二号 A(HL-2A)[4]、世界上第一座全超导 Tokamak 装置东方超环 EAST(Experimental Advanced Superconducting Tokamak)[5],经过半个多世纪的艰苦探索,同样取得了令人瞩目的进展。

1.4　聚变能的发展

人类共同面对核聚变能的开发与利用,集成当今国际受控磁约束核聚变的主要科学和技术成果,开始组织验证 Tokamak 装置长时间实现聚变能的输出和磁约束聚变能的科学可行性和工程技术可行性,1986 年美苏倡议,在国际原子能组织(International Atomic Energy Agency, IAEA)的框架下,美国、欧洲、日本及苏联发起共同建造国际热核试验堆(International Thermonuclear Experiment Reactor, ITER)的倡议。其基本思路是将强电流产生的极向磁场与环形磁场结合,通过磁场来约束高温等离子体,从而使等离子体和真空室内壁分离开来,最终实现高温等离子体的磁约束[6]。实验的目标是模仿太阳产生能量的过程,将氢同位素聚合成氦,像太阳一样产生上亿度高温,源源不断释放出热核聚变能源,所以也被形象地称为"人造太阳"。

ITER 计划执行初期,也经历很多周折与调整。1992—1998 年确定为 ITER 工程设计 EDA(Engineering Design Agency)及部分技术预研阶段,建设投资预计近 100 亿美元。由于预算投资巨大,美国于 1998 年 7 月宣布退出 ITER 组织。ITER 参与方在 1998 年接受工程设计报告后开始考虑修改原先的方案,欧、日、俄三方联合工作组经过三年努力,完成了 ITER-FEAT(ITER-Fusion Energy Advanced Tokamak)装置新的工程设计(EDA)及主要部件与技术研发,力求在满足主要目标的前提下尽可能大幅度降低建设成本[7]。2003 年,美国又宣布重返 ITER 计划;同年 2 月,中国政府正式成为参与国;6 月,韩国加入组织;2005 年 12 月,印度也加入 ITER 组织。ITER 参与方的增加,表现出国际社会对待发展聚变能的积极合作意愿,2006 年 5 月 24 日中国、欧盟、美国、韩国、日本、俄罗斯、印度七方完成所有计划法律文件的谈判,在比利时布鲁塞尔,各方草签了《成立国际组织联合实施计划的协定》和《赋予国际组织特权与豁免的协定》,标志 ITER 执行计划进入一个崭新阶段[8-10]。

ITER 计划从参与方数量和投资规模来看,是仅次于国际空间站的又一个涉及多边国际科技合作的重大项目,昭示着热核聚变技术从基础研究阶段进入了工程化可行性验证阶段[11-13]。我国有史以来参与的最大的国际科技合作项目是ITER,不仅派驻一大批管理和技术人员在法国ITER总部,还在其中承担许多重要工程项目,并出色地按时完成多个如PF导体的采购包任务,其制造工艺复杂,挑战前所未有技术和装备手段,涉及焊接工艺、无损检测技术、导体成型及收绕技术等,体现出一流的品质保证,为ITER装置的顺利建造以及工程准备做出了突出的贡献。

图1-2为ITER装置的结构示意图[14]。在完成该工程设计后,开始在法国南部卡达拉舍建造,拟建造装置的目标设定为基于核反应堆级别,能够具有验证装置主机的集成技术;检验装置的稳定运行能力;实现从聚变反应获得的输出功率,至少为输入功率的10倍($Q \geqslant 10$,能量增益因子即聚变功率增益因子),从而为500 MW聚变反应堆(装置)的可靠运行提供技术与装置示范。JET的表现相对较好,1997年生产出70%的输入量,目前为止还没有任何一座聚变反应堆的能源产出能够大于其消耗。2020年8月31日,ITER Tokamak装置杜瓦下部筒体吊装工作圆满完成,这是自ITER计划重大工程安装启动仪式后的第一个重大部件安装。

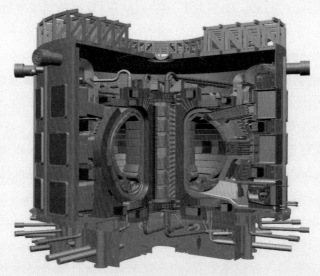

图1-2 ITER装置的结构示意图[14]

ITER的技术目标是为了验证核聚变产生能源的可行性,以及为将来的聚变示范堆(Demonstration Power Plant,DEMO)提供物理研究和工程基础支持。表1-1列出ITER装置中真空室和真空室内部件的材料选择[15],存在着不同的功能需求。对于稳态运行的聚变堆,服役要求是中子壁热负荷一般为3～5 MW·m^{-2},负载因子在80%以下,原子平均离位(Displacement Per Atom,DPA)在200以上,运行时间达30年。针对这样一个服役环境条件,选择何种包层方案,包括第一壁材料、倍增中子、慢化中子、冷却剂等都必须进行综合考虑,传统材料提升和新材料研制、制造技术突破等,从基础研

面向核聚变等离子体钨基材料

究到工程应用都必须加以验证,真正实现聚变能的应用还需很长时间才能完成。

表 1-1 ITER 的真空室和真空室内部件的材料选择[15]

材料	品牌	部件
铍	S-65C VHP(DShG-200)	用于第一壁和限制器的装甲瓦
碳纤维复合材料	SEP NB 31, NIC 01 (CX2002U,SEP NS31)	用于偏滤器靶板的装甲瓦
钨	Pure sintered W	用于偏滤器的装甲瓦
	316L(N)-IG	屏蔽模块、真空室、包层、冷却管、偏滤器本体后面的材料;第一壁的薄管壁、在真空室内的冷却管
奥氏体钢	AISI 660	对窗口焊接的固定部件(固定楔与螺栓)
	SS30467	用于屏蔽板壁中的硼化钢
碳素钢	SS 430	减少纵场波纹度,嵌在纵场线圈中隐蔽处的磁钢
铜和铜合金	CuCrZr-IG	面向等离子体材料组分中的吸热材料
	CuAl25-IG	面向等离子体材料组分中的吸热材料
铌合金	Inconel 718	可动支撑,包层冷却水管中的螺栓材料
钛合金	Ti-6Al-4V	支撑包层模块的可动支撑材料
陶瓷	Al_2O_3、$MgAl_2O_4$	支撑包层模块中的电绝缘材料

DEMO 是用来示范未来聚变能发电的聚变反应堆模型,是实现聚变能商业化应用的必经之路,为建造与运行聚变反应堆电站奠定科学理论和工程应用基础[16]。与 ITER 装置条件参数相比,DEMO 装置中将会存在更强的中子辐照,并且所应用材料需要适应低中子活化的要求,另外,还需要提供热循环效率更高的冷却系统[17]。表 1-2 给出了 ITER 实验堆与 DEMO 示范堆的运行工况对比[18]。

表 1-2 ITER 实验堆与 DEMO 示范堆的运行工况对比[18]

ITER	DEMO
运行具有灵活性(实验装置)	
无聚变能量转化(≤100 ℃水冷)	实现聚变能量转化(>300 ℃水冷或>400 ℃氦冷)
脉冲放电(约400 s),低占空比(约3%)	准稳态运行(放电时长数小时),高占空比(>50%)
稳态热流(偏滤器):10 MW·m^{-2}	稳态热流(偏滤器):0~10 MW·m^{-2}
具有等离子体破裂/VDS/ELMs 瞬态热流加载 (20 MW·m^{-2}、<10 s)	非常有限的等离子体破裂/ELMs 事件
低中子辐照剂量(FW:约1 dpa)	高中子壁负载
成熟材料体系(W、Be、CuCrZr、316L)	低活化材料(W 合金、RAFM、ODS-FS……)

1.4.1 国外聚变堆装置与聚变能研究的发展

经过多年的理论和实验探索,一些发达国家发现实验得出的等离子体能量约束时间与理论研究结果仍有很大的差距,认识到核聚变能问题的复杂性和研究过程的艰难性,实现磁约束热核聚变能可控及其解决工程技术基础问题,不可能在短时间内轻易突破,需要进行国际交流和合作。国内外通过多年的探索,相继建造或改建了一批大型Tokamak装置,在Tokamak装置的理论与实验研究方面均取得了较大的进展。

1. 欧洲JET装置

1982年,欧洲原子能委员会在英国卡拉姆实验室建造的JET,是目前世界上已建成的Tokamak装置中尺寸较大的之一。JET装置在实验中满足临界等离子体的3个条件:温度达到1亿℃以上、$1cm^3$的中子数密度为25万亿个、磁场约束时间0.6 s。此后,欧洲建造了很多Tokamak装置,如德国的ASDEX-U、意大利的FTU和英国的MAST等。ASDEX是世界上第一个获得等离子体高约束模式(H-Mode)的装置,最早实现具有偏滤器、等离子体截面垂直拉长和三角形变。H-Mode被认为是Tokamak的重要约束模式,同时也是ITER的标准运行模式。1991年,JET装置实现了全球第一个聚变功率输出。

2. 美国的TFTR和DⅢ-D装置

美国的Tokamak装置TFTR(Tokamak Fusion Test Reactor)建在普林斯顿大学等离子体物理实验室,规模较大。该装置紧接着JET获得了聚变功率输出,随后关闭运行。美国通用原子能公司(General Atomic,GA)建造的Tokamak装置尺寸较小且更灵活,可以开展更多的实验研究。而位于圣地亚哥市的DⅢ-D装置是世界上最早使用D形截面约束的Tokamak装置,但不能获得聚变功率输出。

3. 日本的JT-60装置

日本和欧洲一起大力推进了ITER的联合建设,探索聚变能源并积极推进。JT-60是世界上最早使用水平偏滤器的装置,由日本原子力研究所(Japan Atomic Energy Research Institute,JAERI)(现更名为日本原子能机构,Japan Atomic Energy Agency,JAEA)建造。后期发现其难以获得等离子体的高约束模式,装置改为垂直偏滤器同时升级为JT-60U。JT-60U通过"高频加热"装置,使用电磁波加热等离子体,突破了短时间内连续运转的难关;使用氘作为燃料获得了聚变功率输出,折算到D-T聚变,其聚变功率输出增益达到1.3。此外,JAERI还建造了JFT系列小型Tokamak装置。日本核融合研究所(National Institute of Fusion Science, NIFS)是另一所著名的聚变研究机构,它的螺旋装置(仿星器)处于世界前沿水平。

4. 俄罗斯的 Tokamak 装置

因为ITER最早期的概念是由苏联和美国在1985年提出的,所以俄罗斯具有世界一流的磁约束装置建造水平,从而诞生了世界上第一个Tokamak装置、第一个现代改进约束的Tokamak装置T-3、第一个大的超导Tokamak装置T-15、第一个超导Tokamak装置T-7(20世纪90年代,中国科学院等离子体物理研究所引进并改造建成了HT-7)等。

1.4.2　中国聚变能的发展

中国受控核聚变能研究始于20世纪50年代中期,在长时间非常困难的环境下,始终能保持稳定和逐步发展。为了满足聚变能对研究和人才的需求,我国先后建成了专业的研究机构,如中国核工业集团公司西南物理研究院(Southwestern Institute of Physics, SWIP)和中国科学院等离子体物理研究所(Institute of Plasma Physics, Chinese Academy of Sciences, ASIPP),在中国科学技术大学、华中理工大学、大连理工大学、清华大学等高校布点建设了核聚变及等离子体物理专业等,进行相关专业人才培养。同时,国家开始建立了相应的研究装置,如HT-6B(ASIPP)、HL-1(SWIP)、HT-6M(ASIPP)及中型Tokamak装置HL-1M(SWIP);建立并运行了小型Tokamak装置,还有CT-6(中国科学院物理研究所)、KT-5(中国科学技术大学)等,开展核聚变能的专门建设与研究。

1965年,中国成立了第一个专业性的聚变研究单位——核工业585所(SWIP),该所一直从事受控聚变研究,先后建成了22个中小型聚变试验装置,包括:角向箍缩、场反向、异性截面Tokamak、超导仿星器、磁镜、球马克等,其中代表性的Tokamak装置有中国环流器一号(HL-1,1984年)、中国环流器新一号(HL-1M,1995年)和中国环流器2号A装置(HL-2A,2002年)。尤其是HL-1装置的成功建成,标志着中国受控核聚变进入规模化物理实验研究阶段;HL-1经过改进升级为HL-1M,各项参数如高密度、强辅助加热、大电流驱动及弹丸加料条件下的较高参数等均有重大提高,等离子体约束物理实验进入国际同类型装置的先进行列。HL-2A是中国第一个具有磁偏滤器、等离子体截面垂直拉长和三角形变的装置。中国在Tokamak装置建设与研究过程中,引入了国际合作,1995年7月,中德双方达成合作协议,德方将ASDEX装置主机部件赠予中国SWIP。2002年12月,完成HL-2A主机安置工作并投入运行。2007年5月,等离子体温度成功达到5500万℃,等离子体电流为433千A,在上亿摄氏度的核聚变点火温度的道路上迈出了新的一步。

中国科学院等离子体物理研究所(ASIPP)成立于1978年9月,经过40多年的发展与壮大,在高温等离子体物理实验及核聚变工程技术研究方面进入国际先进行列,达成了广泛的国际交流与合作,也是ITER计划中国工作组的重要支撑单位之一。在20世纪90年代,通过引进苏联的T-7装置并改造建成了HT-7装置,在长脉冲运行方面建立起很好的工作基础。2006年,中国独立设计并成功建成了第一个全超导的Tokamak装置HT-7U(后更名为EAST装置),其具有大型非圆截面、全超导、先进偏滤器特点,成为目前世界上唯一有能力进行高功率及长脉冲运行,并且与ITER技术和运行直接相关的磁约束核聚变装置。这标志着中国成为第四个拥有超导Tokamak装置的国家,国际聚变界称之为"全世界聚变能开发的杰出成就和重要里程碑"。EAST的科学目标是建造一个具有非圆截面的大型全超导Tokamak装置及其实验系统,基于在先进Tokamak聚变反应堆上进行稳态运行,发展并建立所需要的各种技术,并开展稳态、安全、高效运行的基础物理问题的实验研究,为国际热核聚变实验堆ITER的建立及运行打下物理和工程技术基础。

此外,中国科学院物理研究所联合清华大学建造了SUNIST球形Tokamak,中国科学技术大学建造了HT-6Tokamak装置,华中科技大学引进美国的TEXT装置建成了J-TEXT装置。这些装置都会为未来的商业示范电站(DEMO)的建设积累经验并探讨物理和工程可行性提供支撑。由于磁约束受控聚变难度巨大,国内外很多学者都认为应当存在一个从ITER到DEMO之间的过渡,中国在这样的背景下提出聚变工程试验堆(CFETR)。在ITER建造背景下,国家高度重视ITER的工程建造以及对国内装置的配套建设,2007年和2008年先后启动了支持国内ITER相关的科研项目,进行相关物理理论探讨、工程模拟等研究,材料的选择和服役性能等也逐渐被列入研究主题。2018年,合肥工业大学在面向等离子体材料方面,通过与德国余利希研究中心、日本京都大学和日本核融合研究所等开展广泛的国际合作,获批教育部和外专局联合支持的"先进能源新材料与技术"国家高等学校学科创新引智计划项目。

1.5 等离子体与材料的相互作用

约束的等离子体与周围空间及材料会发生相互作用,等离子体与材料的相互作用PMI(Plasma-Material Interaction)产生诱因:聚变装置中环向磁场和极向磁场构成的螺旋磁场能够有效地约束等离子体,但没有给等离子体指定边界;由于磁场对等离子体约束的不完全性,一些带电粒子会发生碰撞、反常输送等行为,在垂直于磁面方向上进行扩散和漂移运动,从而接触部件表面并与其发生作用。此外,中性粒子、中子、光子不受磁场约束,则直接作用到真空器壁上[19]。最初提出设置限制器(Limiter)或偏滤器(Divertor),目的在于通过特殊的磁场结构使等离子体与材料发生相互作用,在远离主等离子体的偏滤器中进行,将主等离子体与产生杂质的源隔离开来[20]。

偏滤器目前已经成为ITER装置中的关键部件之一,成为热流和粒子流的收集器和交换器[21],承受相当苛刻的热负荷和辐照考验。限制器或者偏滤器的功能就是把等离子体约束在一定体积之内,从而形成一个等离子体边界-最后闭合通量面LCFS(Last Closed Flux Surface),LCFS向内是芯部等离子体区域,向外则是刮削层(Scraped-off Layer),包括再向外就是真空室壁、限制器和偏滤器靶板,与等离子体直接接触的部分总称第一壁(First Wall),第一壁表面的材料即为面向等离子体第一壁材料(Plasma Facing Materials,PFMs)。图1-3是等离子体与壁相互作用的示意图。PMI可

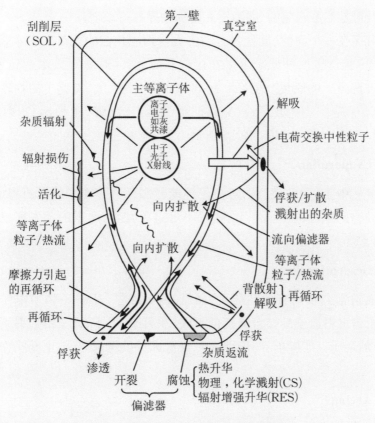

图1-3 等离子体与壁相互作用示意简图

第1章 聚变能与面向等离子体材料

以分为两个方面：① 粒子流和能量流轰击器壁，产生杂质机制有：物理溅射、解吸、蒸发、化学溅射、起弧、表面起泡、氢在晶界处析出等，杂质进入主约束区，对等离子体约束和其品质产生不利影响；② 粒子流和能量流轰击器壁，主要表现为PFMs的溅射腐蚀和热腐蚀、辐照损伤[22]，造成第一壁材料损伤等。

1.5.1 杂质的产生

在Tokamak装置中，PMI过程中杂质产生的主要机制存在以下六种方式。

1. 物理溅射（Physical Sputtering）[23-25]

装置中心电子能量为1～20 keV的等离子体，在其边缘处总是会有几十电子伏特能量的粒子，这些入射粒子通过与第一壁表面原子发生弹性碰撞将一部分能量传递给表面原子，表面原子直接通过级联（Cascade）过程获得足够的能量克服表面的束缚而逸出，这个过程称为物理溅射。溅射产额与入射粒子与表面原子的质量比、入射粒子的能量、表面温度以及入射角等因素有关。物理溅射是杂质产生的主要机制之一，在聚变装置中溅射是不可避免的，因为没有附加的操作可以消除。

物理溅射存在一个阈值，能量只有高出溅射阈能几倍的入射离子才能产生一个或几个反冲原子，且这些反冲原子发生在接近表面处，才有一定概率达到表面而逸出。等离子体中逃逸离子的能量一般在0.1～3000 keV。氕、氘、氚离子的物理溅射产额为10^{-3}～10^{-2}原子/离子。例如，300 eV的氘离子轰击铍、碳、钼和钨，溅射产额分别为3.67×10^{-2}、4.0×10^{-2}、2.4×10^{-3}、0.165×10^{-3}原子/离子。

2. 蒸发（Evaporation）[26]

当放电突然中止（即破裂）时，等离子体能量和部分等离子体电流感应能，将会在毫秒时间内冲击到壁面的小面积上，蒸发不可避免发生，严重的蒸发现象主要发生在局部过热处。

3. 解吸（Desorption）[27]

器壁表面通常会吸附有一些杂质，如氧、氮等粒子，还有一些工作气体，如氕、氘等。这些粒子与材料原子的结合能高低不同，在离子、电子、光子的照射下都可能释放出来，形成新的杂质。实验前，一般要先对器壁进行烘烤、辉光放电等操作来清洗或壁处理。

4. 起弧（Arcing）[28]

带电的等离子体自放电会给壁面带来伤害。形成这些弧的趋势取决于表面性质

面向核聚变等离子体钨基材料

（材料、光滑度）、设计（如边缘和端头采用圆形设计），加上适当的选材和处理，将有助于消除这些弧的出现。

5. 化学溅射（Chemical Sputtering）[29]

化学溅射主要针对碳基第一壁材料，入射氢粒子与碳材料形成挥发性的碳氢化合物，氧粒子入射产生挥发性的 CO 与 CO_2，则发生了化学溅射。通常，大多数材料所发生的由氢、氘、氚离子引起的化学溅射不怎么显著，但化学溅射甚至在低能粒子辐射下也能发生，在某些情况下，比物理溅射更为重要。

6. 表面起泡

D-T 聚变反应产生的 3.5 MeV 的氦离子，在等离子体中热化后能量达到 $10\sim10^6$ eV，在聚变堆中的典型结构材料以 $5\sim20$ appm He/dpa 的速率累积氦，氦离子的轰击可在表面层下形成氦浓度的峰值区，并形成氦泡。在氦离子的不断轰击下，气泡内温度和压力不断增加，当气泡内压力足以使表层材料屈服时，表层材料隆起形成表面气泡。当材料温度承受越高，气泡内压力增高而表层材料强度变弱时，气泡越容易破裂形成针孔或海绵状结构。氦离子能量越高，材料强度越高，则起泡剂量阈值越高。与裂变堆相比，在聚变反应条件下，由于有较大的氦脆和离位损伤，材料的性质会发生很大的变化[8]。

此外还有背散射[30]、反扩散[31]、氢在晶界处析出[32]等方式。

1.5.2 材料的损伤

在等离子体与第一壁发生相互作用过程中，第一壁承受高热负荷和高粒子通量产生杂质的同时，将会引起一系列的材料损伤，主要表现形式有：

1. 溅射腐蚀和热腐蚀

PFMs 溅射腐蚀和热腐蚀包含局部烧蚀、融化、开裂和热疲劳等形式，以及带电粒子、中性粒子、中子和光子轰击引起的表面起泡和表面的喷射等现象。溅射腐蚀将会使得 PFMs 逐步发生减薄，很大程度上造成面向等离子体部件（PFC）的服役能力和使用寿命受到限制。一旦发生蒸发和熔化（金属类 PFMs 在重力和电磁力作用下会使熔融层流失）现象，就会进一步影响 PFC 的正常应用和缩短 PFC 的使用寿命。

2. 辐照损伤

辐照损伤分为表面损伤和体损伤两种：① 表面损伤主要由带电粒子、中性原子和光子轰击引起，主要形式有表面溅射、表面起泡和蒸发等现象，除造成材料的局部损害外,发生在聚变装置中,会造成等离子体的杂质污染。② 体损伤主要是由中子引起的,造成材料本身损害、缩短其使用寿命的主要因素来自体损伤。中子在材料中引起的两种基本物理过程是原子位移和核反应,主要损伤形式有材料活化、肿胀,以及引起力学性质和物理性质变化等。这种损伤对材料整体产生损害,致使其性能退化,并缩短了PFC的使用寿命。

中子辐照效应分为离位损伤效应和核嬗变产生的杂质原子效应。与裂变堆中 1~2 MeV 中子产生的离位损伤相比,14 MeV 中子产生的离位损伤没有本质的区别。当中子能量从 1 MeV 增加到 14 MeV 时,轻原子损伤比例几乎不变;但对于重原子来说,离位损伤将急剧增加数倍以上。虽然这两种能量的中子产生的辐照缺陷的空间分布几乎没有差别,但在高能量的中子辐照中存在着使辐照缺陷集中、形成大块聚集体的趋势[33]。

1.6 面向离子体材料的选择

1.6.1 面向等离子体材料的性能要求

聚变堆装置中的面向等离子体材料(PFMs)是受高温等离子体直接辐照的第一道屏障,作用为保护真空室内壁及各种内部部件。在稳定运行过程中,PFMs除了承受高能量和高通量的束流粒子辐照,芯部高温等离子体携带了巨大的能量,通过热辐射和粒子撞击的形式将能量担负在表面,产生大约几十千瓦至几十万千瓦的热负荷。此外,在等离子体运行过程中,常出现一些不可控的电磁力扰动,也会导致等离子体约束的不稳定,进而在PFMs表面产生强烈的瞬态热负荷作用,如垂直位移事件、等离子体破裂和边界局域模等。其中垂直位移事件和等离子体破裂是一种非正常的瞬时事件,而边界局域模是一种正常的瞬时事件。

由此可见,热核聚变装置在运行过程中,PFMs面临极其苛刻的服役环境,因此对面向等离子体材料、结构材料和冷却技术等都提出了极高的要求[34,35],PFMs的典型服役条件如表1-3所示[11,36]。PFMs的主要功能包括:① 有效地传递辐射到材料表面的热量;② 有效地控制进入等离子体的杂质;③ 保护非正常停止运行时其他部件免受等离子体轰击而损坏。表1-4[11]列出了部分PFMs所需要的性能,在材料上要是

面向核聚变等离子体钨基材料

保证装置的正常运行不受影响,从几个方面归纳起来,PFMs 必须能够满足以下要求。

表 1-3 PFMs 的典型工作参数[11]

参数	范围
第一壁表面热通量	$0.1 \sim 1.0 \ MW \cdot m^{-2}$
偏滤器表面热能量	$3 \sim 30 \ MW \cdot m^{-2}$
中子损伤速率	$10 \sim 50 \ dpa/year$
总中子流	$50 \sim 100 \ dpa$
粒子轰击偏滤器表面的离子能	$1 \sim 200 \ eV$
粒子轰击偏滤器表面的能量	$10^{22} \sim 10^{23}/sm^2$

表 1-4 PFMs 的重要性能[11]

热物理性能	力学性能	表面性能	辐射效应
热导率	强度和韧性	物理溅射	肿胀
热膨胀系数	氢脆	化学溅射	辐照后力学性能变化
熔点	抗热冲击性	氢的吸放气	辐照后热物理性能变化
	热疲劳		辐照后活化

1. 高熔点、良好的导热性和抗热冲击性

在聚变反应堆正常运行过程中,PFMs 要面临来自高温等离子体的直接冲击,承受巨大的热负荷(正常工作时大约 $5 \ MW \cdot m^{-2}$,不稳定时甚至超过 $20 \ MW \cdot m^{-2}$)。PFMs 必须具有良好的导热性、高熔点和抗热冲击性能,才能保证可靠运行及防止出现熔化现象。

2. 低溅射产率,确保等离子体品质

控制好由物理溅射、化学溅射和辐照增强升华所产生的杂质数量,避免造成功率损失,进而影响等离子体的燃烧。高原子序数(Z)的杂质主要是 W、Mo 等金属,它们有较强的向中心约束区聚集的倾向,结果使中心约束区的加热功率低于其辐射功率,成为主要的功率损失源,形成电子温度的中空分布。对于聚变反应堆,重杂质不能超过万分之几,否则等离子不能自持燃烧。低原子序数(Z)的杂质主要是氧、氮、碳、硼等,这些杂质很难控制,其量过多时也会造成同样的结果。

3. 较低的对氢(氘、氚)气性吸放

如果 PFMs 滞存留大量的氢,那么这些氢就会在等离子体放电过程中进入等离子

体,造成氢循环并逐渐加强。这种情况对聚变反应很不利,需要加以控制,故选择材料时也必须考虑到材料本身对氢(氘、氚)的滞留敏感性及量级。

4. 低的放射性

被放射化的材料的放射能可以尽快地减小到安全水平,放射性才低。核聚变不同于核裂变方式,由于不存在裂变产物,故被称为干净反应或干净能源,但是因为 D-T 反应产生的高能中子,使 PFMs 材料在被辐照损伤的同时也被放射化了,所以 PFMs 要具有低的放射性[37]。表 1-5 列举了一些受限的放射性元素和推荐用于 PFMs 的元素[38]。

表 1-5 低放射性元素和受限元素[38]

低放射性元素	C、Cr、W、V、Ta、Ti、Mn、Si、B
受限元素	Nb、Mo、Ni、Cu

5. PFMs 易于加工成形及安装,满足工程设计要求

现有材料成形方法可用于 PFMs 加工制造,部件容易安装,实现工程化需求。

1.6.2 面向等离子体候选材料的特点比较

在 ITER 计划的实际执行和发展过程中,随着聚变研究的深入,以及工程化部件的制造和安装,材料及综合性能选择已经成为制约发展的关键性因素,材料的选择、制备技术、部件加工及检测评价等多方面都需要全面考证。现有的聚变材料很难满足未来聚变堆高温、高压和强中子辐照等苛刻要求,如何提高现有材料性能或开发出高性能的新型材料,是目前聚变材料研究与发展面临的任务。不同类型 Tokamak 的建造与运行,还有 ITER 计划的渐进实施,都有助于在装置实验运行过程中对相关聚变材料的研制和评价以及验证[39,40]。

从材料运用的研究结果可知,Tokamak 的不同高热负荷区域的 PFC 候选材料代表有铍(Be)、碳(C)和钨(W),对比三种材料的优缺点可见表 1-6[22]。几种热点候选材料在 600 ℃下的基本性能如表 1-7 所示[41]。表 1-8[42]给出了 ITER EDA 研发项目正在研究的面向等离子体材料。

每一种都有自身特点和局限性,下面就三种典型材料的特点和优劣做一个总结分析,可以为今后在传统材料性能提升和新材料研发方面增加新的启发,以逐步适应聚变堆部件的材料需求。

表1-6 第一壁材料钨、铍和碳的性能[22]

	钨	铍	碳
优点	1. 高熔点(3430℃) 2. 低物理溅射率(溅射阈值高) 3. 高热导 4. 低氚滞留 5. 低肿胀 6. 无化学腐蚀(H入射) 7. 有原位等离子体修复的可能性 8. 成熟的连接工艺	1. 与等离子体的相容性好(低Z,消除破裂的密度极限,减少逃逸) 2. 较高的热导率 3. 有原位等离子体修复的可能性 4. 强吸氧能力 5. 低活性 6. 无化学溅射 7. 成熟的连接工艺	1. 高抗热震和热疲劳能力 2. 高温下升华而不融化 3. 低Z 4. 装置中使用的大量经验 5. 高热导
缺点	1. 高Z(等离子体中低允许存在浓度) 2. 氧杂质入射引起化缺点 3. 低温脆性 4. 高温重结晶 5. 随着温度升高,强度下降显著	1. 低熔点(1250℃) 2. 高物理溅射产额,耐腐蚀性差,寿命短;化学腐蚀 3. 800℃以上耐氧化性差 4. BeO剧毒,需要采取特殊的安全措施 5. 耐中子辐照能力低(肿胀,高He产生率及发脆)	1. 氚贮存量大 2. 高温下辐射升华增强 3. 物理溅射阈值低 4. 高化学腐蚀降低材料寿命 5. 高的氚滞留能力 6. 产生灰尘 7. 需要特殊的壁清洗处理
应用区域 (ITER)	偏滤器靶板,顶盖 (Baffle,Dome)	第一壁 (First Wall)	偏滤器高通量区 (Wtrike Point)

表1-7 几种PFMs的基本性能(600℃)[41]

材料	原子数	熔点 (℃)	密度 (g·cm^{-3})	热导率 (W·m^{-1}·K^{-1})	热胀系数 (10^{-5}/K)	弹性模量 (Gpa)	运行温度 (℃)	自溅射率 (1000℃)	氚滞留率 (%)
石墨	6		1.8~2.1	90~300	4.5	8.2~28.0	RT~2000	>1	>1(辐照后)
CFC	6		1.8	100~400	1.5	11.3	RT~200	>1	>1(辐照后)
Be	4	1284	1.85	96	18.4	200	RT~1000	<1	<1
W	74	3400	19.25	176	4.5	370	RT~1000	<1(>100 eV)	<1

表1-8 ITER EDA研发项目正在研究的面向等离子体材料[42]

材料	欧盟	日本	法国	美国
Be	S-65-C	S-65-C TShG-56 TR-30 PVD S-65-C	DShG-200 等离子体喷涂	S-65-C
碳基材料	SEP NS31(CFC+Si) SEP N31 Dunlop P120 SEP NS11(CFC+Si) SEP N112	MFC-1 CX-2002U NIC-01 B,Si-doped CFC	—	
W	W-1%La₂O₃ W-5Re 等离子体喷涂	CVD W 等离子体喷涂 W/Cu分级	烧结W(cw.再结晶) W-Y(熔化) 单晶 CVD W W-Re-Mo-HfC	烧结(滑移,消除应力,再结晶) 等离子体喷涂 W-Li,W-Al W/Cu分级

1. 铍

铍具有低原子序数、高热导率、与等离子体的适应性好、比强度大、弹性模量高、对等离子体污染小,以及可作为氧吸收剂、中子吸收截面小且散射截面大等多个优点,使得它被选作为ITER中面向等离子体材料[43-45]。自从铍在JET应用并取得成功后,作为一种低Z面向等离子材料运用备受关注。表1-8列出了常用的几种铍材料,其中S-65C有着低的BeO含量和低的金属杂质,高温下具有好的延展性,DShG-200有很高的热应力抗力,TR-30有很高的辐照抗力,TShG-56性能适中。

然而,铍作为面向等离子体材料所表现出的缺点也非常明显,具体有熔化温度过低(1284 ℃)、蒸气压高、物理溅射产额高等。在中子辐照的条件下,会引发铍晶体结构的变化及性能劣化,如降低导热率,尤其是在低辐照温度(70 ℃)、高辐照剂量(32 dpa)条件下,将会导致其热导率的急剧下降(从200 $W \cdot m^{-1} \cdot K^{-1}$降到35 $W \cdot m^{-1} \cdot K^{-1}$)[46]。这些缺点会限制它的使用,何况它的抗热冲击性能也是一个备受关注的问题。钱蓉晖[47]采用高功率扫描电子束加热模拟聚变装置中的高热负荷,对铍材料进行热冲击实验,输入能量超过2 MJ·m⁻²的铍样品后开始出现明显融化,在9.62 MJ·m⁻²热冲击能量密度以内形成的烧蚀坑深度不超过150 μm;另外,材料因升华和飞溅有微量失重。铍因有毒被许多商业领域禁用[48]。

2. 碳基材料及复合材料

ITER早期设计中曾选择碳作为偏滤器的垂直靶板材料。碳基材料具有低原子序数和高热导率,在高温时能保持一定强度、高抗热震能力,与等离子体有良好的相容性,并且具有对Tokamak装置中发生异常事件(包括等离子体破裂、边缘区域模)承受能力高等优点。ITER中的等离子体破裂和慢瞬态过程,会给铠甲及材料带来极大的热负荷能量,碳纤维复合材料(CFC)具有高热导率(20℃时为300 $W \cdot m^{-1} \cdot K^{-1}$、800℃时为145 $W \cdot m^{-1} \cdot K^{-1}$),作为面对等离子体材料存在显著优势。在与等离子体直接接触的区域(如偏滤器垂直靶和收集板),目前只能使用CFC,就是因为在高功率运行条件(慢瞬态和破裂)下CFC不会熔化,表现出很高的剥蚀寿命和在高热流密度下优异的热力学性能。常用的碳基材料如表1-8所示,CFC应用在各大装置上,积累了丰富的实验数据[49-51]。

到目前为止,还没有一种碳材料能解决自身存在的两大缺陷问题:一是抗溅射能力差,化学腐蚀率较大。碳材料在800 K附近有很强的化学溅射,在1200 K以上又表现出辐照增强的升华现象。碳的腐蚀急剧增大,会造成碳杂质在实验装置中泛滥,致使等离子体品质下降。二是孔隙率较高(约为19%),故对氘和氚具有较高的吸附性,这对氘氚燃烧待产等离子体产生严重的影响。另外,按照目前ITER装置偏滤器的设计,中子辐射主要影响CFCs的热导率[52]。因此,还需要获得更多数据去评估预测受辐照的CFCs热反应。

随着核聚变物理和工程基础研究的深入,最早使用的碳基材料高纯石墨已不能满足使用需求,转向研究替代的掺杂石墨材料。一些学者从降低材料的Z有效值和提高抗氧化能力出发,向石墨中加入B、Ti、Si等杂质元素,能有效抑制化学溅射现象[53,54],并提高机械性能和热性能等。在8 $MW \cdot m^{-2}$的热流冲击下未发现表面损伤,且热导率也无明显下降。但以上掺杂石墨热导率还比较低,不能很好地适应新一代Tokakma装置,目前应用较多的是CFC,图1-4[52]列出一些CFCs的热导率。为了提高传统CFCs的抗化学腐蚀力、降低氚滞留,吴俊雄[55]等开发了三维CFC,其机械强度和热导率大大高于石墨,在室温下达到300 $W \cdot m^{-1} \cdot K^{-1}$以上,热膨胀系数低,耐热冲击性好,将用于ITER中热负载很高的局部位置。法国NET团队开发了Si掺杂CFCs(SEP NB31),日本Tonen等开发了SiC掺杂CFCs[52,56]。掺杂能降低化学腐蚀和减少氚滞留,但同时会导致材料热导率轻微下降。

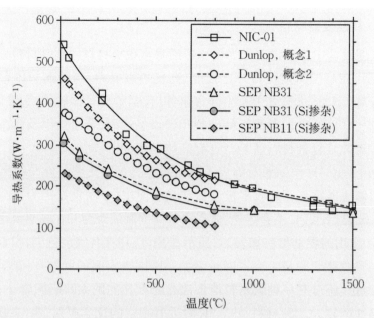

图1-4 最近开发的先进CFCs的热导率变化[52]

3. 钨及钨基材料

在聚变工程研究早期,通常采用钼、钨等高原子序数金属制造PFMs,相对于低Z材料,高Z的PFMs有望达到较高的使用寿命。钼经过多年的实验逐渐被淘汰,钨作为偏滤器的PFMs材料一直被关注和探究。钨金属具有高熔点(3430℃)和高热导率,对氘和氚的吸附量极小,只相当于石墨的1/10,不与H发生反应,而且具有放射性低、抗溅射能力强和抗等离子体冲刷能力高等优势。根据钨的性能特点和目前已有研究应用结果,钨表现出PFMs最有前途的候选特征[57-60]。

但是,钨具有较差的抗热震能力,由于物理溅射和辐照效应,面临杂质容忍度低(比碳杂质小2~3个数量级),容易引起物理溅射而污染等离子体。当离子能量大于100 eV时,W-W的自溅射产额将大于1,所以钨只能用于能量低于这一水平的聚变系统中。近些年来,随着人们对Tokamak边缘等离子体物理的深入理解,加上等离子体约束水平的提高以及偏滤器位形的发展,等离子体边缘的温度已经可以降到钨发生物理溅射的临界温度以下,钨的溅射产额大大降低。因此,钨又重新被视作面对等离子体候选材料,成为第一壁材料及部件研究的热点和重点。

图1-5(a)为D$^+$对三种候选第一壁材料的溅射率示意图[61],从图中可以看出,在相同的粒子能量轰击下溅射率随着面对等离子体材料的原子序数增加而快速下降,从这个角度考虑面对等离子体材料,选择高Z的钨材料对杂质产生控制非常有利。如图1-5(b)所示,氘、氦和碳对钨的溅射阈值分别为220 eV、110 eV和80 eV。因此在纯氘等离

面向核聚变等离子体钨基材料

子体和冷的边缘等离子体条件下,少量的溅射主要来源于氧、碳等杂质离子和钨的自溅射,此时钨的溅射可以忽略,这就是钨材料被 ITER 和 JET 等装置选择为 PFMs 的主要缘由[62-64]。中国核聚变材料中长期(2020—2035)发展路线图明确了钨基材料研发的时间节点和目标任务。

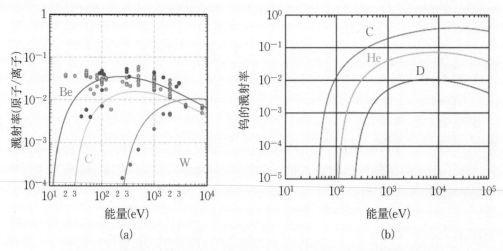

图 1-5 D⁺对 Be、C 和 W PFMs 的溅射率(a)和不同粒子对钨的溅射率(b)[61]

钨材料将来投入工程化应用的主要瓶颈是其低温脆性、再结晶脆性和辐照脆性,制约其在 PFMs 应用中发挥最大性能。经过不断研究和实验验证发现,通过合金化、弥散强化以及复合化等先进材料制备与加工技术来实现材料增强,其中合金化可依照钨铼合金、钨钾合金开展;弥散强化即加入氧化物、碳化物颗粒等,如 ODS(Oxide Distributed Strengthening)-W;而复合化则主要针对钨纤维物质、钨丝以及碳纤维、碳纳米管等,还有层状增强增韧。同时结合先进的材料工艺手段,如使用等通道转角挤压技术制备致密度高、韧性优良且尺寸大的超细晶钨或者纳米晶钨,实现韧脆转变温度(Ductile-Brittle Transformation Temperature,DBTT)降低,再结晶温度(Trec Recrystallization Temperature,TRT)提高,最终使钨基材料脆性降低,综合性能得到可靠保障。

本 章 小 结

受控热核聚变能是未来最有希望、值得期待的清洁能源,有效利用核聚变能还存在诸多技术瓶颈,第一壁材料是制约发展和应用的一个关键问题。面向等离子体材料

(PFMs)的耐高束流低能等离子体(包括D、T、He粒子)、稳态热流($0\sim10\,\mathrm{MW\cdot m^{-2}}$)与瞬态热冲击($0\sim1\,\mathrm{GW\cdot m^{-2}}$)、高能14 MeV聚变中子辐照的综合能力,是考验高温等离子体外围的第一道屏障、确保等离子体高参数稳态运行的基本保障。

铍、碳基材料、钨基材料是目前最为热门的面向等离子体材料的候选对象。铍的优点是较高的热导率、较好的力学性能、吸氧能力强等;缺点是低熔点、高溅射和有毒。碳基材料优点是热力学性能好、低Z、不熔化、抗热冲击和热疲劳性能好;缺点是抗溅射能力差,氢同位素滞留量高。钨基材料因为其高熔点、低溅射、不与氢反应、低的氚滞留等优点,被看作为未来Tokamak装置中最有可能获全面使用的PFMs,其缺点是存在低温脆性、再结晶脆性和中子辐射脆化等。

因此,有必要开展钨基PFMs的材料设计与制备加工研究,对钨基材料采取强韧化处理等,手段主要有固溶强化、细晶强化及第二相颗粒弥散强化等,已成为大家的广泛共识。除了上述热门的候选材料以外,寻找和开发新的用于未来核聚变装置的PFMs也非常重要,且极具挑战性。

参考文献

[1] Jacquinot J, Keilhacker M, Rebut P H. Chapter 2: Mission and highlights of the JET joint undertaking: 1978—1999[J]. Fusion Science and Technology, 2008, 53(4):866-890.

[2] Luxon J L, Simonen T C, Stambaugh R D, et al. Overview of the DШ-D fusion science program [J]. Fusion Science and Technology, 2005, 48(2):807-827.

[3] 李建刚. 托卡马克研究的现状及发展[J]. 物理,2016, 45(2):88-97.

[4] Cheng J, Yan L W, Zhao K J, et al. Density fluctuation of geodesic acoustic mode on the HL-2A tokamak[J]. Nuclear Fusion, 2009, 49(8):85030.

[5] Li J, Guo H Y, Wan B N, et al. A long-pulse high-confinement plasma regime in the Experimental Advanced Superconducting Tokamak[J]. Nature Physics, 2013, 9(12): 817-821.

[6] Burkart W . Status report on fusion research[J]. Nuclear Fusion, 2005, 45(10):A1-A28.

[7] Aymar R. The ITER reduced cost design[J]. Fusion Engineering and Design, 2000, 49 (11):13-25.

[8] 郭双全. 面向等离子体材料钨与热沉材料的连接技术[D]. 西安:西安交通大学,2011.

[9] Conn R W, Baldwin D E, Briggs R J, et al. Panel Report to FESAC:review of the 1996 ITER detailed design report[J]. Journal of Fusion Energy, 1999, 18(4):213-299.

[10] Davis W, Wallander A, Yonekawa I, et al. Current status of ITER I&C system as integration begins[J]. Fusion Engineering and Design, 2016, 112:788-795.

[11] 周张健,钟志宏,沈卫平,等. 聚变堆中面向等离子体材料的研究进展[J]. 材料导报,2005,

面向核聚变等离子体钨基材料

19(12):5-8.

[12] 万元熙. 磁约束核聚变研究现状和前景展望[J]. 现代物理知识,1999, 11(5):17-19.

[13] 邱励俭. 核聚变研究50年[J]. 核科学与工程,2001, 21(1):29-38.

[14] Shimada M, Campbell D J, Mukhovatov V, et al. Overview and summary[J]. Nuclear Fusion, 2007, 47(6):S1-S17.

[15] 邱励俭. 聚变能及其应用[M]. 北京:科学出版社,2008.

[16] 冯开明. ITER实验包层计划综述[J]. 核聚变与等离子体物理,2006, 26(3):161-169.

[17] Federici G, Biel W, Gilbert M R, et al. European DEMO design strategy and consequences for materials[J]. Nuclear Fusion, 2017, 57(9):92002.

[18] 刘凤,罗广南,李强,等. 钨在核聚变反应堆中的应用研究[J]. 中国钨业,2017, 32(2):41-48.

[19] Reiter D. Edge plasma physics overview[J]. Transaction Fusion Technology, 1996, 19(2):267-270.

[20] 郝嘉琨. 聚变堆材料[M]. 北京:化学工业出版社,2007.

[21] 于皓. 钨/CuCrZr合金连接用铜基钎料研究[D]. 大连:大连理工大学,2015.

[22] 陈勇,吴玉程. 面对等离子体钨基复合材料的制备及其性能研究[M]. 合肥:合肥工业大学出版社,2008.

[23] Eckstein W, Bohdansky J, Roth J.Physical sputtering[J]. Nuclear Fusion, 1991, 1:51-55.

[24] Bay H L, Roth J, Bohdansky J.Light-ion sputtering yields for molybdenum and gold at low energies[J]. Journal of Applied Physics, 1977, 48:4722-4728.

[25] Smith D L. Physical sputtering model for fusion reactor first-wall materials[J]. Journal of Nuclear Materials, 1978, 75(1):20-31.

[26] Philippsa V, Pospieszczyk A, Schweer B, et al. Investigation of radiation enhanced sublimation of graphite test-limiters in TEXTOR[J]. Journal of Nuclear Materials, 1995, 220-222:467-471.

[27] Hoven H, Koizlik K, Linke J, et al. Material damage in graphite by run-away electrons[J]. Journal of Nuclear Materials, 1989, 162(C):970-975.

[28] Wolff H. Arcing in magnetic fusion devices[J]. Nuclear Fusion, 1991(suppl):93-97.

[29] Bergmann E, Balzer B, Riccato A, et al. New aspects in sputtering experiments with high-energy protons[J]. Journal of Nuclear Materials, 1982, 111-112:785-788.

[30] Langley R A, Bohdansky J, Eckstein W, et al. Data compendium for plasma-surface interactions[J]. Nuclear Fusion, 1984, 24(S1):S9-S117.

[31] Myers S M, Richards P M, Wampler W R, et al. Ion-beam studies of hydrogen-metal interactions[J]. Journal of Nuclear Materials, 1989, 165(1):9-64.

[32] Bauer W, Thomas G J. Helium and hydrogen re-emission during implantation of

molybdenum, vanadium and stainless steel[J]. Journal of Nuclear Materials, 1974, 53: 127-133.

[33] 李文埃.核材料导论[M].北京:化学工业出版社,2007.

[34] McCracken G M, Stott P E. Plasma-surface interactions in tokamaks[J]. Nuclear Fusion, 1979, 19(7):889-981.

[35] Gauster W B, Spears W R. Requirements and selection criteria for plasma-facing materials and components in the ITER EDA design[J]. Nuclear Fusion, 1994, 5:7-18.

[36] Hino T.Japanese universities' activities for PFC development and PMI studies[J]. Fusion Engineering and Design, 1998, 39-40:439-444.

[37] 汪京荣.核聚变与国际热核聚变实验堆[J].稀有金属快报,2002(10):1-5.

[38] 李云凯,纪康俊.聚变堆等离子体面对材料[J].材料导报,1999, 13(3):3-5.

[39] Kalinin G, Barabash V, Cardella A, et al. Assessment and selection of materials for ITER in-vessel components[J]. Journal of Nuclear Materials, 2000, 283(A):10-19.

[40] Loki K, Barabash V, Cardella A, et al. Design and material selection for ITER first wall/blanket, divertor and vacuum vessel[J]. Journal of Nuclear Materials, 1998, 258-263(1): 74-84.

[41] 许增裕.聚变材料研究的现状和展望[J].原子能科学与技术,2003, 37(A1):105-110.

[42] Barabash V, Akiba M, Mazul I, et al. Selection, development and characterization of plasma facing materials for ITER[J]. Journal of Nuclear Materials, 1996, 233-237(1): 718-723.

[43] Conn R W, Doerner R P, Won J.Beryllium as the plasma-facing material in fusion energy systems-experiments, evaluation, and comparison with alternative materials[J]. Fusion Engineering and Design, 1997, 37(4):481-513.

[44] Patel B, Parsons W. Operational beryllium handling experience at JET[J]. Fusion Engineering and Design, 2003, 69(1-4):689-694.

[45] Deksnis E B, Peacock A T, Altmann H, et al. Beryllium plasma-facing components:JET experience[J]. Fusion Engineering and Design, 1997, 37(4):515-530.

[46] Barabash V, Federice G, Linke J, et al. Material/plasma surface interaction issues following neutron damage[J]. Journal of Nuclear Materials, 2003, 313(suppl):42-51.

[47] 钱蓉晖.面对等离子体材料铍的抗热冲击性能[J].核材料与工程,1999, 19(1):57-60.

[48] 张小锋,刘维良,郭双全,等.聚变堆中面向等离子体材料的研究进展[J].科技创新导报, 2010(3):118-119.

[49] 宋进仁,翟更太,刘朗.聚变装置用石墨材料的研究动向[J].新型碳材料,1996, 11(3):27.

[50] 王明旭,张年满,王志文,等.等离子体与石墨及其涂层相互作用的研究[J].核聚变与等离子体物理,2000, 20(1):31.

[51] 王明旭,许增裕,谌继明,等.HL-2A装置第一壁石墨组件研究[J].核聚变与等离子体物理,2004,24(1):24.

[52] Barabash V, Akiba M, Bonal J P, et al. Carbon fiber composites application in ITER plasma facing components[J]. Journal of Nuclear Materials, 1998, 258-263(1):149-159.

[53] 陈俊凌,李建刚,辜学茂,等.HT-7U第一壁材料在HT-7装置中的辐照实验研究[J].核聚变与等离子体物理,2002,22(2):105-110.

[54] Guo Q G, Li J G, Noda N, et al. Selection of candidate doped graphite materials as plasma facing components for HT-7U device[J]. Journal of Nuclear Materials, 2003, 313(suppl):144-148.

[55] Wu C H, Alessandrini C, Bonal P, et al. Overview of EU CFCs development for plasma facing materials[J]. Journal of Nuclear Materials, 1998, 258-263(1):833-838.

[56] Wu C H, Alessandrini C, Moormann R, et al. Evaluation of silicon doped CFCs for plasma facing material[J]. Journal of Nuclear Materials, 1995, 222:860-864.

[57] Noda N, Philipps V, Neu R. A review of recent experiments on W and high Z materials as plasma-facing components in magnetic fusion devices[J]. Journal of Nuclear Materials, 1997, 241-243:227-243.

[58] Davis J W, Barabash V R, Makhankov A, et al. Assessment of tungsten for use in the ITER plasma facing components[J]. Journal of Nuclear Materials, 1998, 258-263(1):308-312.

[59] Smid I, Akiba M, Vieider G, et al. Development of tungsten armor and bonding to copper for plasma-interactive components[J]. Journal of Nuclear Materials, 1998, 258-263(1):160-172.

[60] Roedig M, Kuehnlein W, Linke J, et al. Investigation of tungsten alloys as plasma facing materials for the ITER divertor[J]. Fusion Engineering and Design, 2002, 61-62:135-140.

[61] Kaufmann M. Tungsten as First wall material in fusion devices, 24th Symposium on Fusion Technolog(SOFT)[J]. Warsaw, 2006(9):11-15.

[62] Andreani R, Diegele E, Laesser R, et al. The European intergrated materials and technology programme in fusion[J]. Journal of Nuclear Materials, 2004, 329-333(A):20-30.

[63] Maier H, Hirai T, Rubel M, et al. Tungsten and beryllium armour development for the JET ITER-like wall Project[J]. Nuclear Fusion, 2007, 47(3):222-227.

[64] Hirai T, Maier H, Rubel M, et al. R&D on full tungsten divertor and beryllium wall for JET ITER-like wall project[J]. Fusion Engineering and Design, 2007, 82(15-24):1839-1845.

第2章 钨基面向等离子体材料

2.1 引言

　　磁约束聚变装置中,面向等离子体的第一壁材料面临严峻的、多种负载叠加的多场耦合服役环境:① 高热场,面向等离子体材料(PFMs)直接包围高温等离子体,面临$5\sim20\ \mathrm{MW\cdot m^{-2}}$的稳态热负荷及瞬态热冲击[1,2],高温、强热流冲击会导致材料再结晶、蠕变开裂等;② 强辐照场,PFMs经受大通量($10^{20}\sim10^{24}\ \mathrm{m^{-2}\cdot s^{-1}}$)$H^+$、$He^+$及高能 14 MeV 中子等多种强流粒子束的同时辐照,将引起晶格缺陷增加,使材料起泡和严重脆化[3],直至永久损伤;③ 高应力场,高热流导致材料内部产生温度梯度会诱导热应力场,导致材料产生疲劳、开裂等。高热场要求 PFMs 具有高导热、高温强度和高抗热震,且与热沉材料连接性能好;多种强粒子流辐照则要求其具备耐D、T、He等离子体刻蚀、低燃料粒子滞留、低中子辐照脆化与活性等性能。因此,PFMs 须兼备良好的抗热冲击能力、抗辐照性能、综合力学性能以及高温稳定性。

　　钨(W)具有高熔点、高热导率、低溅射率、低燃料滞留与低中子活化等优秀特性,在核聚变装置及部件上,是最具潜力的面对等离子体第一壁候选材料[4-7]。但是,目前完全满足要求的 PFMs 尚不存在。因此,纯钨材料存在需要克服的困难,难加工、脆性大、高韧脆转变温度、低再结晶温度、高热负荷开裂以及辐照诱导的脆化等,都严重影响了其制备加工及使用性能。因此,制备出钨基材料并满足聚变装置要求,仍需进一步改善性能,消除或弱化以上不足。

　　目前,改善钨基材料性能的常用方法有两大类:一类是通过钨基材料的成分和结构设计来制备新型钨基材料来综合提高钨的性能,包括合金化、纤维增韧、层状增韧和弥散强化等;另一类是通过热加工,如严重塑性变形、反复轧制、旋锻等工艺方法,以细化钨材料的晶粒组织,控制再结晶过程,达到提高其性能[8,9]的目的。本章将介绍钨在目前聚变装置中的使用现状,以及在未来聚变示范堆(DEMO)中钨基材料面向等离子体部件(Plasma-facing components, PFCs)存在的应用和挑战,并评述几类目前正在研发的新型聚变堆用钨基材料,简要论述其服役性能及强化机理。

2.2　聚变用钨基材料

2.2.1　钨在国际聚变装置中的应用

在聚变堆装置中,设计钨材料主要用于包层第一壁和偏滤器的面向等离子体侧。目前在建最大的ITER中,钨主要应用于偏滤器垂直靶板上端,即Baffle的区域[10],如图2-1所示。国际ITER组织明确指出由铍/碳/钨向铍/钨转变,最终实现全钨应用目标[11,12]。未来的ITER堆型(包括DEMO聚变堆)设计中,全钨概念已经达成共识[13,14]。ITER偏滤器采用技术成熟的水冷方式,钨/铜水冷部件主要有穿管型(Mono-block)和平板型(Flat-type)两种,铜合金具有高热导,且中子辐照活化适中,作为热沉材料。针对ITER钨/铜穿管型和平板型结构部件,高热负荷测试验收标准分别设定为承受住高热负荷,即5000次10 MW·m^{-2}+300次20 MW·m^{-2}和1000次3 MW·m^{-2}+1000次5 MW·m^{-2}。

ASDEX从1999年开始,采用PVD(Physical Vapor Deposition)方法逐步将其石墨壁升级为石墨基钨涂层壁(沉积厚度为4 μm),成为现今唯一的全钨金属壁聚变装置,如图2-2(a)所示[15]。偏滤器部位开始采用VPS(Vacuum Plasma Spraying)工艺,制备200 μm厚度的厚钨涂层,然而VPS钨瓦在10 MW·m^{-2}的热流加载下出现大块脱落,最后偏滤器部位更换为磁控溅射与离子注入联合技术(CMSII)制备出的厚度为10 μm钨涂层[16]。JET也于2011年完成了此类ITER壁材料改造[17],打击点区域采用块状钨,偏滤器其他部位则在CFC上采用CMSII技术涂覆钨层,其厚度为10~20 μm,如图2-2(b)所示。2012年底,法国的Tore Supra装置更名为WEST(Tungsten Environment in Steady State Tokamak),将其原来的环形限制器位型改为D形偏滤器位型[18,19],改造后于2016年底实现首次等离子体放电,如图2-2(c)所示。WEST 钨偏滤器设计与 ITER 类似,规模约为 ITER 的15%,可以用于考察减少热流的钨模块倒角结构设计和不同钨基材料等[20]。

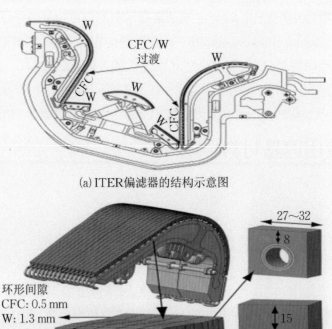

(a) ITER偏滤器的结构示意图

环形间隙
CFC: 0.5 mm
W: 1.3 mm

极向间隙
CFC: 0.7 mm
W: 1.0 mm

(b) 偏滤器内靶板

图2-1 钨在偏滤器位置示意图[10]

(a) ASDEX全W金属壁[15]

(b) JET类ITER壁[17]

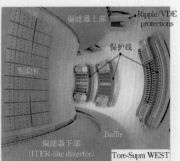

(c) WEST W/Cu偏滤器[18]

图2-2 钨材料在国际不同 Tokamak 装置中应用

2.2.2　钨在国内东方超环中的应用

EAST 装置逐步应用钨基材料,其面向等离子体材料和部件的发展分为几个阶段:① 第一阶段(2006—2007 年),EAST 刚建成放电,其内部是不锈钢直接与支撑连接,没有布设冷却水管道;② 第二阶段(2008—2010 年),EAST 内部 PFMs 是表面带有 SiC 涂层的石墨,石墨 PFMs 与热沉通过螺栓连接,在这种石墨作为 PFMs 的条件下,EAST 在 2010 年度试验中获得了 100 s 长脉冲和 H 模等离子体放电结果;③ 第三阶段(2011—2012 年),偏滤器 PFMs 仍采用石墨,钼将作为第一壁 PFMs,与热沉用螺栓连接一起,EAST 在 2012 年春季实验中实现了创纪录的 411 s 的长脉冲和 32 s 的 H 模运行;④ 第四阶段(2013 至今),将尝试实现钨/铜偏滤器,并逐渐采用全钨作为第一壁。钨/铜偏滤器垂直靶板部件将承受 7~10 MW·m⁻² 的热负荷,穿顶和第一壁部件将承受 3~5 MW·m⁻² 的热负荷[21]。

近年来,随着 EAST 长脉冲高参数放电运行,加热功率需要提升,偏滤器靶板部位的稳态热负荷将达到 10 MW·m⁻²。为了能够承受在 EAST 长脉冲、高参数等离子体下粒子和能量的冲击,以及为 ITER 钨/铜偏滤器设计提供验证和使用经验,2010 年开始启动钨/铜偏滤器工程。目前 EAST 的上偏滤器已经实现采用全钨(图 2-3)[22],该偏滤器采用模块化设计,由 80 块模块组成,每模块水平占位 4.5°,均由内、外靶板和拱顶组成,内、外靶板的打击点区域采用 Mono-block 型部件,其缓冲板和拱顶区域则采用平板型部件。对于 EAST 装置,Mono-block 部件的热疲劳通过标准是承受住 1000 次

第一代偏滤器(2006~2007)

第二代偏滤器(2008~2013)

第三代偏滤器(2014至今)

单全钨转向模块

图 2-3　EAST 三代偏滤器存在位置[22]

10 MW·m^{-2}的热循环,而平板型部件的标准是1000次5 MW·m^{-2}。2016年,EAST获得"超过60 s的完全非感应电流驱动(稳态)高约束模等离子体",这种钨/铜偏滤器部件为之提供了有力的保障[20]。这一成绩的取得标志着我国已具备研制类似ITER钨/铜偏滤器的能力与水平,为等离子体的长脉冲高约束运行奠定了部件制造与材料基础。

2.2.3 未来聚变堆钨材料的应用及挑战

未来的聚变实验中工作温度和中子辐照强度将不断提高,材料选择和应用面临不断的挑战,中子辐照带来元素活化问题,DEMO堆选材以低活化材料为主。钨是欧洲DEMO第一壁的首选材料,面临着高热流与多种强粒子流辐照作用,如图2-4所示。耐等离子体刻蚀是钨第一壁寿命的决定性因素[23],钨壁厚度增加,耐等离子体刻蚀能力增强,但钨壁厚度过大,会吸收过多中子,导致包层的氚增殖率降低[24],因此钨壁厚度需综合两方面因素考虑。DEMO堆中钨第一壁的厚度拟设计为约2 mm[25]。

目前DEMO有水冷(约150 ℃)和氦冷(约600 ℃)两种偏滤器设计方案,水冷偏滤器仍采用钨作为PFMs,低活性铁素体/马氏体钢(Reduced Activation Ferritic/Martensitic Steels,RAFM)将逐步取代铜合金作为热沉材料[26];氦冷偏滤器,热沉材料将选用具有高熔点、高热导率、低中子活化的钨及钨合金[27]。

未来的DEMO堆(图2-5)[28]及商业运行堆,为了保证能量能够输出,等离子体放电时间占整个装置运行时间比例需大于50%。因此,聚变中子在壁材料上的入射通量极大,以服役5年累积计算,铁基材料中的辐照损伤能达80~100 dpa,钨材料中辐照损伤为20~30 dpa量级[29]。中子辐照会带来钨壁与铜热沉的热导率损失,若采用ITER的水冷W/Cu Mono-block设计,其冷却能力将急剧下降至50%;若采用低活化钢替代铜合金,钢的低热导率同样会导致冷却效率严重降低[27]。钨材料发生的熔化阈值及熔体形成,与其热导率密切相关。当中等热流强度(小于1 MJ·m^{-2})加载时,钨表面极易出现开裂甚至局域熔化;当热流强度加大后,钨熔体开始进行蒸发;继续增大热流强度钨熔体将开始剧烈沸腾,导致熔体熔滴发生溅射[30]。DEMO堆中等离子体垂直位移或突然破裂事件将得到完全抑制,通过优化偏滤器结构(如雪花型/Super-X偏滤器),以及利用控制等离子体脱靶等手段,将钨表面稳态热负荷控制在10 MW·m^{-2}[29]之内。然而,对钨材料开展非正常瞬态热流加载下的行为研究,拓展钨材料的耐受能力仍具有重要意义。

面向核聚变等离子体钨基材料

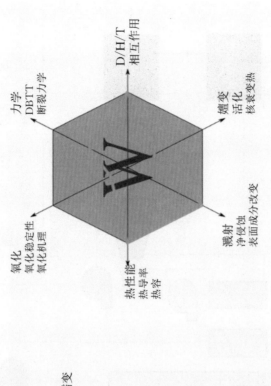

(b) 钨作为聚变材料

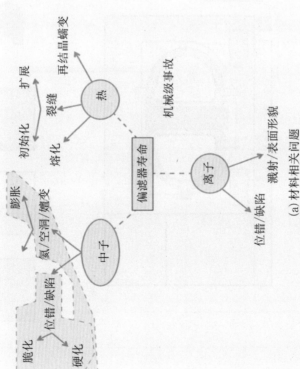

(a) 材料相关问题

图 2-4 面向等离子体部件材料问题[23]

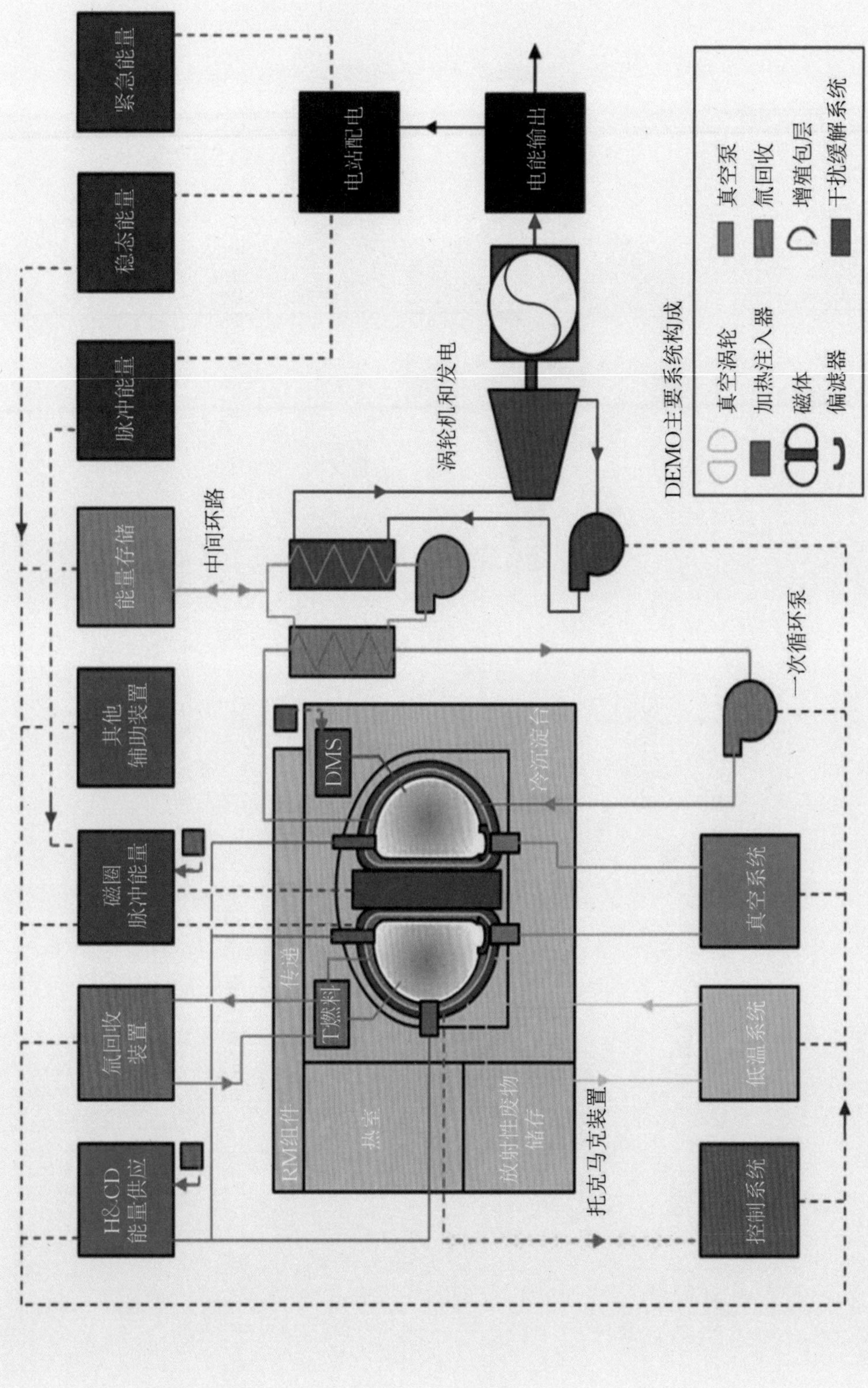

图 2-5 DEMO 发电厂示意图[28]

DEMO 主要系统构成

	真空涡轮		真空泵
	加热注入器		氚回收
	磁体	∩	增殖包层
	偏滤器		干扰缓解系统

紧急能量

稳态能量

脉冲能量

电站配电

电能输出

涡轮机和发电

能量存储

中间环路

一次循环泵

DMS

冷沉淀台

其他辅助装置

磁圈脉冲能量

传递

T燃料

真空系统

氚回收装置

RM组件

热室

放射性废物储存

低温系统

H&CD能量供应

控制系统

托克马克装置

2.3 新型钨基材料

尽管钨基材料有了尝试应用的理论与实验结果,但聚变材料面临着复杂变化的服役条件,不是单一的而是众多因素相互关联的群挑战,如图2-6所示[23]。热、粒子及力等产生协同耦合作用,使其对第一壁及偏滤器部件钨材料的要求变得错综复杂:① 高热流要求其具有高导热、高温强度高和抗热震等优点,且与热沉材料连接性能好;② 多种强粒子流辐照则要求其耐D、T、He等离子体刻蚀、低燃料粒子滞留、低中子辐照脆化与活性等性能。因此,在装置运行服役环境下,钨材料必须具有优异的综合性能,才能缓解或消除钨材料中聚变中子辐照脆化、高热流辐照开裂和等离子体辐照起泡及绒毛化等问题。中国聚变工程实验堆(CFETR)第一壁材料面临比ITER更高的热场、热应力场以及强辐照场等严苛的服役环境,对第一壁材料的性能要求要比EAST和ITER等现有装置更高。显然,纯钨的性能无法满足未来CFETR的设计运行参数要求,亟待开展多方面的服役性能导向研究,也亟须研发新型高性能钨合金材料。

材料的抗高热负荷开裂及抗等离子体辐照与微观结构及力学性能等密切相关。通常,材料抗拉强度越大,其塑性越好,抗热负荷损伤能力越强。因此,解决钨材的增韧问题,可以缓解钨的辐照脆性、再结晶脆化和低温脆化,从而提高钨在中子、热流、粒子辐照下的性能。因此,在新型钨基材料开发中,抗高热负荷和抗等离子辐照能力提升占据着极为关键的地位。考虑到尽可能减小热负荷冲击,以及迅速降低或带走巨大的热能量,故设计W/Cu结构及水冷系统。由于钨、铜的弹性模量、热膨胀系数相差甚远,直接连接会导致钨铜界面产生巨大的热应力。为了让钨铜连接起来制作面向等离子体部件,在两者界面引入W-Cu功能梯度层,实现梯度过渡结合以逐步降低热应力,从而避免连接和服役失效。聚变材料科学家广泛采用热沉材料的涂层技术,不仅应用于结构复杂的基体材料,而且制备及其与热沉材料的连接可以一步完成。此外,智能钨合金(如自钝化钨合金)可以防止冷却事故,正成为新型钨基材料研发的新方向。

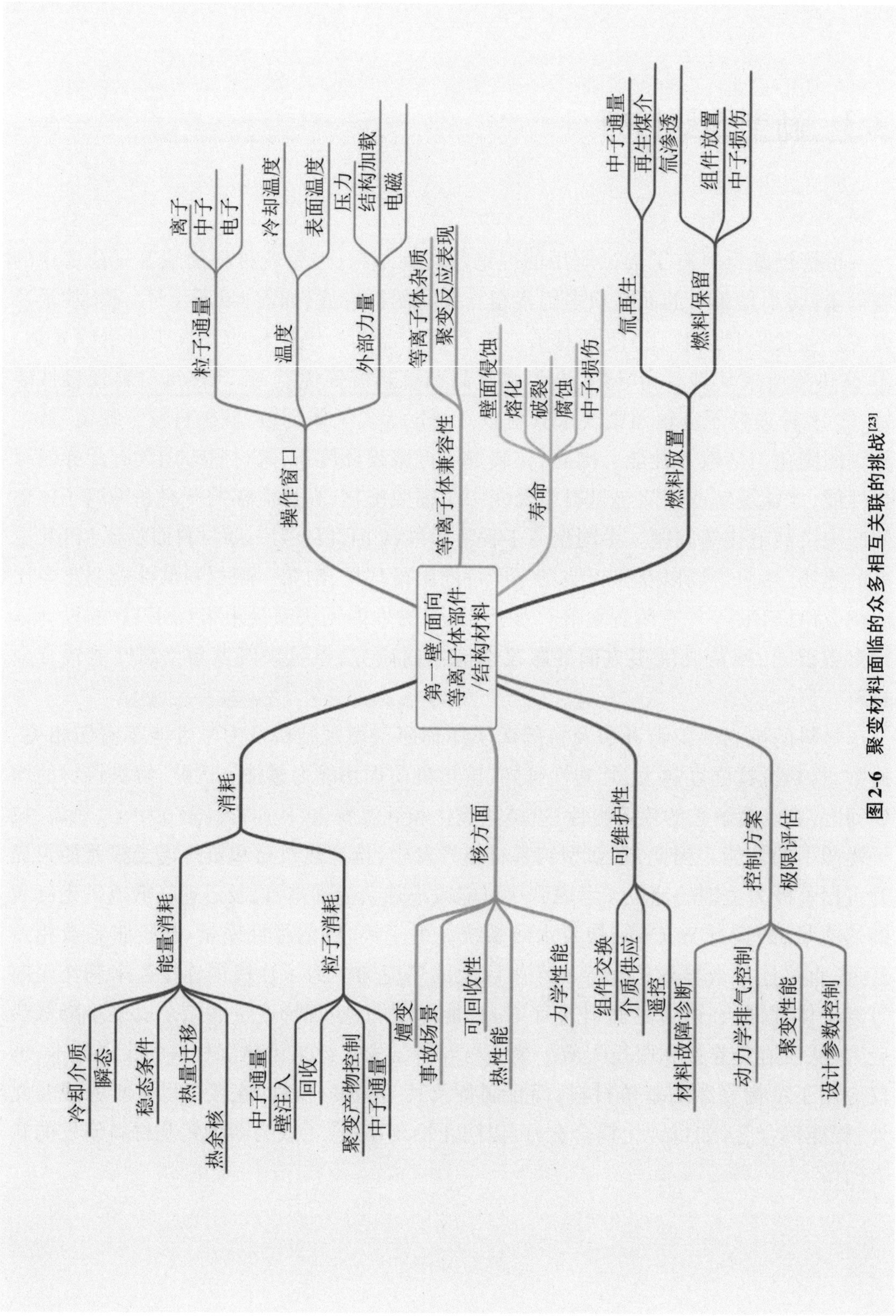

图 2-6 聚变材料面临的众多相互关联的挑战[23]

面向核聚变等离子体钨基材料

2.3.1　合金化钨

纯金属通常性能有限,需要进行合金化。在钨中添加合金元素,是提高钨强度和塑性、韧性的常用方法,其性能较未合金化的材料有明显提高。

2.3.1.1　W-Re合金

在钨中加入铼(Re)来提高强度和塑性、韧性,是目前较为有效的一种方法。铼在钨中3000 ℃时达到的最大溶解度为37 %(at%,原子百分数),溶解度随着温度的降低而降低,在1600 ℃时的最小溶解度为28%。合金中常添加的铼含量(wt.%,质量分数)为3、5、10、25和26,分低含量W-Re合金(Re≤5%)和高含量W-Re合金(Re≥15%)两类。较高的铼含量使合金具有更高的高温力学性能,且铼含量越高,合金的塑性就越好,在铼含量溶解度极限值处有最好的室温塑性;当合金中Re含量超过26%时,W-Re合金将析出脆性相。将铼添加到钨中,提高了再结晶温度,提高了蠕变强度并限制了再结晶的进行。铼的加入作用明显,不仅提高了钨材料的高温强度和塑性,同时也提高了低温韧性,降低了钨的韧脆转变温度DBTT。因此,铼拓展了钨作为面向等离子体材料在聚变反应堆中稳定运行的温度范围,也提高了材料及部件服役安全性。Gludovatz等[31]研究了不同钨材料(纯钨、钾掺杂钨、W-1wt.% La_2O_3和W26Re)的断裂韧度K_{Ic},发现所有材料的断裂韧度都随着温度的升高而增加,但是W-Re合金相比其他材料展现出更大的K_{Ic}数值,产生显著的塑性变形,如图2-7所示。

W-Re合金在塑性变形过程中容易形成孪晶,从而降低原子堆垛层的位错能量,促进位错迁移率提高,促使钨固溶发生软化,结果使其塑性增加,此现象被称为“铼塑化效应”[32]。Luo等[33]研究发现,铱(Ir)加入钨中,比铼产生的固溶软化效应更为显著。Romaner和Ambrosch-Draxl等[34]用位错理论解释了其韧化原理,即铼加入钨中改进了1/2〈111〉螺形位错性质。根据密度函数理论得知,合金化使晶体结构的对称核向不对称核转变,同时减小了晶格点阵对位错运动的阻力(派纳力),导致滑移面增多和引起塑性变形的应力降低,位错的可动性增加,有利于进行塑性变形。通常情况下,固溶强化在提高材料强度的同时也会使塑性降低,铼的塑化效应和固溶强化作用是并行产生还是互相抑制,对钨铼合金的强韧效果与机理还需要进行深入探讨。

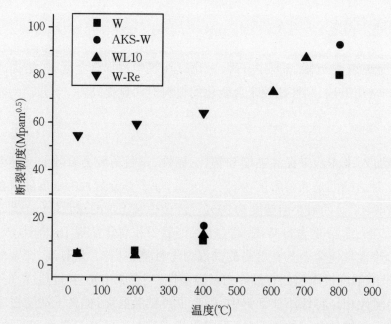

图 2-7　纯钨、AKS-W(钾掺杂钨)、WL10(W-1wt.% La₂O₃)和 W-26%Re 断裂韧度 K_Q 随温度的变化[31]

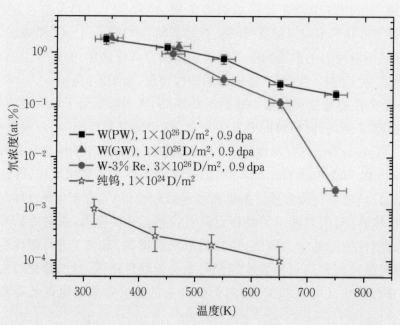

图 2-8　NRA 测得纯钨及钨铼合金先经过 20 MeV 钨离子辐照,然后用不同剂量氘离子
注入后表面深度为 0.2～2 μm 区域氘浓度随温度变化曲线[35]

面向核聚变等离子体钨基材料

铼加入钨中形成钨合金,也会对氢同位素的滞留产生影响。Tybuska等[35]研究了不同温度下钨经离子辐照后纯钨和W-3%Re(质量分数,下同)合金的氚滞留情况,发现少量铼可以降低钨中的氚滞留水平,如图2-8所示。在650 K以下铼掺杂钨中的氚滞留量比纯钨至少低30%,在750 K效果尤为明显,氚浓度降低了两个数量级。其原因是掺杂的铼作为溶质原子,与空位复合降低了高能缺陷的产生速率。即使是在3倍于纯钨的氚注入剂量下,W-3%Re合金中的氚滞留量也低于纯钨。因此,钨由于中子辐照出现少量的嬗变铼并不会增加氚滞留,反而有助于使氚滞留量保持在低的水平,这是一个非常有利的结果。Golubeva等[36]研究了不同铼掺杂钨材料的氚滞留,结果发现在1%~10%的铼掺杂量范围内,铼含量不会显著影响钨的氚滞留,W-(1%、5%、10%)Re合金的氚滞留量没有明显差异,如图2-9所示。W-Re合金的氚滞留量与材料的微观组织密切相关,低能氚离子辐照后材料表面出现了大量空洞,在低铼含量时尤其显著。Plansee制备的W-Re合金的氚滞留量高于多晶钨,低剂量时大约高一个数量级,随着氚注入剂量的增加,差别减小。相反,俄罗斯稀土金属研究所制备的W-25%Re合金的氚滞留量和多晶钨接近。Fukuda等[37]研究了纯钨和W-Re合金在中子辐照下的微观组织演变,纯钨在中子辐照下嬗变的产物为Re和Os,两种材料均产生Re和Os元素的脆性析出相。但相比于纯钨,W-Re合金中析出相的尺寸和密度较小,空洞和位错的形成受到抑制,如图2-10所示。纯钨辐照产生的缺陷团簇作为缺陷阱和形核点导致了沉淀相的长大。

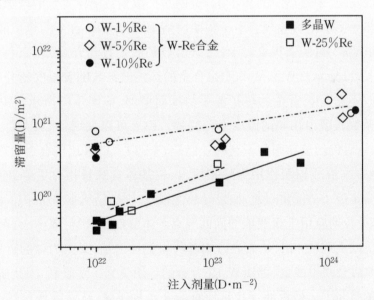

图2-9　纯钨及钨铼合金在能量为200 eV的氘等离子体注入下氚滞留量随剂量的变化曲线[36]

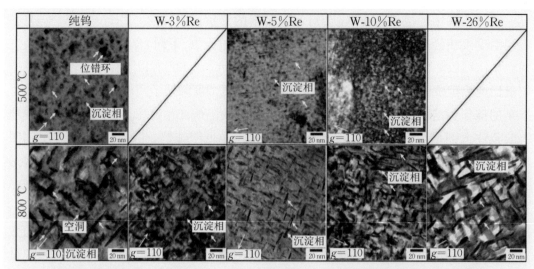

图 2-10　纯钨和钨铼合金在 500 ℃、0.9 dpa 及 800 ℃、0.98 dpa 中子辐照后的 TEM 图[37]

可见,在实验条件和钨铼合金成分并不完全一致的情况下,对氦滞留问题有不同的结果,这说明对辐照损伤机理等问题的认识尚不清楚,对其缺陷的形成和滞留会造成何种影响等,都还需在理论和实验上做大量的研究工作。

金属中加入其他的合金元素会降低热导率,铼的加入也会影响钨的热导率。Fujitsuka 等[38]研究了中子辐照前后以及不同温度下 W-(0、5%、10%、25%)Re 合金热导率的变化情况。可以发现,未受辐照的 W-Re 合金的热扩散系数随铼含量的增加而降低,这是合金化降低热导率的正常表现。中子辐照后 W 和 W-5%Re 合金的热扩散系数相比辐照前降低,而 W-10%Re 和 W-25%Re 合金的热扩散系数却升高,W-25%Re 增加得尤其明显,如图 2-11 所示。W 和 W-5%Re 合金的热扩散系数随着温度的升高而降低,但 W-10%Re 和 W-25%Re 合金的热扩散系数反而增加,如图 2-12 所示。中子辐照后合金的热扩散系数表现出相同的温度变化趋势。由上可以发现,铼加入后,钨的热导率有所下降,加铼对钨的热导率是不利的。但是 10% 以上的大比例合金的热导率反而提高,是否是由于高温或辐照作用导致相析出,钨基体含铼量相对更少,使得热导率更高。钨合金热导是一个首要问题,如果导热性很差,则会给钨本身带来巨大的负担。

然而,作为长期应用于聚变堆的面向等离子体部件及材料,W-Re 合金在中子辐照情况下会形成硬而脆的 σ 相,从而导致钨基材料脆性增加;又因为铼的价格昂贵,而且铼经中子辐照后会产生嬗变,都使 W-Re 合金的应用受到一定限制,因此需要在应用时尽量降低铼的含量[39]。是否能寻找到便宜的金属替代铼,从而降低材料成本,或者探寻在钨中不形成脆性相的钽、钒等元素,是否具有增韧等效果,都是值得深入探讨研究的问题。

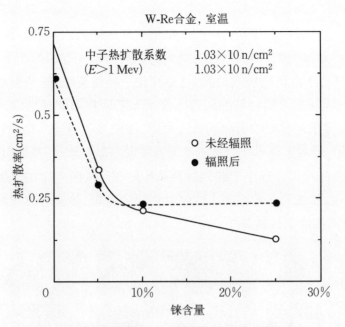

图2-11 钨铼合金室温下热扩散系数随铼含量的变化[38]

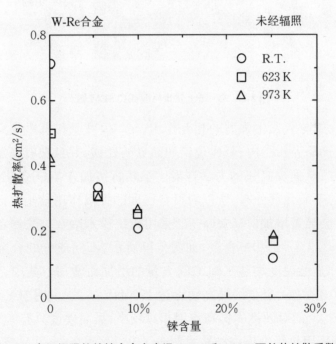

图2-12 未经辐照的钨铼合金在室温、673 K和973 K下的热扩散系数[38]

2.3.1.2 W-Y合金

通常,添加适量的稀土元素可以用来富集材料中的杂质元素。钨应用也一样,该做法可净化晶界和改变杂质分布状态,减少气体的析出和空隙的产生,从而提高材料密度[40]。钨晶界由于聚集杂质或缺陷,总是存在一些微裂纹,这些微裂纹在热或和力的作用下扩展,容易造成钨材料的断裂。稀土元素颗粒以近球形均匀分布在钨晶界上,能减小钨晶界出现微裂纹引起的应力集中,缓解或阻碍这些微裂纹扩展[41]。在制备或加工过程中,存在于晶界上的稀土元素颗粒限制晶界移动,从而阻碍晶粒长大,含稀土元素钨材料晶粒尺寸远小于纯钨材料晶粒尺寸。从图2-13的钨稀土元素材料断口形貌可以发现,较细的晶粒阻隔了这些微裂纹的分布,使微裂纹起始和扩展都需要更高的能量,从而提高了材料强度[42]。

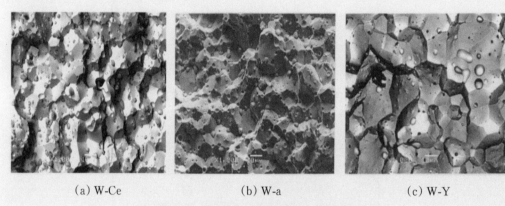

(a) W-Ce　　　　　　(b) W-a　　　　　　(c) W-Y

图2-13 钨-稀土元素材料断口SEM图[42]

由于稀土元素与氧发生强烈的相互作用,钇(Y)可以和氧形成细小的氧化物颗粒,弥散分布于钨晶界和晶内,阻碍位错和晶界的迁移,并且在较高温度下能保持较细小的晶粒尺寸,从而提高钨的力学性能。虽然直接加入Y_2O_3强化效果显著,但并不能改变钨中的杂质元素分布,所以对材料密度的提高作用较小。而杂质含量较高时,材料的脆性会显著增加。Veleva等[43]采用传统粉末冶金方法制备了W-(0.3%～2%)Y_2O_3和W-(0.3%～2%)Y合金,如图2-14所示,不同成分的合金烧结体和烧结后材料的密度和显微硬度均随Y和Y_2O_3含量的增加而增加。其中,W-2%Y合金的密度最高,而W-2%Y_2O_3合金的最高硬度达$1790HV_{0.2}$。这说明与Y_2O_3相比,Y对提高密度的贡献较大,而对硬度的提高作用相对较小,最高硬度只有$1435HV_{0.2}$。

Veleva等[44]采用热等静压烧结技术制备了W-2%Y合金,并研究了组织和性能。在球磨过程中,Y由于活性较高,与钨中的氧反应形成细小的Y_2O_3;细小的Y_2O_3第二相颗粒弥散分布,起到细化晶粒和弥散强化作用,在钨拉伸过程中有效钉扎位错,提高材料的加工硬化能力。W-2％Y合金的致密度达到97％,Y_2O_3颗粒非均匀地分布在钨晶粒内部及晶界,尺寸分布在2～20 nm,钨晶粒尺寸分别为50 nm 和150 nm,呈双峰分布,如图2-15所示。虽然钨材料的晶粒细小,但脆性仍然较大,实验结果表明在1000 ℃时材料表现为脆性断裂,在1300 ℃时才表现出塑性特征,这说明材料的DBTT在1100～1200 ℃。

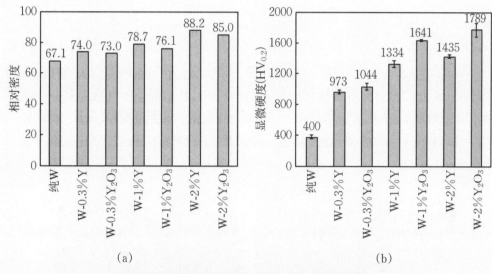

(a)　　　　　　　　　　　　　　(b)

图2-14　不同成分合金烧结体的密度和显微硬度[43]

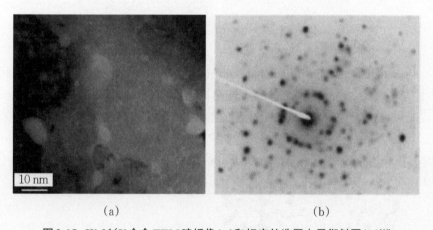

(a)　　　　　　　　　　　　　　(b)

图2-15　W-2％Y合金TEM暗场像(a)和相应的选区电子衍射图(b)[44]

Zhao等[45]利用机械合金化结合SPS烧结技术制备了W-(0.25％～3％)Y合金,发现W-0.25％Y致密度最低仅有95.91％,W-(0.5％～3％)Y都近乎全致密。EDS结果表明,W-Y合金内形成了圆形的W-Y-O颗粒,随着Y含量的增加,W-Y-O相的含量也随着增加。钨的平均晶粒尺寸随Y含量的增加而减小,W-1.5％Y合金具有最细晶粒

第2章　钨基面向等离子体材料

尺寸(0.32 μm)和最高硬度(770 HV$_{0.2}$);当Y含量继续增加时,晶粒反而粗化,如图2-16所示。从稀土元素与氧的相互作用方面来看,掺杂La比掺杂Y的效果更好[46],但很少有关于W-La合金及其与W-Y合金性能比较的报道。Zhao等[47]研究了不同稀土元素(Y$_2$O$_3$、Y和La)对钨烧结行为、微观组织和机械性能的影响规律,通过球磨及SPS烧结技术制备了W-0.5％Y$_2$O$_3$(WYO)、W-0.5％Y(WY)和W-0.5％La(WL)三种钨合金。结果发现,Y掺杂钨比其他两种稀土元素掺杂钨的致密度更高,晶粒更细小,机械性能更好。WY、WYO和WL的致密度分别为99.4％、92.1％和88.3％,平均晶粒尺寸分别为1.10 μm、2.46 μm和4.62 μm。W-0.5％Y的硬度和弯曲强度分别达到614.4HV$_{0.2}$和701.0。从图2-17可以看出,WYO和WL的单个晶粒和三叉晶界处存在很多孔隙,减小了钨晶粒间的接触面积,从而降低了材料的弯曲强度。并且,比WYO和WL更粗的晶粒及氧化物颗粒的不均匀分布也是由于其低弯曲强度导致的。Ander等[48]用TDS得出的结果表明:在注入温度低于200℃时,W-1％La中的氘滞留量明显比在纯钨中低。

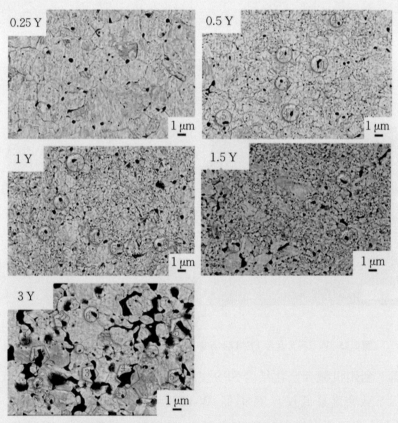

图2-16　W-(0.25％~3％)Y合金显微组织图像[45]

(其中暗色部分为富Y第二相,红色部分为亚微观尺度第二相,蓝色部分为微观尺度第二相)

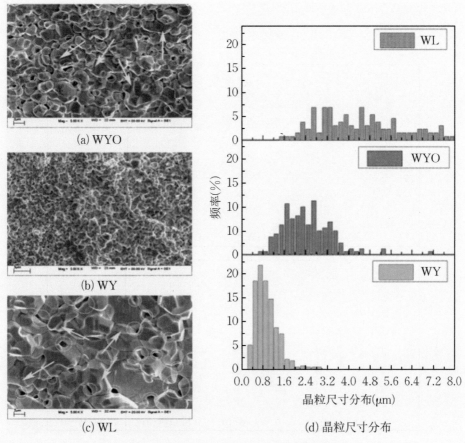

(a) WYO

(b) WY

(c) WL

(d) 晶粒尺寸分布

图2-17 稀土掺杂钨合金的断口表面SEM[47]

（黄色箭头表示单个晶粒表面处的孔隙，白色点圆表示三叉晶界处的孔隙）

Lemahieu等[49]通过SPS制备了不同Y含量的W-(0.25%~1%)Y合金，研究了其在室温及基体温度400 ℃下、能量密度为0.37~1.14 GW·m^{-2}瞬态热载荷作用后的组织演变。结果发现，随着Y含量的增加，晶粒的平均尺寸减小，硬度增加，钨的抗热震性能增强。图2-18给出了从表面及截面SEM获得的电子束热冲击后的裂纹参数，如平均裂纹深度、裂纹宽度及裂纹间距等。从图中可以看出，W-1.00%Y和W-0.50%Y的开裂阈值为0.76~1.14 GW·m^{-2}，而W-0.25%Y和W-0.75%Y的开裂阈值在0.38 GW·m^{-2}以下。随着能量密度增加，几种材料的表面粗糙度增大，W-0.25%Y的粗糙度最大，W-1.00%Y的粗糙度最小。在基体温度400 ℃下热冲击后，W-0.25%Y没有出现裂纹，而W-0.75%Y和W-1.00%Y表面出现了裂纹，这说明Y掺杂提高了材料的DBTT。

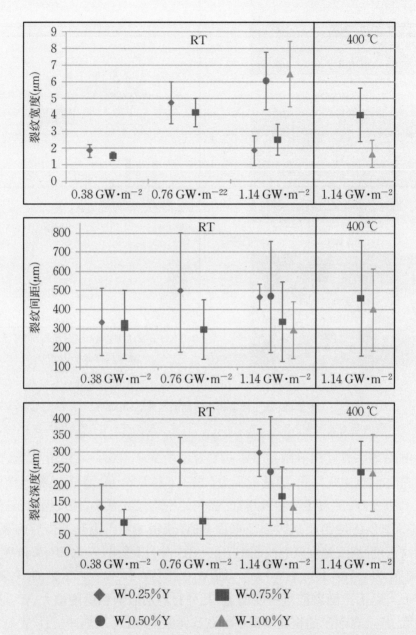

图2-18 电子束热冲击后加载面的平均裂纹宽度、裂纹间距及裂纹深度[49]

面向核聚变等离子体钨基材料

2.3.1.3 W-Ta合金

钽元素的塑性好、熔点高、抗疲劳、抗腐蚀、活化性低、辐照过程不容易生成脆性相,使得钨-钽合金成为关注对象,在未来聚变装置中极有可能广泛应用于不同的氦冷却偏滤器。钨与钽无论在液态还是在固态,在全部浓度范围内均能互溶。但是,钽是否达到为钨增韧还需进行深入研究。大量理论计算表明,只有铼才可以提高钨的韧性,因为铼的加入导致螺形位错核心的核心结构发生转变。在元素周期表中,铼在钨的右边,钽在钨的左边,钨与钽合金化会使原子d轨道耗尽,而与铼合金化会填满原子d轨道。Li等[50]利用密度泛函理论(Density Functional Theory,DFT)研究了钽和铼对钨中对$1/2\langle111\rangle$螺形位错的影响,结果表明,钽合金化钨仍然保持对称的位错核心结构,但铼合金化钨变成不对称结构。弯曲性能测试发现,铼合金化钨改变了钨的滑移面,W-26%Re的滑移面是不确定的,可能是{112},也可能是{123},{110}可以排除。但是,钽合金化钨的滑移面保持不变,仍为{110}(表2-1)。

表2-1 钨合金材料悬臂梁弯曲测试试样尺寸及观测到的滑移面[50]

材料	W(μm)	B(μm)	L(μm)	滑移面(μm)
W	5.7	6.0	26.3	{110}
W-24%Ta	4.6	8.6	17.5	{110}
W-24%Ta	4.9	4.5	14.0	{110}
W-26%Re	4.9	6.1	23.1	{112}/{123}

注:W、B和L分别代表悬臂的宽度、厚度和弯曲长度。

Wurster等[51]测试了W-Ta合金,发现随着钽含量的增加,W-Ta合金的断裂韧度降低,结果并不理想,如图2-19所示。W-1%Ta和W-5%Ta的夏比冲击功在高温区域明显不同,W-5%Ta基本保持不变,但W-1%Ta在温度大于1200 K时快速增大,在这个温度区间,W-1%Ta的夏比冲击功比纯钨更大。Wurster还研究了两种不同途径(工业热锻固溶体合金、粉末冶金加高压扭转)制备的W-Ta合金的断裂韧度[52],发现工业化生产的W-Ta合金随着温度升高,断裂韧度增加;随着钽含量增加,断裂韧度降低。合金的断裂方式与钽含量密切相关,对于W-10%Ta合金,最大测试温度不足会使材料断裂方式从穿晶向晶间断裂转变,这说明随着钽含量增加,晶粒内部脆性增加。和纯钨相比,W-Ta合金的穿晶断裂韧度在高温下明显降低。粉末冶金法制备的W-Ta合金,钽体积浓度通常限制在10%以下。在大于1500 ℃的高温下,钨与钽之间会发生显著的互扩散,若钽的含量过高,则柯肯达尔效应(Kirkendall Effect)会导致合金在均匀化处理过程中产生缺陷。W-Ta合金的断裂韧度呈各向异性,且粉末冶金制备的比工业化制备的W-Ta合金各向异性更为明显(图2-20)。W-Ta合金的增韧通过合适的微观组织设计仅仅能在一个或两个主方向上实现,在一个方向上于室温下仍然保持高的脆性。

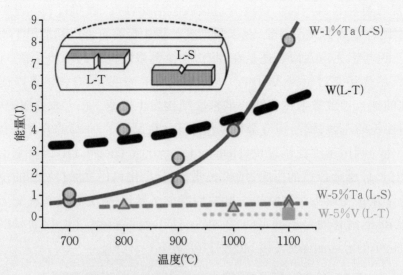

图2-19 W、W-Ta和W-V合金的夏比冲击测试[51]

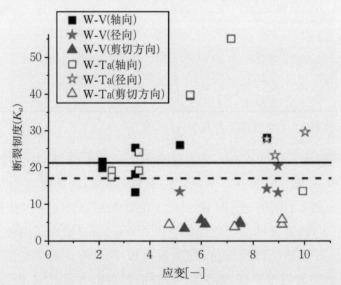

图2-20 W-25％V和W-30％Ta在室温不同应变及裂纹扩展方向下的断裂韧度[52]

Mateus等[53,54]利用高能球磨+SPS烧结技术获得了钨钽合金,通过单一He+以及D+高能粒子轰击,分别对钨板、钽板以及钨钽合金进行辐照损伤研究。结果表明,由于机械球磨过程中带入了杂质元素氧,钨钽合金的表面起泡更加严重。Dias等[55]通过对W-Ta合金进行He+(30 keV,5×10²¹ at·m⁻²)和D+(15 keV,5×10²¹ at·m⁻²)离子束同时注入,观察氦氘离子共同作用下材料组织和性能的变化。不同离子或多个离子共同注入时,材料出现的损伤情况不同。若单一 D$^+$ 注入,W-Ta 合金表面没有引起明显变化;若单一 He$^+$ 注入,钽富集区域出现气泡。He$^+$ 和 D$^+$ 同时注入,表面起泡现象则更加严重,如图 2-21 所示。Zayachuk 等[56]利用 TDS 研究了 W-Ta 合金的氘滞留行为,发现钽含量与氘滞留量以及氘滞留位置存在对应关系。W-1％Ta 在 572 ℃时出现单一峰值,而 W-5％Ta 在 623 ℃时出现单一峰值。研究人员用高斯解谱方法得到了 3 条高斯曲线,认定 W-Ta 合金中存在 3 类不同的捕获点。根据这些结果可推知,捕获点之间的捕获氘的分布随不同钽含量合金的不同而呈现差异。Zayachuk 等[57]还对比了 W、W-1％Ta 和 W-5％Ta 在能量为 50 eV、通量为 1×10^{24} m^{-2}·s^{-1} 氘等离子体辐照后的氘滞留情况,发现 W 与 W-Ta 合金总滞留量没有系统的高低。与 W 相比,W-Ta 样品的TDS 曲线没有出现额外的脱附峰,说明钽合金化钨没有引进额外的缺陷。从图 2-22 可以看出,所有样品包含相同的低温脱附峰(约 500 K),钨样品包含了一个高温峰(600～650 K),W-Ta 样品有一个很长的脱附"尾巴"直到高温段,没有明显的高峰。

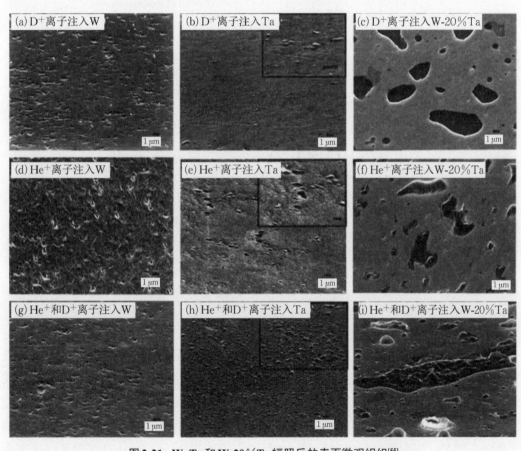

图 2-21　W、Ta 和 W-20％Ta 辐照后的表面微观组织[55]

((a)～(c) D$^+$ 离子注入;(d)～(f) He$^+$ 离子注入;(g)～(i) He$^+$ 和 D$^+$ 离子共同注入)

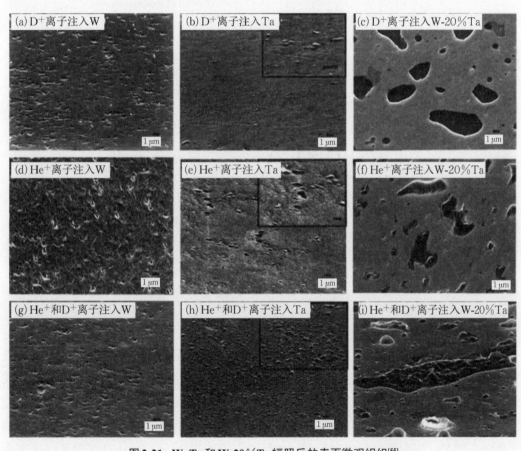

(a) D$^+$ 离子注入 W　　(b) D$^+$ 离子注入 Ta　　(c) D$^+$ 离子注入 W-20％Ta

(d) He$^+$ 离子注入 W　　(e) He$^+$ 离子注入 Ta　　(f) He$^+$ 离子注入 W-20％Ta

(g) He$^+$ 和 D$^+$ 离子注入 W　　(h) He$^+$ 和 D$^+$ 离子注入 Ta　　(i) He$^+$ 和 D$^+$ 离子注入 W-20％Ta

第 2 章　钨基面向等离子体材料

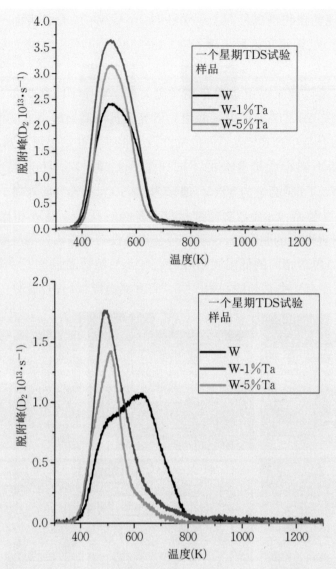

图 2-22　W、W-1％Ta 和 W-5％Ta 经过氘等离子体辐照和未经辐照样品的 TDS 图谱[57]

2.3.1.4　W-V合金

　　钒不仅具有高的熔点和良好的延展性,还与钨有着很好的互溶性,与钨能形成连续固溶体,能够显著改善钨基材料的强度、加工性和抗腐蚀性,吸引了很多研究者的关注。从图 2-19 中不同温度下夏比冲击功数值可以看出,钒合金化钨不是理想的增韧途径,它不能降低材料的 DBTT。DFT 计算结果也证实了钒合金化不能改变螺形位错的位错核心结构,不是理想的增韧元素,这点和实验结果吻合。Arshad 等[58]采用球磨和 SPS 烧结的方法制备了 W-(1％、5％、7％、10％)V 合金,研究了钒含量对钨组织结构和

面向核聚变等离子体钨基材料

性能的影响,发现合金的致密度、显微硬度和抗弯强度均随着钒含量的增加而增加,W-10％V致密度达到98.5％,如图2-23所示。晶粒尺寸随着钒含量的增加而减小,W-7％V的晶粒最细为1 μm,但W-10％V的晶粒出现异常增大。这可能是因为钒的加入使得所需烧结温度降低,1600 ℃的烧结温度对于W-10％V合金来说过高,所以导致晶粒长大。从SEM图中可见钨基体周围存在着钒富集相,说明球磨后一部分高塑性的钒未溶解于钨,填充了孔隙有利于提高密度;均匀分布于基体中,阻碍了钨晶粒的长大。相比于其他区域,钒颗粒周围的钨晶粒更细,这是由于钨晶粒受到阻碍从而导致长大受限。

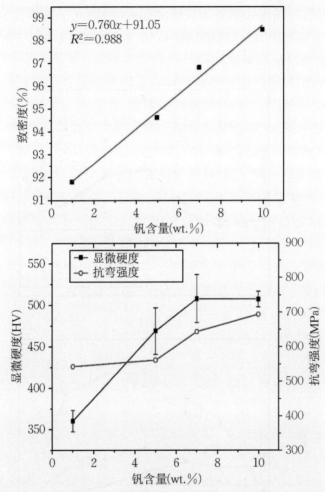

图2-23 钒含量对W-V合金致密度、显微硬度及抗弯强度的影响[58]

Palacios等[59]采用高能球磨和热等静压技术制备了纯钨、W-4％V、W-1％La₂O₃和W-4％V-1％La₂O₃合金来探究合金化及添加氧化物对W性能的影响。加入钒之后,钨的孔隙率降低,强度和断裂韧度均显著增加,弯曲强度在873 K时达到最大值850 MPa,断裂韧度在673 K时达到最大值15 MPa m$^{1/2}$,但钒掺杂钨提高了合金的DBTT

第2章 钨基面向等离子体材料

（1073～1273 K）。钒可以延缓氧化的开始，可一旦发生氧化，其程度反而增加。而加入 La_2O_3 之后，密度和硬度反而降低，因此机械性能没有出现明显提升，W-1％La_2O_3 的 DBTT 也增大，但是低于 W-4％V。W-4％V-1％La_2O_3 合金具有最高硬度。W-4％V-1％La_2O_3 和 W-4％V 的强度始终高于纯钨和 W-1％La_2O_3，如图 2-24 所示，但是前者变得更脆，所以断裂韧度值更低，DBTT 也在 1073 K 以上。Palacios 等[60]还通过高能球磨和热等静压技术制备了纯钨和 W-2.4％V-0.5％ Y_2O_3 合金，发现钒的添加提高了合金的致密度，细化了晶粒，随着钒含量的增加，细化效果更为明显。尽管球磨能够促进钨与钒的合金化，但仍在晶界孔隙处出现钒的偏析，钒填充了这些孔隙降低了孔隙率。合金包含了两种微观组织，即粗的钨晶粒和"钒池"构成的多面体晶粒，以及由呈 Y 弥散分布的细钨晶粒构成的纳米复合组织。

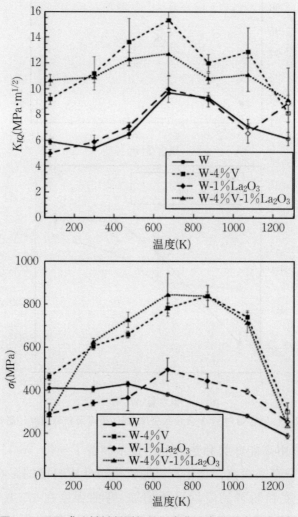

图 2-24　不同成分材料断裂韧性和弯曲强度随温度的变化[59]

面向核聚变等离子体钨基材料

2.3.1.5 W-Ti合金

钛(Ti)比强度高、韧性好、高低温耐受性能好,具有在急冷急热条件下应力小等特点,被用来添加钨合金以改善性能。DFT计算结果表明钛合金化也能改变位错的核心结构,但是与铼的改变方式不同[51]。Munoz等[61]采用机械合金化和热等静压技术路线,制备了W-2%Ti合金和W-1%TiC合金,并比较了两者的强度和塑性等性能。结果发现,W-2%Ti合金的相对密度能够达到98%,高于W-1%TiC,其显微硬度是后者的两倍,这得归功于Ti的固溶强化。三点弯曲试验研究了两种材料的应力应变曲线随温度的变化情况,两种材料均在1000℃以上才能表现出塑性,这表明在加入Ti和TiC之后大大提高了钨的DBTT。W-2%Ti在1200℃时弯曲强度为381 MPa,而W-1%TiC只有340 MPa,这主要是因为剩余孔隙率过剩,致密度只有95.3%。

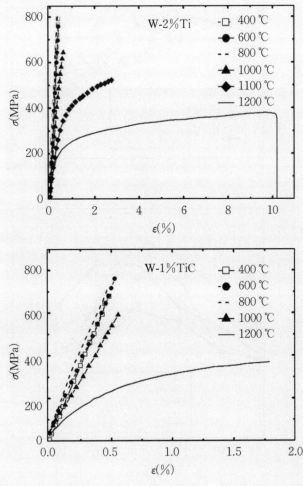

图2-25 W-2%Ti和W-1%TiC在不同温度下三点弯曲应力-应变曲线[61]

Monge 等[62]用 Ti 作为烧结激活剂、Y_2O_3 颗粒作为强化弥散相，通过 HIP 制备了 W-xwt.％ Ti＋0.5wt.％ Y_2O_3(x＝2、4)材料，发现钛的添加促进了材料的致密化，有利于获得全致密材料。无论添加 Y_2O_3 与否，添加 2％或 4％的 Ti 到 W 基体都可得到完全致密的材料。随着钛含量的增加，合金的硬度明显增加。Aguirre 等[63]采用球磨和 HIP 方法制备了少量 Y_2O_3 掺杂的 W-Ti 合金，并在 25～1000 ℃范围内对材料的强度和韧性进行了测试，发现钛的添加极大地提高了弯曲强度和断裂韧度，如图 2-26 所示，但是这也提高了材料的 DBTT，相比纯钨提高了至少 600 ℃，变得更脆。添加 0.5wt.％的 Y_2O_3 提高了钨的氧化抗力，因此提升了高温下的机械性能。Ti 的添加不仅能提高

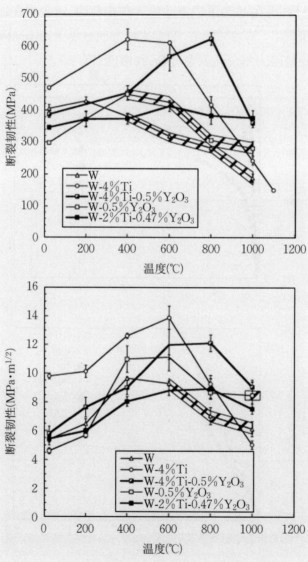

图 2-26　合金弯曲强度和断裂韧性随温度的变化情况[63]

面向核聚变等离子体钨基材料

钨的致密度、抑制钨晶粒长大,还能减小钨向 Y_2O_3 颗粒中的扩散,Y_2O_3 增强了 Ti 向钨中的扩散,有助于形成 Ti-W 固溶体。W 基体中的 Y_2O_3 颗粒在大约 1600 ℃时开始不稳定,变成含有复杂成分(W-Y 和 W-Y-Ti 氧化物)的粗糙颗粒,而这又会使 W 的力学性能恶化。Savoini 等[64]采用机械合金化和热等静压技术工艺,分别制备了添加 La_2O_3 的 ODS 增强 W-Ti、W-V 合金,测试其硬度随温度的变化情况。Ti 和 V 富集在钨颗粒之间形成 Ti 池和 V 池,且具有马氏体特征,而纳米 La_2O_3 颗粒则均匀分布于基体中,发挥弥散强化作用。两种组分的材料硬度均随着温度的上升而下降,当加热到 473～773 K 时,W-4％V-1％La_2O_3 的硬度保持不变,而 W-4％Ti-1％La_2O_3 的硬度在 473 K 以上时反常增加。由于 Ti 和 V 的热膨胀系数大约是 W 的 2 倍,随着加热温度的提高,在内应力的诱导下发生马氏体转变,引起材料的硬度随之提高。考虑到 Ti 和 V 在 W 颗粒空隙中的偏聚对材料性能的不利影响,可以在合金成分设计时将 Ti 或 V 的含量降到 1wt.％以下。

2.3.1.6 W-Zr 合金

钨中含有的一些常见杂质元素(如 O、N、P 等),会在钨晶界发生偏聚,结果降低晶界的结合强度,从而造成钨的低韧性,杂质元素偏聚是主要原因之一。因此,通过改变杂质元素在钨中的分布,或者强化晶界,都可以提高钨强度和韧性。稀土元素,如 La、Y、Zr、Hf 等与 C、N、O 均有较强的亲和力,在高温下这些元素相互作用,形成了高熔点化合物,有效减少了杂质原子在晶界的偏聚程度和比例,对晶界起到净化作用,使材料强度得以提高。Xie 等[65]通过 SPS 烧结制备了 W-(0.1％、0.2％、0.5％、1.0％)Zr 合金,所有样品的致密度约为 97％。锆(Zr)通过 ZrH_2 分解得到,能够捕获钨中的氧杂质并形成纳米尺寸的单斜 ZrO_2 颗粒。Zr 的添加量从 0 增加到 0.2％,室温断裂强度从 154 MPa 增加到 265 MPa,断裂能量密度从 3.73×10^4 J/m^3 增加到 9.22×10^4 J/m^3。但是,更多的 Zr 添加将会增加 Zr-O 颗粒的尺寸,过大的第二相颗粒会造成应力集中,容易萌生裂纹并导致断裂强度和韧度降低,如图 2-27 所示。Xie 等[66]还制备了 W-1％Zr-1％ZrC 材料,并与纯 W、W-1％Zr、W-1％ZrC 三种材料进行了性能对比。由四种材料在 400～700 ℃的应力-应变曲线(图 2-28)可以看出,纯钨的强度最低、塑性最差,加热到 600 ℃时,仍表现为脆性断裂,断裂强度只有 309 MPa;而 W-1％Zr 合金加热到 400 ℃时就存在塑性,其 DBTT 要比纯钨低 200 ℃,这是有利的。在各个温度下,W-1％Zr 合金的伸长率均高于其他材料,表明 Zr 的加入能够有效地改善钨的塑性。Zr 是以纳米 ZrO_2 和 W-Zr-O 颗粒的形式存在于钨晶内和晶界,显著改善了材料的力学性能。W-1％Zr-1％ZrC 材料的强度最高,但塑性低于 W-1％Zr 合金,DBTT 在 400～500 ℃,这是由于材料内部的第二相颗粒数量过多,引起应力集中,反而使得塑性有所下降。在提高材料强度方面,可能直接添加 ZrC 的效果会更加显著。

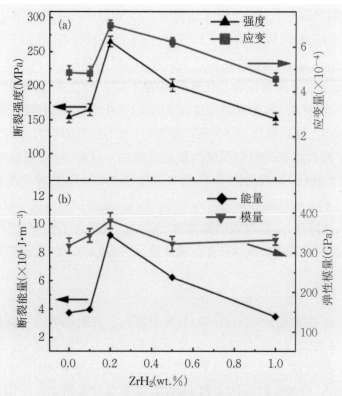

图 2-27 纯钨和 W-Zr 合金室温下的拉伸性能[65]

(断裂强度和应变随 ZrH_2 含量变化(a)和断裂能量密度和弹性模量随 ZrH_2 含量变化(b))

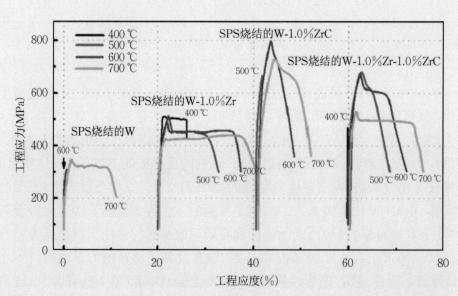

图 2-28 纯钨、W-1％Zr、W-1％ZrC 和 W-1％Zr-1％ZrC 合金在 400~700 ℃的拉伸行为[66]

面向核聚变等离子体钨基材料

2.3.1.7 W-K 合金

把纳米粉末烧结成块体材料,控制晶粒和颗粒长大且保持其纳米结构不变是一个巨大的挑战。因为材料发生再结晶,晶粒可能异常长大,机械性能会发生恶化。钾(K)掺杂钨在烧结过程中,低熔点钾的挥发会在结构中形成微孔,从而对晶界起到"钉扎"效应,阻碍晶粒长大、提高再结晶温度,因此掺杂钾的钨材料被认为是潜在的面向等离子材料。W-K 材料被普遍认为是一种金属基复合材料,因为钾作为非合金化组元在钨中是不溶的,它最终被封入气泡中而存在。掺杂在钨内部的钾泡和钾管大都是球形、圆头管形和橄榄球形等。掺杂钨的强化机制是"钾泡强化",钾泡强化起作用的必要条件有:① 钾泡必须存在于钨晶粒内部,而不是晶界中,否则就不存在阻碍位错运动,钾泡则失去强化效果;② 钾泡在烧结形成时,其内部钾蒸汽压力已经和钨晶粒长大的晶界驱动力达到平衡,才能维持钾泡的存在,内部的钾蒸气压增加过大,钾泡会破裂因此成为材料的裂纹源;③ 钾泡形状必须能维持一种低应力集中状态,否则容易形成应力集中产生裂纹。在内部高气压的情况下,材料内部孔隙任何不规则的形状都会产生较强烈的应力集中[67]。

制备出高致密度具有纳米结构的钾掺杂钨材料,要考虑钾呈现出独特的物理性能(软、黏、低熔点)和高的反应活性(易氧化、易腐蚀),所以非常难获得钾均匀分布的掺杂钨材料。保持钾在钨内部必须要确保材料内没有开孔。因钾的沸点仅有 1043 K,故很容易从开孔逃离。例如,早期白炽灯的灯丝在高温使用时再结晶完全脆化而"下垂"破坏,AKS(Aluminum Potassium Silicon)掺杂钨则避免了这种破坏形式,可用于2500 ℃以上。"掺杂剂"是氧化物被还原之前掺入的,AKS 就是一种典型的掺杂剂,它是铝、钾和硅化合物的混合物,还原以后这些元素都会混入钨粉颗粒中。铝和硅在随后酸洗时被排除和在烧结时被挥发,最后仅残留元素钾。因为不下垂不再是一个难题,所以这种材料也称为"不下垂"(Non-sag)钨。图 2-29 展示了商业钾掺杂钨制备过程中钾泡的演变[68]。W-K 块体和 W-K 丝性能表现差异很大,因为两者微观组织不同,垂熔烧结的 W-K 块体中钾泡的直径～200 nm,通过旋锻和退火处理得到 W-K 丝,钾泡变得非常小(5～50 nm)。这就是为什么 W-K 通常用作线材,如白炽灯丝,而没有应用在块体材料中的原因。因此,目前需要解决的难题是如何让 W-K 块体获得 W-K 丝中的纳米钾泡。

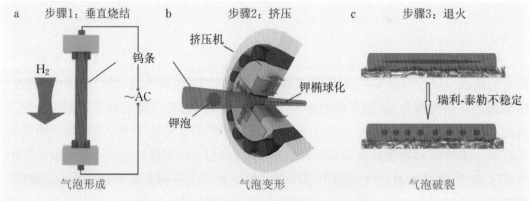

| a | 步骤1：垂直烧结 | b | 步骤2：挤压 | c | 步骤3：退火 |

气泡形成　　　　　　　气泡变形　　　　　　　气泡破裂

图2-29　典型商业钾掺杂钨制备过程中钾泡的演变[68]

已有文献报道大部分W-K合金都已经商业化。例如，日本ALMT通过冷等静压、烧结、热轧和热处理制备了钾及铼掺杂钨[69]，ALMT还通过粉末冶金和旋锻制备了钾含量为$3.2×10^{-3}$wt.%的钨棒[70]，欧洲PLANSEE AG制备了WK65（60～65 ppm K）、钨真空镀敷金属（WVM，30～70 ppm K）、WVM钨（WVMW/S-WVMW，15～40 ppm K）[71]，Schwabmuenchen[72]通过拉拔制备了钾（$6×10^{-3}$～$7.5×10^{-3}$wt.%）掺杂钨，Allied Material Corp[73]通过粉末冶金和旋锻制备了WK棒材。Rieth等[74]对比了WVM棒与纯钨的夏比冲击测试结果，发现WVM的DBTT在1000 ℃左右，比纯钨更高。从图2-30可以看出，只有纯钨和WVM出现了冲击吸收功上平台（塑性断裂区域），分别从900 ℃和

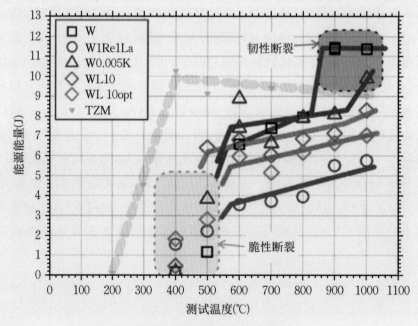

图2-30　钨基合金棒夏比冲击测试结果[74]

1000 ℃开始。还发现棒状材料比轧制板性能更优,说明微观组织对塑性转变有着重大影响。Gludovatz等[75]通过不同的测试方法(三点弯曲、双悬臂梁和紧凑拉伸)研究了不同钨材料(包括AKS-W)的断裂韧度。所有材料的断裂韧度都随温度的升高而增加,AKS-W在测试温度范围内(400~800 ℃)拥有比纯钨更高的断裂韧度值。Sasak等[76]通过粉末冶金和热轧制备了钾掺杂钨和纯钨,拉伸测试结果发现,钾掺杂钨相比纯钨有着更高的屈服强度、更低的DBTT,钾的加入细化了晶粒,提高了钨的机械性能。图2-31为不同温度和应变速率下的应力-应变曲线,钾掺杂钨在室温下就表现出一定的延伸率,而纯钨在200 ℃时才表现出塑性。Nikolić等[77]发现钾掺杂能抑制钨的再结晶过程,如图2-32所示,1600 ℃时纯钨晶粒发生明显长大,向等轴晶转变,而W-K使整个温度区间内组织保持稳定。

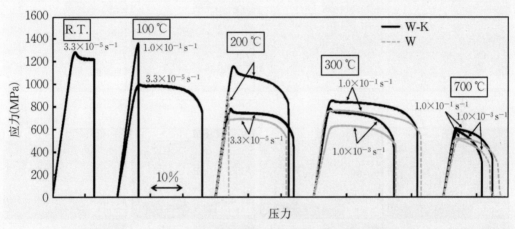

图2-31 W和W-K在不同温度和应变速率下的应力-应变曲线[76]

国内Yan等[78]利用AKS粉末烧结和旋锻制备出致密度高达98.2%的W-K块体,其表现出优异的机械性能及抗热冲击能力。Tang等[68]通过AKS掺杂与SPS烧结相结合,采用工业化流程制备出纳米钾泡增强钨块体材料(KB-W)(图2-33)。纳米钾泡(~50 nm)分布在钨晶粒内部和晶界,增加了材料的力学性能,降低了钨的DBTT,同时通过纳米化提高了材料的抗热冲击能力。W-K合金因为引入多孔结构,所以其热导率相对有所降低,尤其是在高温区域,这有待合理优化W-K合金的孔隙率及孔洞尺寸。图2-34比较了粉末冶金钨(PW)和KB-W的热导率随温度变化情况,可以看出KB-W的热导率几乎和PW相同,说明钾泡相比陶瓷相热导性能更优,因为陶瓷相会损害钨合金的热导率。

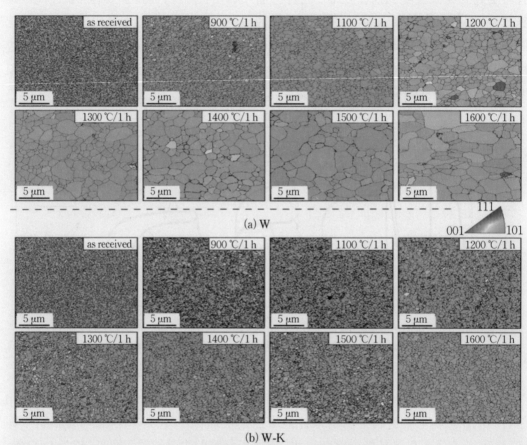

(a) W

(b) W-K

图 2-32 W 和 W-K 丝截面的 EBSD 取向图[77]

面向核聚变等离子体钨基材料

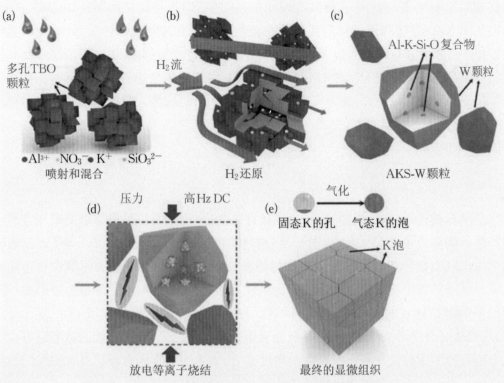

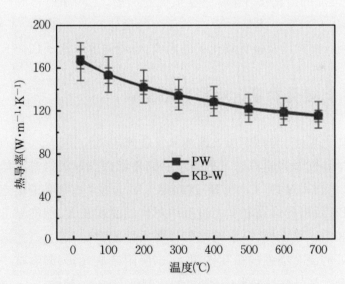

图2-33 钾泡增强钨合金AKS-SPS制备流程[68]

图2-34 粉末冶金钨（PW）和KB-W热导率比较[68]

第2章 钨基面向等离子体材料

文献中绝大部分机械性能测试表明，无论是钾掺杂钨丝，还是W-K块体，都表现出比其他钨基材料更加优异的高温机械性能，通过不同途径制备的WK-Re、WK-TiC、WK-Y、WK-Ti等都利用了钾泡强烈的高温阻碍作用去抑制位错移动，以增强高温机械性能[79]。弥散分布的钾泡显著降低了W-3%Re的应变敏感性，提高了低温塑性和强度，但是钾掺杂的W-3%Re在474 K和573 K下的断裂应变小于W-3%Re[69]。Y掺杂WK合金抑制了晶粒长大，显著提高了材料硬度[80]，TiC的加入阻碍了WK合金的再结晶过程，提高了再结晶温度(1673～1873 K)，提高了室温下的拉伸强度(从141 MPa提高到353 MPa)[81]。

2.3.1.8　W-C合金

金刚石具有高熔点、高硬度、导热性极好等优点，金刚石涂层能够承受聚变等离子体产生的高热流量，因此，钨-金刚石复合材料得到相应的关注。Nunes等[82]研究表明纳米级金刚石颗粒掺杂不仅可以提高钨强度，减小辐照脆化，极硬的弥散颗粒还能通过晶界"钉扎"效应提高微观结构的热稳定性。然而，材料的纳米化通常会带来由于边界处的散射而导致的热导率下降的问题。用机械合金化法制备W-金刚石复合材料时，高能球磨会使得W与C反应，并且还会引入研磨介质等杂质，连续的球磨还可能导致金刚石的非定形化。从声子输运的角度来看，微米级的金刚石颗粒具有更好的热传导性能。通过球磨制备纳米金刚石掺杂钨材料的最大挑战在于，使纳米金刚石颗粒弥散分布，同时使形成的碳化物含量保持在最低的水平。Livramento等[83]制备出钨-微米金刚石复合材料，并对最小化避免W与C反应的最佳制备条件进行了研究，为了最大限度地保留金刚石结构以及避免碳化钨的形成，烧结温度应低于1273 K。

2.3.2　钨-稀土氧化物复合材料(ODS-W)

利用弥散强化手段，向钨内加入超细氧化物能阻碍位错运动，进而使钨材料在高温状态下的力学特性及室温状态下的强度和韧性都得到显著提升。使用较多的弥散氧化物有ThO_2、La_2O_3、Y_2O_3、Ce_2O_3等，这些稀土氧化物具有很高的熔点和稳定的物理化学性质，可以有效阻碍烧结和加工过程中材料的晶粒长大，能够显著提高钨基材料的再结晶温度和组织稳定性，高温结构部件要求性能稳定，这一点尤为重要；另外，稀土元素与晶界处的氧有很强的相互作用，可以吸附杂质元素，起到减少杂质偏析并净化晶界的作用。尤其是通过变形处理后，如轧制(Rolling)、旋锻(Swaging)能实现低温韧性同时兼有高强度。同时，钨基材料中弥散分布的第二相产生大量的相界面，可以湮灭辐照产生的点缺陷，从而提高钨基材料抗辐照能力。这些氧化物通常无论是通过高能球磨的方式固溶在粉末之中,还是因稀土元素与氧反应而存在于粉末之中,都会在随后的烧结过程中析出,其形貌与分布通常由后续烧结和热加工的工艺决定,弥散强化的效果与颗粒尺寸、分布和数量等因素相关。Huang 等[84]发现在 SPS 烧结的钨基体中,O 与 W 结合也会生成 WO_2,且 WO_2 与钨基体之间具有(101)W//(020)WO_2 的取向关系,两者之间的错配度为 4.9%,形成了具有一定弹性畸变的共格相界,这说明钨基体中残余的微量氧元素,与基体中业已形成的氧化钨本身也能起到一定的弥散增韧作用。

2.3.2.1　W-La₂O₃

氧化镧(La_2O_3)掺杂钨材料为当前国内外相关研究的重点材料体系,较为完善且普遍应用,钨的抗热冲击、热拉伸性能和抗蠕变性能得到明显强化。商业化 PLAN-SEE WLl0(W-1wt.%La_2O_3)比纯钨具有更好的微结构稳定性,再结晶温度也比纯钨高 500 ℃。[85]实验证明 W-La_2O_3 已能承受 6 MW·m^{-2} 的稳态热负荷,被考虑作为偏滤器的护甲和热核聚变装置的挡板[86]。材料的微观组织(如织构和晶粒)决定了加工工艺,如在轧制过程中,La_2O_3 颗粒从最开始的圆形,沿着轧制方向拉长,形成纤维状组织。典型的工业产品中,一个直径 10 mm 的棒经过最后的热轧(变形度>80%),La_2O_3 颗粒纤维直径约为 400 nm、长度为 20 μm[87]。Rieth 等[87]对商业化纯钨和 WL10 进行了夏比冲击测试,发现纯钨的 DBTT 为 800±50 ℃、WL10 的 DBTT 为 950±50 ℃,如图 2-35 所示。WL10 棒更像是单向纤维增强材料,裂纹沿着纤维状 La_2O_3 扩展,导致比纯钨有着更高的 DBTT。作为聚变中子辐照下的结构材料,合金的 DBTT 至少在 200~400 ℃。因此,两种材料都不适合作为偏滤器结构材料。Rieth 等[74]还利用夏比实验详细研究了微观组织特征(晶粒尺寸、织构、各向异性和缺口)对纯钨和 WL10 棒材料的影响,发

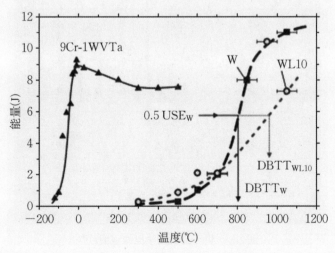

图 2-35　纯钨和 WL10 由脆向韧转变[87]

现尽管La$_2$O$_3$的加入提高了拉伸强度、抗蠕变性能,同时抑制了再结晶,但是没有提高钨的断裂性能。不过,通过合理的优化制备方法,使晶粒尺寸分布均匀,减小分散颗粒的尺寸,可以在一定程度上提高合金的塑性。Yan等[88]通过研究变形工艺对纯钨和WL10断裂行为及DBTT的影响,发现经过旋锻＋轧制处理能够降低WL10的DBTT,提高材料的机械性能。

在制备ODS-W复合材料的方法中,机械合金化是比较广泛使用的方法。制备ODS-W复合材料的方法还有很多,如溶胶-凝胶法、湿化学法、共沉淀法等。孙军[89]等采用液相化学掺杂法,在钼基材料中有效地引入了在晶体内和晶界处弥散均匀分布的La$_2$O$_3$第二相颗粒,钼合金力学性能得以显著提高。钨与钼的性质非常相似,也可以采用类似的制备方法。烧结工艺主要有真空烧结、微波烧结、SPS和热等静压烧结等。种法力等[90]用机械球磨的方法制备了W-1wt.％La$_2$O$_3$粉体,冷等静压后烧结制备出了La$_2$O$_3$增强钨合金。研究表明,在烧结过程中添加La$_2$O$_3$后抑制了钨晶粒的长大,相对密度从93.2％提高到97.8％,抗弯强度提高了35.7％。W-1wt.％ La$_2$O$_3$也表现出较好的热负荷性能,能够承受6 MW·m^{-2}热负荷功率密度;在更高热负荷条件下,较高的表面温度导致La$_2$O$_3$出现熔化及材料表面出现微裂纹等损伤。Cui等[91]通过粉末冶金法制备了四种不同状态的钨合金,包括纯钨、轧制钨、轧制 W-1％ La$_2$O$_3$、锻造 W-1％La$_2$O$_3$。它们的光学显微镜图片如图2-36所示,可以看出纯钨致密度差,而轧制态钨有着纤维状的晶粒,致密度也较差。但是轧制态和锻造态 W-1％ La$_2$O$_3$的组织形貌却得到了明显的改善,致密度增加,晶粒明显细化。许多氧化物颗粒均匀分布到钨晶粒内部和晶界处。

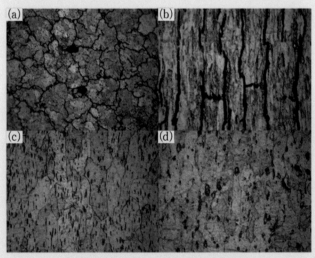

图2-36 钨合金的光学显微镜图片[91]

(纯钨(a)、轧制钨(b)、轧制 W-1％ La$_2$O$_3$(c)和锻造 W-1％ La$_2$O$_3$(d))

Xia等[92]通过共沉淀法和SPS烧结制备出高纯度的W-1wt.%La$_2$O$_3$复合材料,获得的立方晶体La$_2$O$_3$颗粒存在于钨晶粒内和晶界处,钨和La$_2$O$_3$晶粒都有较窄的尺寸范围,如图2-37所示。所获得的样品具有更高和更稳定的显微硬度值,实验结果也证实了共沉淀法是一种制备氧化物掺杂钨纳米颗粒的有效方法。Yan等[93]采用水热-氢气还原法来制备La$_2$O$_3$掺杂超细钨的粉末,所制备的La$_2$O$_3$掺杂超细钨的粉末呈球形,颗粒直径约700 nm,且尺寸分布较窄。前驱体是六方结构的WO$_3$纳米棒,还原粉末的晶粒尺寸由WO$_3$纳米棒直径决定,La$_2$O$_3$相被确定在前驱体和还原粉末中,证实了La$_2$O$_3$成功地掺杂进钨中。Yar等[94]通过湿化学方法制备出高纯度的钨粉和W-0.9wt.%La$_2$O$_3$纳米复合粉末,前驱体由偏钨酸铵(Ammonium Paratungstate,APT)和硝酸镧反应制得,高分辨TEM发现钨颗粒被氧化物沉淀相包覆。前驱体粉末还原后,在1300 ℃和1400 ℃下通过SPS烧结来抑制晶粒的长大,试样晶粒大小与SPS的烧结温度和升

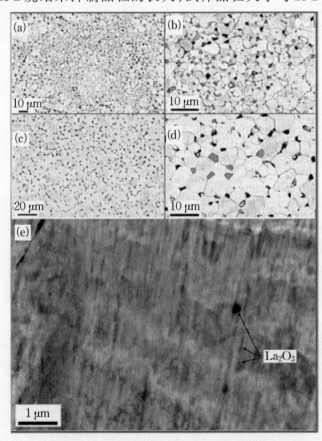

图2-37 SPS烧结的钨材料的SEM-EBSD[92]

(商业用W-La$_2$O$_3$粉末,大的晶粒尺寸分布且La$_2$O$_3$颗粒聚集在部分晶界处(a)(b);
共沉淀法制备的W-La$_2$O$_3$粉末,La$_2$O$_3$颗粒均匀地分布在晶界处,且窄的晶粒尺寸分布(c)(d);
共沉淀法制备纳米钨颗粒,纳米级钨亚晶界和在单个钨晶粒上分布超细纳米La$_2$O$_3$颗粒(e))

温速率相关,如表2-2所示。钨晶粒主要由微米级的晶粒和更细的亚晶粒组成,氧化物颗粒主要聚集在晶界处,氧化物中都有钨的存在,说明烧结后试样中有复杂的氧化物相(W-O-La)的存在。

表2-2 不同温度和不同升温速率下放电等离子体烧结制备的试样的性能[94]

成分	加热速率 ($℃/min$)	保温温度 ($℃$)	密度/相对密度 ($g·cm^{-3}$)/($\%RT$)	晶粒尺寸 (μm)	显微硬度 (Hv)
W	100	1300	17.3/91	3.0	317
W-0.9%La$_2$O$_3$	100	1300	16.9/89	4.2	327
W-0.9%La$_2$O$_3$	50	1400	17.8/94	9.7	406

尽管向钨中添加 La_2O_3 的最初目的不是为了降低材料的DBTT,但却发现 W-La_2O_3 在室温下更易于加工,从而降低了加工成本,这主要归功于在变形和加工过程中,弥散分布的 La_2O_3 颗粒周围没有微裂纹形成[86]。但是,加入 La_2O_3 后,硬度增加,造成热加工困难。W-1wt.%La_2O_3 的热导率相比纯钨略微减小,Ghezzi 等[95]把 W-1wt.%La_2O_3 制成的护甲放到准稳态等离子体加速器(QSPA)装置中,同时暴露在100次的边缘局域模(ELM)瞬态事故,然后观察其变化,发现 W-La_2O_3 护甲在模拟瞬态事故中的表现比纯钨差。

2.3.2.2 W-Y$_2$O$_3$

氧化钇(Y_2O_3)在钨基材料中的弥散强化效果非常好,受到了广泛关注。Y_2O_3 细小颗粒弥散分布在钨基体中,能够显著细化钨晶粒,从而提高其室温强度和高温蠕变性能,使得钨合金的再结晶温度显著上升。此外,添加一定量的 Y_2O_3 既可以提高烧结钨的致密化程度,又能降低烧结温度。同时,与纯钨相比,Y_2O_3 弥散强化钨基材料的抗热冲击能力显著提升,抗辐照性和抗氧化能力也都有所提高,因此在面向等离子体材料方面的应用很有前景。弥散 Y_2O_3 能显著提高钨合金的穿甲和自锐化能力,已作为穿甲弹头使用[96]。

Liu 等[97]用纳米复合粉末经过球磨、在 $1500℃$ 下微波烧结 $30\ min$ 后制备出纯钨、W-1%La_2O_3 和 W-1%Y_2O_3 材料,烧结密度因组分不同而变化,其中纯钨和 W-1%Y_2O_3 的相对密度较高,接近97%,而 W-1%La_2O_3 的只有95%,如表2-3所示。Y_2O_3、La_2O_3 纳米颗粒都可以起到细化晶粒作用,显著阻碍烧结过程中钨晶粒长大,但是 Y_2O_3 的作用比 La_2O_3 更为显著,如图2-38所示。W-1%Y_2O_3 的硬度和热导率也比 W-1%La_2O_3 的高,但热导率都比纯钨差。相比而言,添加 Y_2O_3 对于钨合金的致密化、强化和晶粒细化效果更好。Liu 等[98]通过溶胶-凝胶和微波烧结的方法,制备出纳米级 W-1%La_2O_3、W-1%Y_2O_3 复合材料,其中粉末颗粒平均尺寸小于 $50\ nm$。微波烧结采取较低的烧结温度

面向核聚变等离子体钨基材料

（1500 ℃）和短的保温时间（30 min），以防晶粒过分长大，并使得10~50 nm的氧化物颗粒均匀分布在钨基体中。从晶粒尺寸和性能等数据对比可知，烧结后的W-1%La$_2$O$_3$和W-1%Y$_2$O$_3$的致密度、平均晶体颗粒尺寸和维氏显微硬度分别为92.4%和93.6%、1.1 μm和0.7 μm、4.12 GPa和6.03 GPa，可见W-1%Y$_2$O$_3$比W-1%La$_2$O$_3$具有更好的烧结性能、更细的晶粒和更高的硬度，如表2-4所示。通过溶胶-凝胶法制备的ODS-W，溶液在分子级别混合均匀，获得的氧化物颗粒分布比通过机械球磨法获得的分布更为均匀。

表2-3 通过球磨并在1500 ℃下微波烧结30 min制备的纯钨和ODS-W的性能[97]

材料	密度 （g·cm^{-3}）	相对密度 （%）	晶粒尺寸 （μm）	显微硬度 （GPa）	热导率 （W·m^{-1}·K^{-1}）
W	18.7	96.9	3.2	5.04	156
W-1wt.%La$_2$O$_3$	18.0	95.0	1.4	4.21	121
W-1wt.%Y$_2$O$_3$	18.2	96.8	0.7	6.91	131

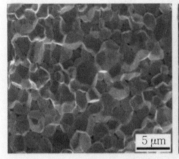 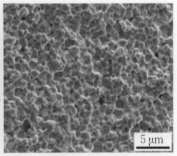

(a) 纯钨　　　　　　　(b) W-1%La$_2$O$_3$　　　　　　　(c) W-1%Y$_2$O$_3$

图2-38 钨合金的断面SEM图[91]

表2-4 溶胶-凝胶和球磨并在1500 ℃下微波烧结30 min后制备的ODS-W的性能[98]

材料	制备方法	密度（g·cm^{-3}）	相对密度（%）	晶粒尺寸（μm）	显微硬度（GPa）
W-1wt.%La$_2$O$_3$	溶胶-凝胶	17.49	92.4	1.1	4.12
W-1wt.%Y$_2$O$_3$	溶胶-凝胶	17.60	93.8	0.7	6.03
W-1wt.%La$_2$O$_3$	球磨	18.0	95.0	1.4	4.21
W-1wt.%Y$_2$O$_3$	球磨	18.2	96.8	0.7	6.91

　　Yar等[99]对湿化学方法进行改进，制备出W-1wt.%Y$_2$O$_3$纳米晶粉末，然后采用放电等离子体烧结获得W-1wt.%Y$_2$O$_3$材料。实验通过采用两步烧结方法探索了对还原粉末烧结性能的影响，使得烧结体获得高的密度和更细的晶粒。与采用SPS烧结的W-La$_2$O$_3$对比，可以发现W-Y$_2$O$_3$具有更小的晶粒、更高的密度和更高的显微硬度，以及

更好的烧结性能。Wahlberg 等[100]采用一种新的湿化学方法制备出高度均匀分布的 W-Y$_2$O$_3$复合粉末,在1100 ℃下 SPS 烧结成致密度为88％的块体材料。通过观察烧结试样断口形貌,如图2-39所示,可以发现钨晶粒的表面分布着纳米级氧化物颗粒,还有一些大小、形状和氧化物颗粒相似的凹坑,这是在断裂过程中一些氧化物颗粒从断裂面中脱离出来而导致的,说明纳米级氧化物颗粒至少存在于两个区域,即钨晶粒的表面和因为发生穿晶断裂看到的钨颗粒内部,主要分布在钨晶界及晶粒内部。氧化物颗粒的高度均匀分布,说明在前驱体材料的合成过程中,W 和 Y 组分是均匀混合的,证实了湿化学方法在制备氧化物弥散钨粉体时存在优越性,这种新的合成方法与机械合金化路线相比,显示出粉末化学与显微组织均匀性的高度可控。

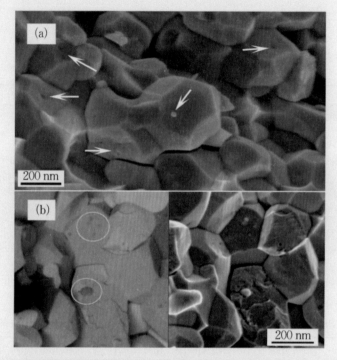

图2-39　烧结样品的断裂表面显示氧化物纳米颗粒和钨晶粒表面的凹坑(a)和
背散射电子像显示黑灰色的氧化物纳米颗粒(b)[100]

Kim 等[101]通过机械合金化和SPS 烧结来制备 Y$_2$O$_3$、HfO$_2$、La$_2$O$_3$弥散增强钨基复合材料,在三种氧化物中,Y$_2$O$_3$是最有效地促进钨烧结致密化的物质,因为烧结过程中形成了由 W、Y 和 O 元素组成的新的液相。烧结时 W 原子既可以通过晶界,也可以通过Y$_2$O$_3$相不断地进行溶解—再沉淀过程,从而扩散移动,因此 W 和 Y$_2$O$_3$是可溶的,使钨的烧结活性提高。这和 Itoh 等[102]的研究 W-Y$_2$O$_3$复合材料中仅仅包含 W 和 Y$_2$O$_3$两相不同。随着Y$_2$O$_3$含量增加,钨的熔点降低,原子的移动路径增加,当Y$_2$O$_3$弥散相含量增加到5wt.％时,复合材料的致密度几乎增加到100％。当氧化物掺杂量在0.5wt.％时,不论是哪种氧化物种类,复合材料的致密度都小于纯钨。当掺杂量高于1wt.％时,随着Y_2O_3含量的增加,W-Y_2O_3复合材料的致密度随之提高。但是HfO_2和La_2O_3掺杂,无论氧化物含量多少,复合材料的致密度都小于纯钨,如图2-40所示。三种ODS-W材料的晶粒尺寸都会随着氧化物含量的增加而减小,W-Y_2O_3、W-HfO_2和W-La_2O_3的晶粒尺寸分别从18.8 μm减小到3.7 μm、11.6 μm和9.2 μm。可见,所有氧化物颗粒都能阻止钨晶粒长大,但是Y_2O_3是最有效阻止晶粒粗化的因素。还可以发现,Y_2O_3是最有效的强化因素,W-Y_2O_3的强度随着含量增加可以增大到钨硬度的1.5倍,而添加HfO_2钨的强度只是略微增加,添加La_2O_3含量在高于2wt.％时会严重降低钨的硬度。

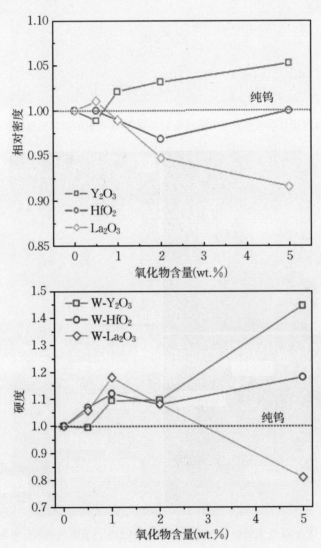

图2-40 ODS-W材料的相对密度和硬度随氧化物含量的变化曲线[101]

Dong等[103]在传统的湿化学法中添加表面活性剂十二烷基硫酸钠(SDS)和大分子化合物聚乙烯吡络烷酮(PVP),结合SPS烧结来制备W-Y$_2$O$_3$合金(图2-41),它是W晶粒细小、Y$_2$O$_3$均匀分布的高致密的W-Y$_2$O$_3$材料。从图2-42可以发现,钨晶粒内部存在

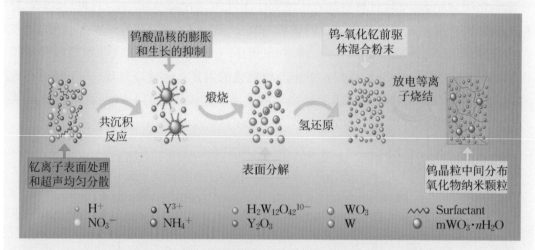

图2-41　湿化学法以及SPS烧结来制备W-Y$_2$O$_3$合金的工艺流程示意图[103]

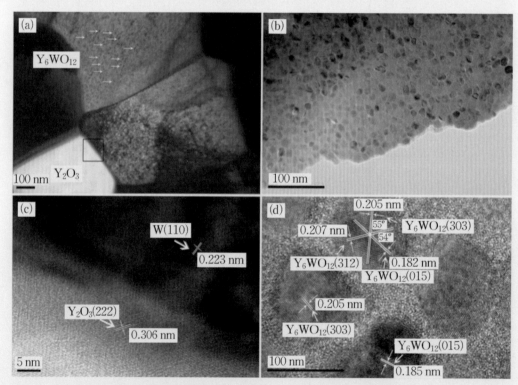

图2-42　W-Y$_2$O$_3$合金低倍TEM(a)、高倍TEM显示钨晶粒内部氧化物颗粒(b)、
图(a)方形区域高倍图(c)和钨晶粒内部氧化物颗粒高倍图(d)[103]

面向核聚变等离子体钨基材料

高密度的 Y_6WO_{12} 纳米颗粒（10 nm），它是由 W 原子与纳米 Y_2O_3 颗粒经扩散反应而生成的，这点与 Kim[101] 的研究结果相同。钨晶粒内部的 Y_6WO_{12} 相与 W 基体产生共格关系，从而对材料起到强化作用。在 Y_2O_3 与 W 晶粒的界面处存在大约 10 nm 厚的 W 原子扩散层，由于 W 原子扩散数量的限制，并无新相在此界面处形成，钨晶界处团聚长大的氧化物仍保持为 Y_2O_3 相。Tan 等[104] 采用湿化学法及 SPS 烧结技术制备了 W-2vol.% Y_2O_3，发现化学方法制备的粉体可以细化晶粒及颗粒，同时提高材料的机械性能。

Battabyal 等[105,106] 与 Plansee 公司合作，通过烧结和热锻制备了相对致密度为 99.3% 的 W-2% Y_2O_3 复合材料。其中，钨基体平均晶粒尺寸为 1～2 μm，Y_2O_3 颗粒尺寸为 300～1000 nm。三点弯曲测试结果表明，W-2% Y_2O_3 在 400 ℃时开始表现出塑性，弯曲强度随着温度升高逐渐降低，从 298 K 的约 1.3 GPa 降到 1273 K 的约 580 MPa[105]；如图 2-43 的拉伸结果表明，该材料在 673～1273 K 具有明显的塑性，在 400 ℃其极限拉伸强度（UTS）为 500 MPa，延伸率约为 10%，但是其夏比冲击性能差，在 773～1273 K 时冲击吸收功值很小，比 WVM 和 WL10 都低。773～873 K 时冲击功明显增加，说明该材料的 DBTT 在 773～873 K[106]。Lian 等[107] 采用液-液掺杂法制备了 W-0.7vol.% Y_2O_3 粉体，随后采用高能高速锻造（High-energy-rate Forging, HERF）法制备了直径为 62 mm、高度为 6.7 mm 的 W-Y_2O_3 块体，拉伸结果表明，此材料在 100 ℃时发生塑性形变，其 UTS 达到 1040 MPa，形变量为 2.9%。Xie 等[108] 采用 SPS 烧结和高温旋锻法加工制备了 W-1.0% Y_2O_3（WY10）材料，发现旋锻后的棒材在 200 ℃即发生拉伸塑性形变，强度约为 660 MPa，在 1300 ℃退火 1 min 后，材料在 150 ℃存在拉伸塑性；对于 SPS 烧结后没有经过形变的材料，则在 500 ℃才出现拉伸塑性形变。通过旋锻和退火，W-Y_2O_3 合金的热导率得到很大提高，室温下达到 198 $W \cdot m^{-1} \cdot K^{-1}$，而纯钨只有 175 $W \cdot m^{-1} \cdot K^{-1}$，如图 2-44 所示。Zhao 等[109] 通过 SPS 和"高温烧结+热轧"两种途径制备了 W-Y_2O_3 合金，室温三点弯曲和高温拉伸结果表明热轧后的 W-Y_2O_3 样品有着更高的机械强度和韧性，变形后的 W-Y_2O_3 比 SPS 制备的样品室温热导率提高了近 35%，达到 143.3 $W \cdot m^{-1} \cdot K^{-1}$，这说明变形有利于热从加载表面向基体耗散，但两种样品的热导率都比纯钨小。可见，无论快速锻压、旋锻，还是轧制的材料，相比 SPS 烧结的小试样，性能都有大幅度提高。

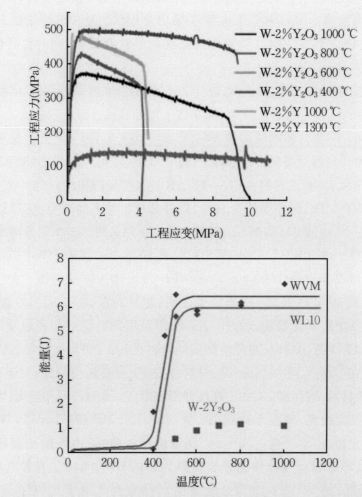

图2-43　W-2%Y$_2$O$_3$合金的工程应力-应变曲线和夏比冲击测试结果[106]

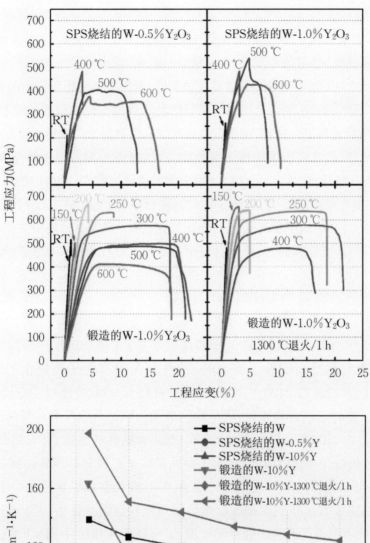

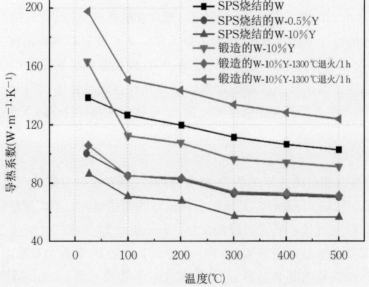

图2-44 W-2％Y₂O₃合金的拉伸行为及热导率比较[108]

2.3.2.3 W-ThO₂

Sadek 等[110]从20世纪就开始研究稀土氧化物 ThO₂,发现将 ThO₂ 添加到钨中可以有效提高屈服强度,显著降低其再结晶脆性。此外,它也很好地改善钨合金的高温强度。但是,因为 ThO₂ 经过中子辐照后具有放射性,所以不再考虑用作面向等离子体材料钨的增强相。此外,Ding 等[111,112]还通过用湿化学法及 SPS 烧结制备了稀土氧化物 Pr₂O₃ 及 CeO₂ 弥散增强钨基复合材料,在获得高致密细晶钨材料方面取得了很好的效果。

由此可见,在钨合金中添加稀土氧化物,成为制备细晶高致密钨基合金的一种有效的调控方法。但是,在 W-La₂O₃/Y₂O₃ 粉末实际烧结过程中,添加的纳米级(<50 nm) La₂O₃ 或 Y₂O₃ 极容易团聚长大,最终获得材料块材中的 La₂O₃ 或 Y₂O₃ 尺寸长大,达到微米尺寸(1~10 μm),从而削弱了应有的强化作用,甚至产生应力集中并引起开裂,进而最终影响材料的延展性和韧性,这是材料制备与加工过程中需要解决的问题。

2.3.3 钨-碳化物复合材料(W-CDS)

掺杂的氧化物熔点一般均远低于基体钨本身,在聚变堆工作环境下,当瞬时热冲击过高或者局部受高能粒子轰击时,这些氧化物有先于钨熔化的风险。La₂O₃(约2300 ℃)、Y₂O₃(约2400 ℃)的熔点相对较低,熔点超过3000 ℃只有 ThO₂(约3050 ℃)。相对于氧化物来说,碳化物弥散强化钨基合金具有自身的优势:TiC(约3000 ℃)、ZrC(约3500 ℃)、HfC(约3900 ℃)等具有更高的熔点,且与钨材料有更好的相容性。通过机械合金化的方式,在钨中添加 TiC、ZrC 或 HfC 等碳化物并进行变形加工,可以获得与氧化物弥散强化相似的结果,并且碳化物在低剂量的中子辐照条件下具有更好的性能。其主要机理是通过难熔硬质颗粒在钨基体中均匀分布来形成弥散强化效果,这既可显著提高合金强度和硬度,又可使塑性和韧性下降不大。

2.3.3.1 W-TiC

TiC 与钨具有相似的热膨胀系数,具有高熔点、低密度和良好的高温强度等性质,可以和钨形成(Ti,W)C 固溶体,是钨的一种较好的增强组元。TiC 颗粒弥散增强超细晶钨基复合材料当属日本研究得较为成熟。Kurishita 等[113]通过机械合金化和 HIP 工艺制备了超细晶再结晶状态的 W-(0.25~1.5)%TiC 合金,简称 UFGR W-TiC,TiC 弥散颗粒分布在晶粒内部和晶界,晶粒内部 TiC 平均尺寸为15 nm、晶界处为30 nm。众所周知,超细晶在烧结全致密块体材料中很难保持,因为要实现全致密,就要在高温下烧结,但晶粒很容易剧烈长大。Ishijima 和 Kurishita 等[114]在2004年首次成功制备了全致密UFGR W-TiC合金,在2/5熔点温度下进行HIP烧结,实现全致密化,且晶粒相比球磨粉末没有明显长大。UFGR W-TiC合金引起国内外密切关注,因为这是第一次制备出具有纳米结构的钨基材料。UFGR W-TiC有着再结晶状态下的等轴晶,平均晶粒尺寸为50~200 nm,取决于球磨气氛和TiC掺杂量。TiC添加量即使只有0.25wt.%,也可极大地细化晶粒,W-TiC/Ar的晶粒尺寸大约只有W-TiC/H的一半[115],这是由于纳米尺寸Ar泡对晶界的钉扎作用。电子背散射衍射分析(EBSP)表明晶界取向遵循Mackenzie分布,Mackenzie曲线表示完全无序的取向差分布。∑1到∑29b重位点阵(CSL)晶界的比例只有20%,绝大部分晶界都呈高能任意取向(图2-45)。而小角度晶界和低∑重位晶界等低能晶界,则比高能无规则大角度晶界具有更高的断裂强度,塑性更好,还能降低晶界上的空位密度,阻止有害杂质元素在晶界的偏聚。从图2-46可以看出,W-TiC室温断裂强度取决于TiC添加量、球磨气氛和HIP压力,0.25wt.%TiC极大地提高了W-TiC/Ar和W-TiC/H的断裂强度,分别达到1.3 GPa和2 GPa,继续增加TiC含量到1.5wt.%却不能改变断裂强度[116]。W-1.1TiC/Ar在1 GPa压力的HIP烧结和1923 K热塑性加工后断裂强度达到4.4 GPa,是目前已报道的钨材料中断裂强度最高的。两种材料在室温时都没有塑性,DBTT高达830 K以上,主要是由于UFGR W-TiC的屈服强度太高,材料的最高断裂强度也远小于其屈服强度率[117],发现在测试温度范围内(300~1800 K)W-0.5%TiC/H和纯钨的CTEs

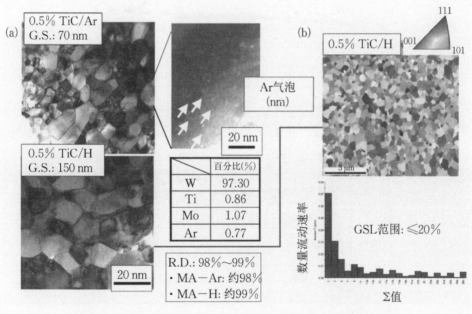

图2-45　W-0.5％TiC/H和W-0.5％TiC/Ar的TEM明场像(a)和

EBSP图显示出W-0.5％TiC/H的晶界取向(b)[115]

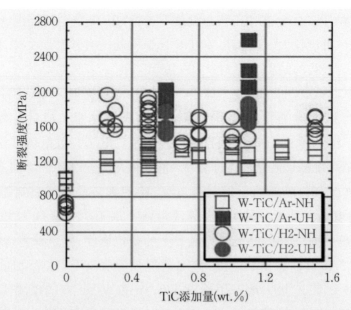

图 2-46　TiC 添加量、球磨气氛和 HIP 压力对 UFGR W-TiC 室温三点弯曲断裂强度的影响规律[116]

（NH 代表 HIP 压力为 0.2 GPa，UH 代表超高压 1 GPa）

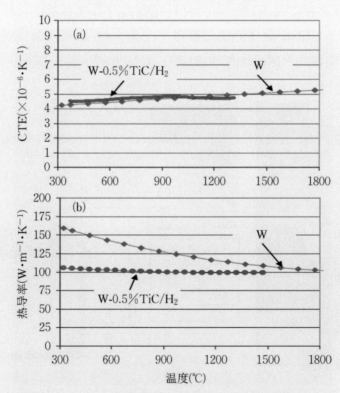

图 2-47　W-0.5%TiC/H 和 ITER 级别的 W 的热膨胀系数（a）和

W-0.5%TiC/H 和 ITER 级别的 W 的热导率随温度的变化图（b）[117]

面向核聚变等离子体钨基材料

基本相同，图 2-47 对比了 UFGR W-0.5％TiC/H 和 ITER 级纯钨的热膨胀系数（CTEs）和热导，但两者的热导率变化不同，W-0.5％TiC/H 的热导率小于纯钨，但高温时两者热导率接近一致。纯钨热导率随着温度的升高而降低，但 W-0.5％TiC/H 的热导率基本不随温度变化，保持在 $100\ W \cdot m^{-1} \cdot K^{-1}$，这主要是因为其高密度的晶界和弥散相粒子。

Kurishita 等[118]通过机械合金化和 HIP 制备出超细晶的近乎全致密的 W-(0.3~0.7)％TiC 合金，晶粒尺寸为 0.06~0.2 μm、相对密度为 99％。晶粒的细化程度取决于 TiC 含量和球磨气氛，W-0.5％TiC 在氢气氛围下球磨，室温三点弯曲断裂强度达到 1.6~2 GPa。图 2-48 为 W-0.3％TiC 中子辐照后晶界处一个 TiC 颗粒的 TEM图，可以发现 TiC 粒子同钨基体构成 K-S 位向关系：{111}fcc‖{110}bcc，⟨110⟩fcc‖⟨111⟩bcc。TiC 弥散相与钨存在这种好的位向关系暗示了 TiC 是从过饱和状态析出的。机械合金化过程有助于 TiC 分解成 Ti 和 C，形成 W-Ti-C 固溶体，HIP 烧结也促进了 Ti、C溶质与钨基体反应，形成细小的 TiC 沉淀相。TiC 有着点阵常数自我调节能力，与钨形成固溶体，还生成了非化学计量的 TiCx 在晶界处偏聚，强化了晶界。这种 K-S 位向关系早就已经存在，与中子辐照无关。由此可见，TiC 粒子承受中子辐照时很稳定，且 K-S 结构能够有效强化钨的抗中子辐照性能。

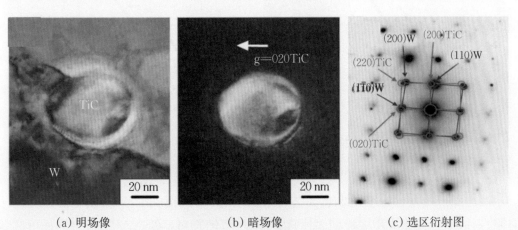

（a）明场像　　　　　（b）暗场像　　　　　（c）选区衍射图

图 2-48　W-0.35％TiC 中子辐照后晶界处一个 TiC 颗粒的 TEM 图[118]

这种 UFGR W-TiC 也存在一些问题，如存在较高的 DBTT，相比 ITER 级纯钨热导率较低等。Kurishita 等[113]采用机械合金化＋热等静压烧结＋基于晶界滑移的超塑性变形（MA-HIP-GSMM）工艺，制备出增韧细粒再结晶（Toughened Fine-Grained and Recrystallized，TFGR）的 W-(0.25~1.5)％TiC 复合材料。这种方法基于激活晶界滑移，且再结晶等轴晶状态得以保持，通过超塑性变形中的晶粒旋转和相邻晶粒间的相互移动来适当降低屈服强度，获得的钨材韧脆转变温度可低于室温，同时展现出优异的抗热震和热疲劳性能，抗中子辐照和抗等离子刻蚀比纯钨更加优越。发生强化的机制在于，机械合金化 W 与 TiC 粉末混合，在 HIP 烧结过程中晶界处沉淀析出纳米 TiC 颗粒，对晶界产生强化；随后高温超塑性变形使烧结坯致密化，并继续析出 TiC；其次，严格控制 O 含量，减少脆性相 W_2C 生成。

通过 UFGR W-1.1%TiC/H，使 DBTT 达到 830 K 以上，GSMM 处理极大地强化了晶界，则使 DBTT 降低到室温甚至更低，同时增加了断裂强度，如图 2-49 所示。这种晶界强化归功于增加了晶界处 TiC 弥散相的数量，改变了晶界结构，即从高能无规则到 CSL 晶界转变。研究发现，GSMM 处理 W-1.1%TiC/H 的 DBTT 高低取决于氧和氮的含量，尤其是氧含量。大量的氧元素会形成 Ti 的氧化物和 W_2C 相，抑制分解成 Ti 和 C 的 TiC 的重新结合，而 W_2C 是一种脆性相，会成为裂纹源。但是，GSMM 没有改善 UFGR W-TiC/H 的热导率，两者大致相同。

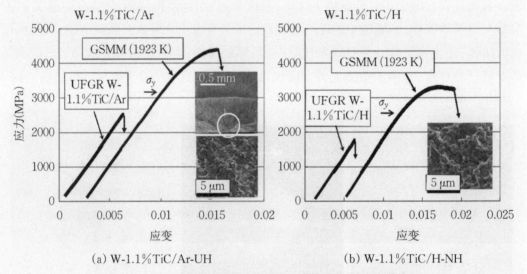

(a) W-1.1%TiC/Ar-UH　　　　　　(b) W-1.1%TiC/H-NH

图 2-49　GSMM 工艺处理前后室温下三点弯曲应力-应变曲线[116]

考虑到严重塑性形变的制备工艺过于繁琐、效率低且成本甚高，制备的试样尺寸有限，不适于工程化应用。近期去掉 HIP 过程，简化的 MA-GSMM 工艺[119]同样可制备具有 TFGR 微结构的 W 板，大小满足 ITER 偏滤器瓦片的尺寸要求(约30×约30×约12 mm)，且制备工序减少，经济效益提高。

国内也对 TiC 颗粒弥散增强钨材料进行了深入研究，Song 等[120]通过球磨和热压烧结制备了 W-(0、10、20、30、40 vol.%)TiC 复合材料，研究了其在室温和高温下的力学及物理性能，发现材料的硬度和弹性模量随着 TiC 含量的增加而增大，断裂强度和断裂韧性先增大后减小，都在 TiC 含量 20 vol.% 时达到最大。添加 TiC 后，材料的热导率急剧降低，从单晶钨的 153 $W \cdot m^{-1} \cdot K^{-1}$ 降到 27.9 $W \cdot m^{-1} \cdot K^{-1}$(40 vol.%TiC)，材料的膨胀系数相比纯钨增加(图2-50)。图2-51为在烧结过程中(Ti,W)C固溶体形成示意图,TiC_{1-x}是一种非化学计量化合物,其中x在0~0.5之间,具有NaCl型晶体结构,Ti^{4+}半径为0.068 nm,W^{4+}半径为0.070 nm,在高温下发生固态扩散,W^{4+}可以取代TiC中的Ti^{4+}形成(Ti,W)C固溶体,Ti也可以向W中扩散。TiC/W界面处Ti和W的互扩散形成了(Ti,W)C固溶体,增强了界面的结合强度,从而提高了复合材料的强度和韧性。

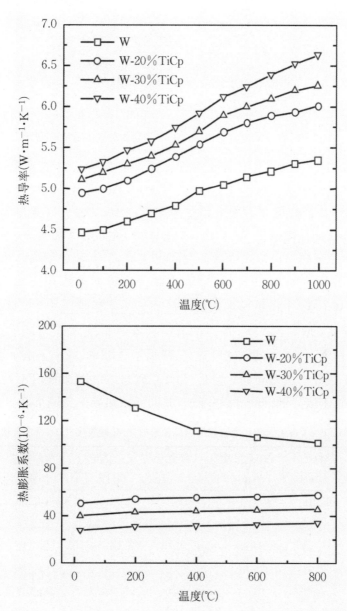

图2-50 不同TiC添加量的W-TiC复合材料的热膨胀系数和热导率随温度的变化[120]

第2章　钨基面向等离子体材料

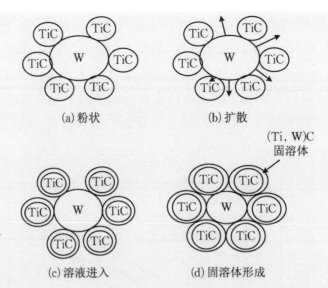

(a) 粉状　　　　　　　　　(b) 扩散

(c) 溶液进入　　　　　　　(d) 固溶体形成

图 2-51　W-TiC 复合材料(Ti,W)C固溶体形成机制示意图[120]

Yan 等[121]采用湿化学法结合 SPS 烧结制备了 W-(0~0.9)％TiC 合金,研究了 TiC 含量对合金的微观组织和机械性能的影响,发现 W-TiC 材料晶粒尺寸随着 TiC 含量的增加而减小,但 TiC 颗粒尺寸表现出相反的演化行为;其室温弯曲强度在 0~0.5％ 范围内随着 TiC 含量增加而增加;在 0.5％ 时,致密度、弯曲强度和弯曲应变达到最大值。因此,W-0.5％TiC 展示最好的力学性能,如表 2-5 所示;其热导率随着 TiC 含量增加逐渐降低,但 W-(0.1~0.5)％TiC 的热导率在测试温度范围内比纯钨略低(图 2-52),W-0.7％TiC 和 W-0.9％TiC 热导率和机械性能恶化主要是由于 TiC 颗粒在晶界处偏聚。当 TiC 含量从 0 增加到 0.5％ 时,TiC 粒子数量增加,晶粒尺寸减小,即晶界密度增加,增加了电子散射,但样品的致密度提高,降低了孔隙率,减小了电子散射,在这些因素的综合作用下热导率缓慢降低。但是,当 TiC 含量继续增加时,TiC 粒子数量和晶界密度都增加了,致密度降低,即孔隙率增加,共同导致热导率急剧下降。

表 2-5　纯钨和 W-(0~0.9)％TiC 合金的平均晶粒尺寸、TiC 颗粒尺寸、致密度及机械性能[121]

样品	晶粒尺寸 (μm)	TiC尺寸 (nm)	致密度 (％)	硬度 ($HV_{0.2}$)	弯曲强度 (MPa)	弯曲应变 (％)
纯钨	2.16	—	95.44	469	645.88	0.84
W-0.1％TiC	1.76	50	96.58	633.3	812.84	1.16
W-0.3％TiC	1.34	60	97.31	670.7	921.12	1.19
W-0.5％TiC	0.91	62	97.61	739.1	1065.72	1.23
W-0.7％TiC	0.71	71	94.99	843.3	822.47	0.84
W-0.9％TiC	0.53	97	93.72	1014.5	843.68	0.9

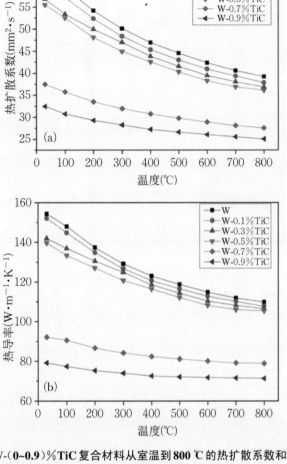

图2-52 W和W-(0~0.9)％TiC复合材料从室温到800 ℃的热扩散系数和热导率变化[121]

Miao等[122]采用粉末冶金及高温轧制工艺,制备了尺寸为250×150×7 mm³的W-0.5％TiC合金板,系统研究了W-0.5％TiC合金的力学性能及热稳定性。发现随着退火温度升高至1500 ℃,合金的硬度和断裂强度因恢复过程缓慢而降低,但当退火温度达到1600 ℃时,断裂强度因完全再结晶而急剧降低。由图2-53可以看出,轧制态W-0.5％TiC在室温下表现出典型的脆性断裂,在200 ℃时表现出塑性,强度最大可达789 MPa,延伸率为4.8％。

种法力等[123]利用机械合金化方法制备各种W-TiC合金,并通过主要物理性能测试。发现TiC的引入能有效强化晶界,提高合金材料的力学性能。特别是W-1％TiC合金,其相对密度、抗弯强度、维氏显微硬度和杨氏模量均有不同程度升高,分别为98.4％、1065 MPa、4.33 GPa和396 GPa。同时进行电子束热负荷实验评价可知,在低于钨合金再结晶温度时,TiC能有效增强材料的热负荷承受能力。

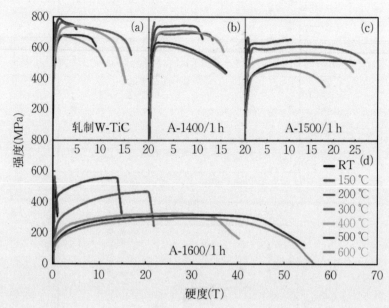

图2-53 轧制态及1400 ℃、1500 ℃和1600 ℃退火1 h的W-TiC板在不同温度下的拉伸性能[122]

2.3.3.2 W-ZrC

ZrC的熔点为3510 ℃,比W的熔点(3410 ℃)和TiC的熔点(3067 ℃)还高,ZrC比TiC有更好的高温强度,与W有着相近的热膨胀系数及与钨材料好的相容性。第一性原理计算结果表明,在钨基体中Zr-O的结合能大于Zr-C,ZrC作为弥散强化相添加到W基体中,球磨使ZrC分解为Zr和C,Zr首先与基体中的自由氧反应形成稳定ZrO_y颗粒,剩余的C会与周围的钨基体反应形成WC_x,最后过程中生成的ZrO_y、ZrC和WC_x形成非化学计量的W-Zr-C_x-O_y的复杂化合物。严格控制ZrC的添加量可以避免脆性相W_2C的生成。这种净化过程降低了自由氧对晶界的脆化作用,增强了钨的低温塑性。ZrC{111}晶格常数与W{110}的晶格常数(0.22 nm)基本相当,弥散相与钨基体界面处可以形成共格或半共格结构关系,如图2-54所示。根据计算结果,发现这种相界面能量最低,也最为稳定。因此,ZrC颗粒能在钨基体中稳定,不易团聚长大。这种共格相界面既能保证纳米ZrC颗粒相的稳定,又能使其发挥钉扎位错和阻碍晶界移动的作用,强化了晶粒和晶界;同时共格相界面还可能成为位错滑移通道,即位错切过颗粒,减小位错塞积,提高材料塑性。W-ZrC的强韧化机制包括三个方面[124]:一是通过共格结构强化相界;二是通过半共格结构强化晶界;三是通过Zr捕获杂质氧元素净化和强化晶界(图2-55)。

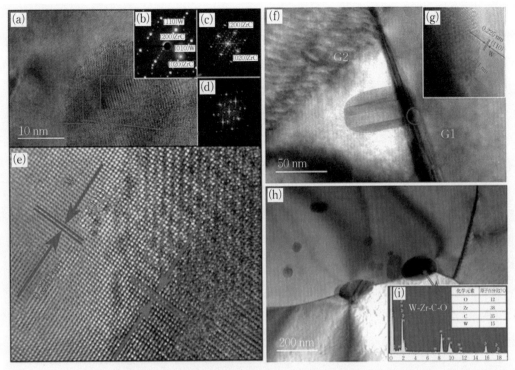

图2-54 W-0.5%Zr合金中ZrC与W相界面关系分析[124]

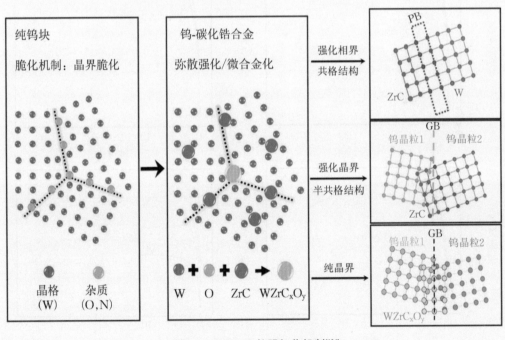

图2-55 W-ZrC的强韧化机制[124]

Xie等[125]通过SPS烧结制备了W-(0、0.2、0.5、1.0)％ZrC的小试样,拉伸实验结果表明,添加少量的ZrC能提高钨基材料的强度和延展性。W-(0.2、0.5、1.0)％ZrC在500℃拉伸时脆性断裂,而在600℃时表现出塑性,表明合金的DBTT介于500~600℃之间,比同样条件下烧结的纯钨样品降低了100℃。在相同温度下,当ZrC含量由0.2％增加到1.0％时,钨基材料的高温延伸率下降。在700℃时,W-0.5％ZrC的拉伸强度和总延伸率分别为535 MPa和24.8％,比纯钨分别高了59％和114％,如图2-56所示。综合拉伸强度和塑性可以得出W-0.5％ZrC组分是最优的。

在此基础上,采用无压烧结及高温旋锻工艺制备了直径为9.1mm的W-0.5％ZrC棒材[126],不同温度下拉伸应力-应变曲线结果表明,高温旋锻W-0.5％ZrC的力学性能比SPS烧结制备的同组分样品有较大提高。此外,利用冷压成型及高温烧结轧制的块体W-0.5％ZrC的薄板(厚度为1 mm)展示出更好的拉伸力学性能(图2-57),轧制态W-ZrC合金室温断裂能为3.23×10^7 J·m^{-3},约是旋锻态W-ZrC合金的10倍,如表2-6所示,而且轧制态比旋锻态W-ZrC合金的热导率也要高,因此表现出更好的抗热冲击性能。随着温度升高,W-0.5％ZrC的热导率下降,其室温热导率比ITER级纯钨要低。

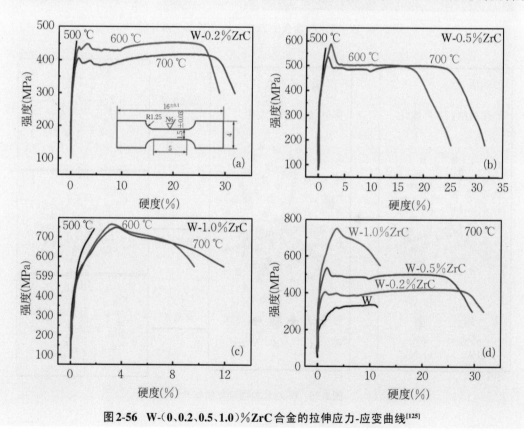

图2-56　W-(0、0.2、0.5、1.0)％ZrC合金的拉伸应力-应变曲线[125]

面向核聚变等离子体钨基材料

退火后其热导率增加,这是由于轧制态细晶 W-0.5%ZrC 中晶界及相界密度高,界面对自由电子散射强,随着退火温度增加,晶粒逐渐长大,界面散射降低,所以热导率逐渐增加,但一直小于纯钨,如图 2-58 所示。通过内耗振幅效应测得 DBTT 介于 50~80 ℃之间,80 ℃拉伸强度达到 1413 MPa,屈服强度达到 980 MPa[127]。厚度为 8.5 mm 的 W-0.5% ZrC 板材展示出更好的力学性能,室温下具有抗弯韧性,应变量约 3%,抗弯强度高达 2.5 GPa,三点弯曲标定的 DBTT 为 100 ℃,比商业纯钨降低了 300 ℃左右[124]。三点弯曲测试后试样实物图片充分说明其优秀的塑性。从拉伸工程应力-应变曲线可以发现,室温时拉伸强度为 991 MPa,延伸率为 1.1%;100 ℃时,拉伸强度和延伸率分别为 1.1 GPa 和 3%;当加热到 500 ℃时,拉伸强度为 583 MPa,延伸率则高达 45%,如图 2-59 所示。由于 ZrC 或者 W-Zr-C-O 颗粒的钉扎作用,使得钨基材料的热稳定性得到大幅度提高。图 2-60 对比了 W-0.5%ZrC 和纯钨在不同温度退火后的硬度演变,可以看出,W-0.5%ZrC 的再结晶温度约为 1300 ℃,比热轧态纯钨高 100 ℃[128]。

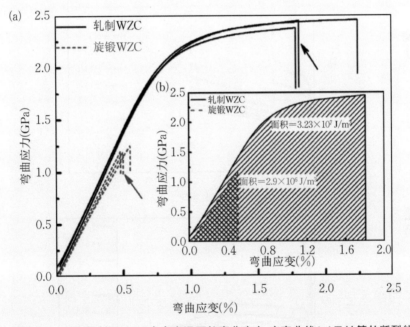

图 2-57　旋锻 W-ZrC 和轧制 W-ZrC 合金室温下的弯曲应力-应变曲线(a)及计算的断裂能(b)[126]

表 2-6　旋锻 W-ZrC(S-WZC)和轧制 W-ZrC(R-WZC)合金在室温下的性能对比[126]

合金	致密度(%)	晶粒尺寸 (μm)	硬度(GPa)	Hv100g (Hv)	弯曲强度 (GPa)	断裂能 (J/m³)
S-WZC	99.2±0.2	1.53±0.34	6.1±0.2	478±6	1.21±0.3	$2.9×10^6$
R-WZC	99.2±0.2	1.46±0.26	6.7±0.2	509±4	2.43±0.2	$3.23×10^7$

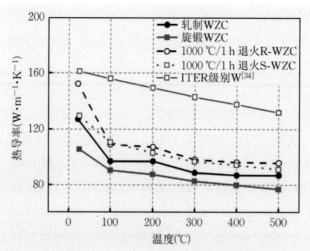

图 2-58　旋锻/轧制 W-ZrC 退火前后的热导率随温度变化[126]

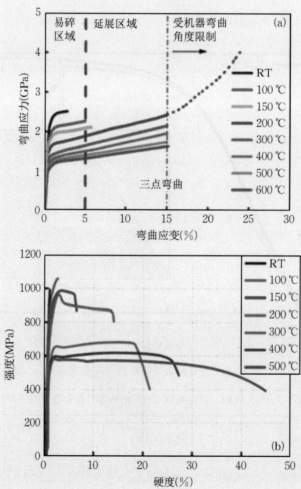

图 2-59　W-0.5％ZrC 板材在不同温度下的三点弯曲应力-应变曲线及拉伸应力-应变曲线[124]

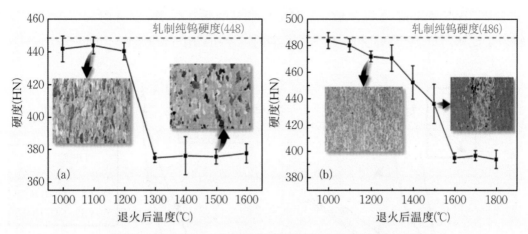

图2-60　W-0.5％ZrC和纯钨在不同温度退火后的硬度演变[128]

宋桂明等[129]系统研究了W-ZrC复合材料,发现W-ZrC材料的抗弯强度随温度升高而上升,在1000 ℃时达到最高值829 MPa,比室温抗弯强度705 MPa上升了17％。W-ZrC合金在高温下的断裂过程为"微裂纹萌生→裂纹连接长大→裂纹快速扩展→材料断裂",塑性基体降低了裂纹扩展速度并使裂纹路径曲折,钨有韧性断裂迹象。随着温度上升,钨基体能够发生塑性变形,位错强化和颗粒的载荷传递作用得以充分发挥,呈现强化特征。此外,在W-ZrC界面上产生了(Zr,W)C相,提高了界面的强度。因此在外力作用下,将在钨基体中产生穿晶断裂,这使得钨晶粒高的晶内强度得以发挥。Fan等[130]利用溶胶—非均相沉淀—喷雾干燥—热还原方法,制备出W-(1％~4％)ZrC复合粉末,通过烧结获得W-ZrC块体,发现ZrC掺杂使其烧结性能增加。随着ZrC含量增加,强度随之增加,高含量的第二相颗粒降低了弥散强化效果,导致材料脆性增加。

2.3.3.3　W-TaC

TaC有着很高的熔点(4200 K),比TiC和纯钨的熔点都高,因此TaC掺杂有希望提高材料的热稳定性。Kurishita等[119]还利用MA-GSMM工艺制备了具有TFGR结构的W-2.2％TaC和W-3.3％TaC,两种材料平均晶粒尺寸分别为2.0 μm和1.2 μm,3.3％TaC的体积分数和1.1％TiC大致相同。结果发现,TaC的晶界强化效果较TiC差,与W-TiC界面存在K-S关系不同,TaC相与W基体界面没有保持一定的取向关系。三点弯曲实验结果表明,W-(2.2、3.3)％TaC比和W-1.1％TiC材料的DBTT高,但测试温度稍微提高,W-TaC塑性明显增加,如图2-61所示,其中DBTT被定义为延性转变温度(Nil Ductility Temperature, NDT)。W-(2.2、3.3)％TaC中形成了TaC、TaO$_2$和W$_2$C等沉淀相,由于形成碳化物和氧化物的能力不同,优先形成TaO$_2$和W$_2$C

沉淀相,降低了 TaC 相的含量,导致其对晶界的强化效果,部分解释了 W-TaC 的 DBTT 比 W-TiC 高。因此,W-1.1％TiC 中的沉淀相只有 TiC。

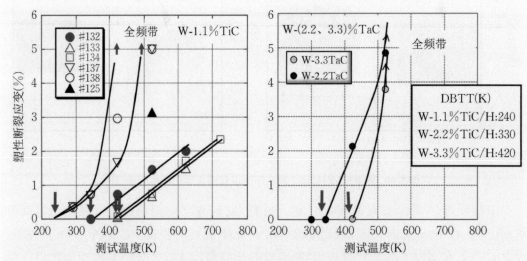

图 2-61　具有 TFGR 结构的 W-(2.2、3.3)％TaC/H 和 W-1.1％TiC/H 的

塑性断裂应变与温度的变化曲线[119]

[DBTT 被定义为无延性转变温度(NDT),见图中箭头]

Ueda 等[131]研究发现,由于 Ta 的熔点高于 Ti,导致 W-TaC 合金的抗等离子刻蚀性能比 W-TiC 合金强。Oya 等[132]发现 W-TaC 合金的氢同位素滞留及抗等离子体刻蚀性能比 W-TiC 合金好。这是因为滞留的氢同位素与碳化物反应,Ta 与 D 形成 TaD,而 Ti 与 D 形成 TiD_2。而且,TaC 的熔点高于 TiC,较 TiC 更加稳定,不容易生成氢化钽,故氢同位素滞留相对较低。

Miao 等[133]向钨(平均直径为 2 μm)基体中添加纳米 TaC 颗粒(平均直径为 80 nm),高能球磨、热压烧结后高温轧制得到轧制态的块状 W-0.5％TaC 板材,拉伸测试结果显示,其 DBTT 约为 200 ℃,200 ℃时拉伸强度达到 982 MPa,延伸率为 12.0％。板材在室温到 500 ℃之间拉伸强度都在 570 MPa 以上,400 ℃时延伸率达到 40.5％。制备全过程采用氢气气氛,降低了杂质氧元素含量,进而降低了亚微米氧化物颗粒的数量,获得的颗粒尺寸更小,合金的低温塑性得到提高,如图 2-62 所示。此外,在亚晶界处发现了圆形的 Ta_2O_5 颗粒,这些颗粒可能是在烧结过程中 TaC 捕获杂质氧元素形成的。Xie 等[134]还通过球磨烧结后热轧制备了 W-1.0％TaC 板材,钨基体内纳米颗粒提高了材料的再结晶温度,达到 1400 ℃,500 ℃拉伸强度达到 571 MPa,W-1.0％TaC 和完全再结晶态的 W-1.0％TaC 的 DBTT 都在 200 ℃左右(图 2-63)。但材料中形成的粗的 Ta_2O_5 和 $Ta-C_x-O_y$ 颗粒在循环热负荷测试中成为裂纹源。

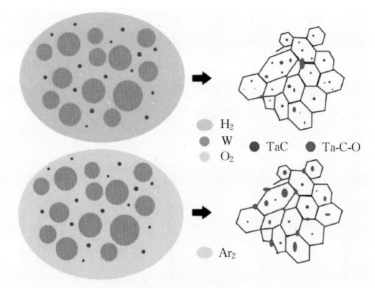

图2-62　W-TaC制备工艺降低杂质氧元素的原理图[133]

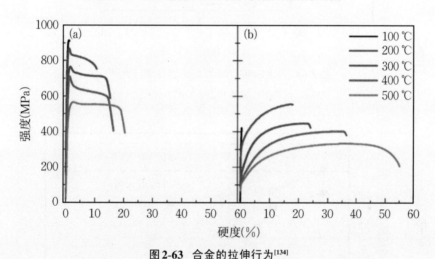

图2-63　合金的拉伸行为[134]

[W-1.0%TaC(a);完全再结晶态 W-1.0%TaC(b)]

　　由于直接添加的TaC尺寸较大,部分TaC颗粒与杂质O元素发生反应,在晶界处生成亚微米的Ta-C-O化合物,降低了材料的力学以及热稳定性,其强度要低于W-0.5%ZrC板材。基于上述原因,Miao 等[135]改成在 W 粉中添加纳米 Ta 粉与 C 粉,利用高能球磨形成W-Ta-C的固溶体,在烧结过程中优先形成TaC,最终制备了纳米颗粒弥散强化的W-0.5%Ta-0.01%C(W-05Ta-001C)合金。SPS烧结获得的W-05Ta-001C在400 ℃时拉伸强度达到565 MPa,延伸率达到54.0%,如图2-64。通过微结构表征,得到TaC的颗粒平均尺寸为62 nm,颗粒均匀地分布在晶粒内,而直接添加方法制备的W-TaC合金中TaC颗粒平均尺寸为170 nm。通过等温退火测试合金的硬度演变来表征 W-0.5%Ta-001C 合金的热稳定性,结果发现当退火温度升高到 1500 ℃ 时,合金的硬度略微降低,因此其再结晶温度约为 1600 ℃,而 W-0.5%TaC 在 1300 ℃ 退火 1 h 后由于晶粒长大导致硬度急剧降低(图 2-65)。W-0.5%Ta-001C 样品中的纳米 TaC 有效地阻碍了钨的晶界迁移及晶粒长大,从而提高了再结晶温度,W-0.5%TaC 中粗的 TaC 颗粒导致对晶界的钉扎效果减弱,使再结晶温度降低。

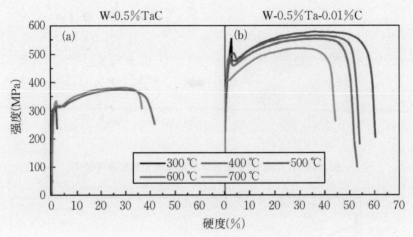

图 2-64 合金 300~700 ℃ 的高温拉伸行为[135]

[W-0.5%TaC(a);W-0.5%TaC-0.01%C(b)]

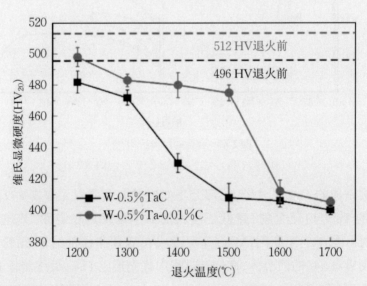

图 2-65 W-0.5%TaC 和 W-0.5%TaC-0.01%C 等温退火后的硬度演变[135]

面向核聚变等离子体钨基材料

2.3.3.4 W-HfC

HfC有着很高的熔点(3900 ℃),比TiC和ZrC的熔点都高,因此掺杂HfC有希望提高材料的热稳定性,W-HfC合金的抗氢同位素滞留及抗等离子体刻蚀能力可能会更好。Wang等[136]通过SPS烧结制备了不同成分的W-(0.1、0.2、0.5、0.8、1.0)%HfC的小试样,用来获得最优的HfC添加量。拉伸应力-应变曲线(图2-66)结果表明,W-0.1%HfC和W-0.2%HfC在600 ℃以下弹性变形区域就发生断裂,W-0.5%HfC、W-0.8%HfC和W-1.0%HfC在500 ℃就表现出明显的塑性变形,尤其是W-0.5%HfC,其在600 ℃延伸率达到49.6%。但是,随着HfC含量的继续增加,延伸率出现下降,W-0.8%HfC和W-1.0%HfC在600 ℃时分别降至25%和29%。这是由于过量的HfC会形成颗粒团簇,导致应力集中,成为可能的裂纹源。结合致密度及拉伸测试的结果,得出最佳HfC添加量为0.5wt.%。

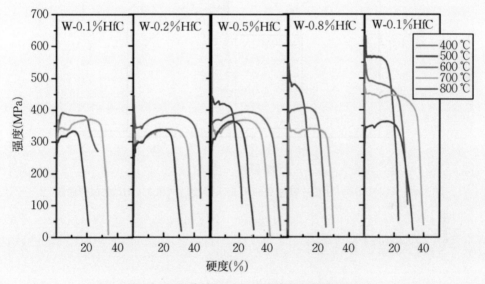

图2-66 SPS烧结的W-HfC合金的拉伸曲线[136]

众所周知,通过塑性变形能进一步提高材料的低温塑性及降低钨的DBTT,因此Wang等制备了旋锻态的杆状W-0.5%HfC,其在200 ℃时呈现出典型的脆性断裂特征,拉伸强度为720 MPa,250 ℃时表现出塑性,可以认为其DBTT约为250 ℃,比SPS烧结态的W-0.5%HfC的DBTT降低了200 ℃。而且其拉伸强度在各个测试温度都高于未经过变形的W-0.5%HfC,拉伸强度在250 ℃时可达800 MPa,延伸率达到4.1%,如图2-67所示。经过1200 ℃退火1 h后,其DBTT降低了50 ℃,200 ℃时延伸率达到15%,拉伸强度达到840 MPa,这是因为退火消除了旋锻处理后样品中的剩余应力和缺陷。更重要的是,1200 ℃退火后,W-0.5％HfC在300～800 ℃范围内的拉伸强度都在550 MPa以上,呈现出优异的高温热稳定性。退火后的W-0.5％HfC室温热导率达到174 W·m^{-1}·K^{-1};室温增加至500 ℃时,热导率始终大于137 W·m^{-1}·K^{-1}。无论是W-0.5％TaC(124或70 nm)还是W-0.5％HfC(105 nm),钨基体内弥散相的平均尺寸都远大于W-ZrC(50 nm),所以其强度要低于W-0.5％ZrC板材。同时,由于其较大弥散相及晶粒平均尺寸,导致单位体积内缺陷捕获阱低于W-0.5％ZrC,其相应的自修复能力降低,导致抗辐照能力比W-0.5％ZrC差。

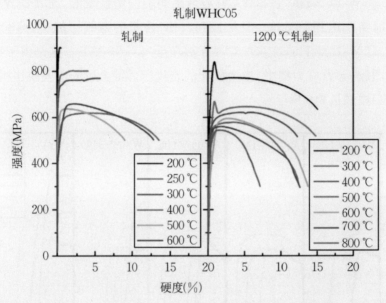

图2-67　旋锻W-0.5％HfC及经过1200 ℃退火后旋锻W-0.5％HfC的拉伸曲线[136]

2.3.4　钨纤维增韧钨材料

20世纪80年代中期,兴起了纤维增强陶瓷基复合材料。实验研究证明,长纤维复合使陶瓷基材料破断能力得到提高,产生伴随内部能量损耗造成的显著增韧。对于纤维复合改变钨面向等离子体材料性质,Du等[138,139]开展了钨纤维(W$_f$)增强钨的复合材料的制备及性能研究,这种增韧方法既利用了钨纤维自身良好的塑性,又利用了W$_f$/W界面的伪塑性。W$_f$/W界面的存在,通过纤维桥接、拔出、界面脱黏,尤其是诱导裂纹偏转和诱发微裂纹等消耗能量(图2-68),复合材料宏观上掩盖了陶瓷的脆性,表现出明显的伪塑性。这些机制并不是材料的本征塑性,而是通过外在施加的,如果没有途径提高材料本身的裂纹生长抗力,那么这是唯一提高脆性材料塑性的方法。从图2-69可

面向核聚变等离子体钨基材料

以看出纤维复合材料的强化机理,即使材料内已经萌生了裂纹,通过能量耗散可以继续增大载荷,在达到最大强度后,其他机制起作用使得材料可控失效,而不像脆性材料无显著的变形就突然发生断裂。为了达到这个目的,钨纤维与基体之间需要一个弱界面,在裂纹扩展过程中界面断裂,而不是纤维发生断裂,从而使增韧机制发挥作用。因此,界面的断裂性能是关键因素,为了获得最大的韧性,需要通过涂层的方式优化界面的断裂韧性。早期的研究重点是纤维与基体之间的涂层制备和评价,"Push-out"显示Cu、C、Er$_2$O$_3$或层状复合陶瓷涂层都可以实现纤维摩擦退出过程中的能量消耗。Du等[140]利用各种不同种类的界面涂层制备了大量的单纤维及多束纤维增强复合材料,并测试了其界面参数,比如剪切强度和脱黏能等。为了改善W$_f$/W的界面性能,采用电化学镀铜或ZrOx的单层或多层涂层,对比单层Cu界面和以W/W界面间隔Cu的W/Cu

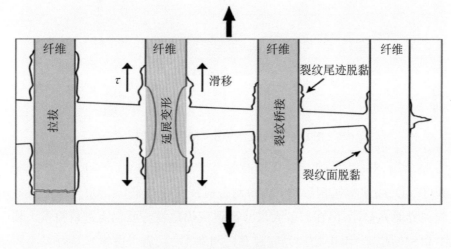

图 2-68   W$_f$/W 材料的增韧机制[2]

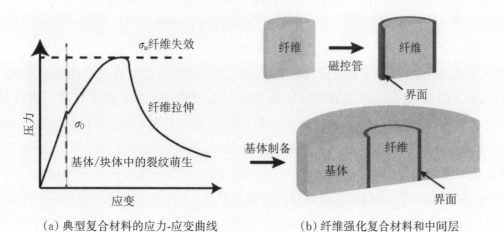

(a) 典型复合材料的应力-应变曲线　　　　(b) 纤维强化复合材料和中间层

图 2-69   基于伪塑性的复合强化过程[8]

第2章　钨基面向等离子体材料

梯度涂层发现,两种涂层在摩擦滑移阶段表现出不同的能量损耗行为。对单层或多层的ZrOx的界面性能研究表明,纤维表面进行ZrOx涂层后切变强度增加,断裂韧性增加。三点弯曲试验显示基体裂纹沿界面偏转,钨纤维成了裂纹的桥接,增加了材料的韧性(图2-70),并发现采用多层的ZrOx涂层能有效提高界面的剪切强度和断裂韧性。对W_f/W界面进行碳涂层也能提高断裂能,但其强度小于ZrOx涂层。

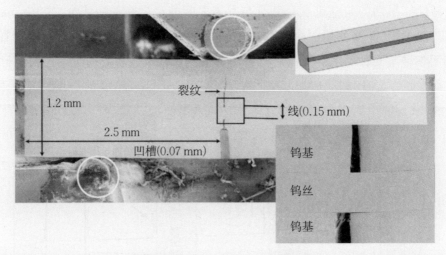

图2-70 原位三点弯曲实验的SEM图

目前W_f/W材料的制备工艺主要有化学[141,142]和粉末冶金(PM)[143,144]两大类。化学气相沉积(CVD)或化学气相渗透(CVI)制备时反应温度低(<600 ℃),能较好地保存纤维性能和界面完整性,但在制备大尺寸高致密钨块材方面仍需进行摸索。粉末冶金包括HIP和SPS烧结,由于处理温度较高(>1300 ℃),需考虑钨丝是否发生再结晶及再结晶钨丝的增韧效果[145]。Neu等[146]利用化学气相沉积方法制备了尺寸为50 mm×50 mm×3 mm的包含2000多束直径为150 μm的长钨纤维的大尺寸W_f/W样品,制备工艺流程如图2-71所示[147]。首先,钨纤维表面通过磁控溅射沉积一层厚度为1 μm的Er_2O_3界面层作为与钨基体之间稳定的界面;然后,利用机械装夹系统按照间距约100 μm分散开;最后,用CVD制备出如图2-72所示样品。尽管整个样品呈脆性,但是韧化机制,如裂纹桥接和偏转及通过界面脱黏耗散能量,仍起着积极作用。而且W_f/W能极大地拓宽钨材料的工作温度窗口,下限温度可以降低到室温,上限温度如果采用钾掺杂钨纤维可以扩展至1800 ℃(图2-73),因为钾掺杂钨丝表现出优异的抗再结晶脆性、良好的高温强度及抗蠕变性能。其中,工作温度的下限由材料的本征脆性和低温辐照脆性决定,上限由再结晶温度决定,也受辐照效应影响,比如辐照会加速再结晶。

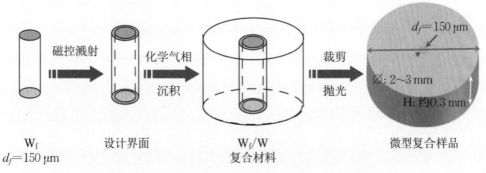

图2-71 CVD方法制备W_f/W复合材料样品流程示意图[147]

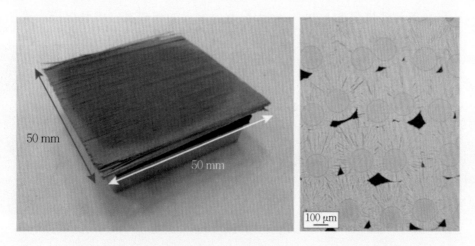

图2-72 CVD制备的W_f/W样品实物照片（左）及其截面的金相图[146]

（截面图中的黑色区域为CVD过程中引入的孔隙）

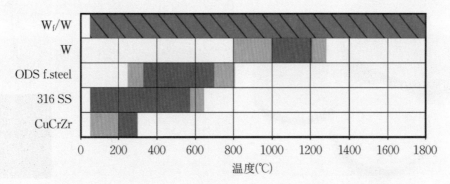

图2-73 W_f/W及其他可能用于偏滤器的不同材料的最佳工作温度窗口[142]

（深灰色区域代表最佳工作区间，浅灰色区域代表可能的工作区间）

第2章 钨基面向等离子体材料

Riesch 等[148,149]采用化学气相渗透开展了单向多束 W 纤维增韧 W 材料的研究（图 2-74），成功制备出高致密度的 W_f/W 复合材料。采用普通的力学测试（三点/四点弯曲）和先进的表征手段（同步辐射计算机断层扫描技术），结果表明，即使是在再结晶状态下仍然具有增韧效果，证明了该概念的优势。Coenen 等[144]采用场辅助烧结（2173 K，4 min）制备出了直径 40 mm、高度 5 mm 的样品（图 2-75）。PM-W_f/W 样品致密度高达94%，以 Y_2O_3 涂层作为界面层。Jasper 等[143]通过 HIP 粉末冶金方法制备了 W_f/W 样品，以 Er_2O_3 涂层作为界面层来实现能量耗散（图 2-76 和图 2-77）。分析表明，材料组织由致密的钨基体、变形的纤维及发生变形但是无损的界面层组成。Zhao 等[150]也利用热等静压的方法在无界面相存在的情况下尝试了短切纤维 W_f/W 材料的制备，由于致密度不高，导致抗弯强度很低。同时，至于没有发现界面脱黏及纤维摩擦拔出等伪塑性

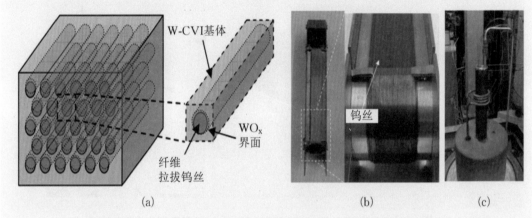

图 2-74　单方向多束纤维增韧 W 复合材料示意图（a）、钨丝缠绕情况（b）和
具有局部加热功能的 CVI 设备（c）[148]

图 2-75　通过粉末冶金方法制备的 W_f/W 样品（a）和烧结后钨纤维和基体之间的氧化钇界面（b）[144]

行为的原因,主要是由于纤维与界面之间强的结合作用,后续需要采用涂层技术来满足断裂脱黏准则。

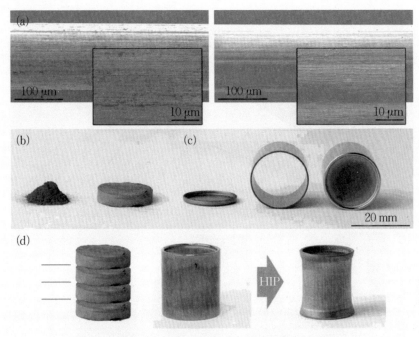

图 2-76　HIP 制备 W$_f$/W 工艺流程[143]

[无涂层和带涂层纤维(a);钨粉和预压生坯(b);

钽盖、圆筒和组装的钽 HIP 包套(c);纤维、生坯和包套 HIP 成形(d)]

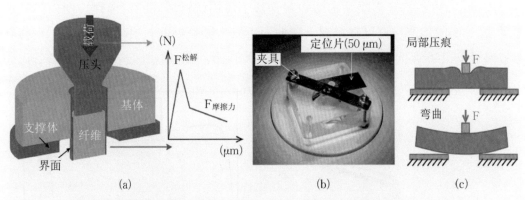

图 2-77　纤维拉拔试验(Push-out)(包括样品几何结构、装置和拉拔曲线)(a)、

玻璃样品台(b)和潜在问题如局部压入变形或弯曲(c)[143]

虽然验证了纤维增韧的可行性,但是由于过程较为复杂,特别是针对多向增韧的复合材料制备,目前的应用推进仍然缓慢。Riesch 等[145]已经制备出可用于面向等离子体偏滤器部件的穿管及平板模块,如图 2-78 所示,并进行循环高热负荷测试来评价其最大强度、疲劳强度和破坏阈值。这种新型的用于面向等离子体材料的W_f/W复合材料还需要进一步深入研究其制备技术,以满足未来聚变装置如DEMO偏滤器的服役要求。

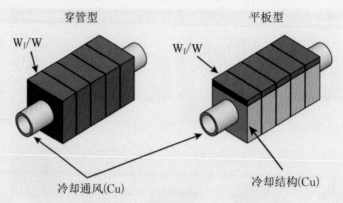

图 2-78　用于高热负荷测试的 W_f/W 穿管样和平板样

2.3.5　层状增韧钨材料

在脆性的陶瓷材料中加入软质的耐高温材料,能显著提高材料的断裂韧性和强度,层状增韧发挥作用并突破夹层软质材料的界限,以达到增强增韧的目的。众所周知,bcc金属可以通过冷变形来增韧,甚至可以提高再结晶温度和断裂韧性,材料的DBTT随着变形程度的增加而降低。因此,研究者提出了利用多层钨箔制成钨层状材料。

Reiser 等[151]提出了多层增韧结构就是基于薄钨材料较好的延伸性。图 2-79 显示厚度 0.1 mm 的钨箔材可以在室温下弯曲而不发生断裂,同时拉伸结果也显示在与轧制方向呈 0°和 45°方向都具有较好的延伸性,但 90°方向呈现脆性,呈现出明显的各向异

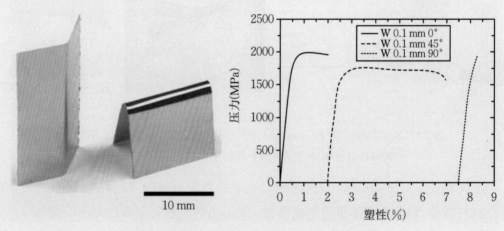

图 2-79　室温下厚度为 0.1 mm 的 W 箔材的塑性[151]

面向核聚变等离子体钨基材料

性。钨箔有着非常细小的晶粒,晶粒越小,塑性越好。因为当晶粒小到一个极限,就不可能形成弯结对(Kink-pair),所以塑性提高是基于晶粒旋转、晶界滑移、晶界位错相互作用或晶粒旋转和定向。当探讨钨箔的塑性时,上述所有机制都要考虑。但是,当钨箔退火后(如1800 ℃,1 h),晶粒会急剧长大,超过箔的整个厚度,这时"薄膜效应"(Foil Effect)决定了材料的塑性。即位错滑移到自由表面,然后消失,阻止了位错在弱的钨晶界上塞积,提高了材料的塑性[图2-80(a)]。

钨箔具有良好的塑性,如何将钨箔的塑性扩展到块体材料是一个关键问题,这需要将多层钨箔通过后续的连接工艺集合起来。钨层状材料的热机械性能主要取决于中间层的类型和连接工艺。钎焊是一种可行的连接工艺,钎料可以作为中间层。钎焊过程要尽可能短,温度要尽量低,以防止钨箔晶粒长大发生再结晶。此外,必须要考虑钎料作为中间层与钨箔之间的相互反应。截至目前,还没有发现塑性的钨的固溶体材料,因此反应区要避免形成钨的固溶体;同理,也要避免形成金属间化合物或线性化合物。铜(熔点1085 ℃)和银(熔点960 ℃)对钨箔有很好的润湿性且不会形成金属间化合物和固溶体,成为合适的钎料。使用铜作为中间层不仅可以使材料具有很高的热导率,还具有一个关于相转变或化学成分方面的bcc-fcc尖锐界面(Sharp Interfaces)。这种尖锐界面对于材料的老化是有利的,柯肯达尔效应(Kirkendall Effect)将不可能发生,甚至偏滤器满功率运行2年后界面仍然保持尖锐。如果铜中间层的厚度小于1 μm,那么几何尺寸效应就会体现出来[图2-80(b)]。钨不会向铜中扩散,反之亦然。如果铜中间层中的位错发生滑移,则会被限制在钨层两边,这将迫使位错滑移到钨的位错通道,从而极大地提高铜中间层及W-Cu层状材料的强度。另外,发现W-Cu层状材料的断裂行为很复杂,裂纹偏转对能量的耗散以及对整个能量耗散的贡献可以忽略不计,绝大部分能量耗散是通过钨箔的塑性变形来实现的[图2-80(c)]。和钨板材相比,为了提高耗散的能量,需要设法改善钨箔或中间层的机械性能。

图2-80 钨表面腐蚀坑SEM图(可以看出螺形位错滑出表面)(**a**)、
沿**FIB**垂直方向切出的**W-Cu**层状材料**SEM**图(其中Cu中间层厚度为1 μm)(**b**)和
W-Cu层状材料复杂断裂行为的**SEM**图及其能量耗散机制(**c**)

097

通常bcc金属有着明显地从脆性(低温)向韧性(高温)转变趋势,但是变形钨不同,有两种转变:从脆性到分层,然后从分层到韧性。将Ag-Cu共晶钎焊料(72wt.%Ag和28wt.%Cu,共晶温度780℃)薄片(19层)和钨箔材(20层)层层交替累积起来,然后利用真空钎焊方法在800℃将其集成,可得到层状钨复合材料。对比冲击结果如图2-81所示,用4 mm厚的钨板材样品作为对比。钨板材在500℃发生脆性向分层转变,但是没有发生分层向韧性转变,即使到最高测试温度1000℃,仍然是分层断裂。利用轧制态箔材制备的钨层状材料冲击功在同等温度下比钨板材高很多,钨层状材料在室温下的吸收功约为2 J,100℃时为5 J,300℃时达到最大为10 J。更为显著的是即使在再结晶状态下(1800℃,1 h退火),其DBTT为500℃,也比再结晶状态的钨板材(2000℃,1 h退火)降低了至少500℃。退火态箔材制备的钨层状材料在100℃、300℃和400℃时的冲击功都约为0 J,而焊料在这个测试条件下一定是具有塑性的,说明了焊料的能量耗散可以忽略,主要是通过钨箔的变形来耗散能量。从图2-82测试样品的断裂行为可以看出,样品通过裂纹偏转和产生新的表面来增大裂纹扩展路径,且随着温度升高,越来越多的钨层保持完好,不被破坏。

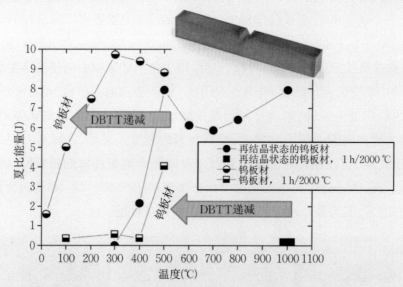

图2-81 钨层状材料夏比冲击测试结果,钨板材作为对比[151]

[右上角为夏比冲击样品,样品由20层钨箔(0.1 mm)和19层共晶AgCu钎料(0.1 mm)]

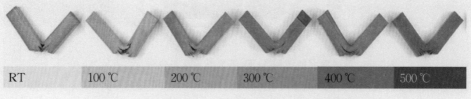

图2-82 通过钨箔制备的钨层状复合材料的测试样品[151]

面向核聚变等离子体钨基材料

作为中间层,铜的熔点很低,而钒的熔点为1910℃,是一种可选的中间层材料。而且,从W-V相图可以看出,没有金属间化合物和溶混间隙形成。钛的熔点为1668℃,也是一种中间层候选材料。根据钨在钛中的扩散和互扩散系数(达肯方程),可以认为钨在钛中不会有很强的扩散,反之亦然。结合W-Ti相图中的混溶间隙,导致W-Ti界面的复杂结构,出现老化(图2-83)。W-Cu、W-V、W-Ti和W-Pd层状材料的夏比冲击测试结果表明,W-Cu和W-V是最有希望的层状复合材料。

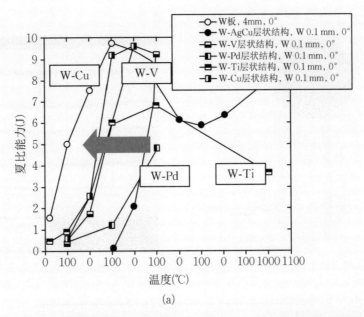

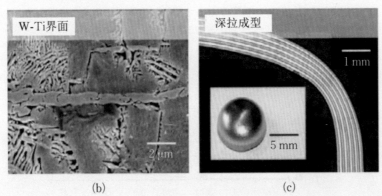

图2-83 W-Cu、W-V、W-Ti和W-Pd层状材料的夏比冲击测试结果(纯钨板材和W-AgCu层状材料作为对比)(**a**)、**W-Ti**界面,由不同的扩散系数和偏晶反应造成的复杂的界面结构(**b**)和W-Cu层状材料的深拉成型(**c**)[2]

利用层状复合技术可制备管材,其长度为27 mm、外径为15 mm、壁厚1 mm,共晶AgCu钎料作为中间层(图2-84)。冲击结果表明,其抗冲击破坏能力远远强于普通钨棒材制备的管件,可成功地将钨箔的优异性能扩展到块状材料中。从图2-84可以看出,钨棒制备的管件在冲击测试中不能吸收能量,室温、300 ℃和700 ℃的冲击功都小于2 J,证实了其不能作为结构材料使用。晶界是其裂纹主要的扩展方向,即使摆锤垂直与管件轴向撞击,裂纹仍然是沿着轴向方向,和晶界拉长方向相同。而层状材料制备的钨管材情形完全不同,室温、100 ℃、200 ℃和300 ℃冲击功都大于20 J,摆锤甚至陷入样品中。200 ℃和300 ℃样品冲击测试完全呈现出塑性,没有裂纹,说明层状材料制备的钨管材可以用于结构材料。

(a) 层状复合技术制备的W管,其长度为27 mm、外径为15 mm、壁厚为1 mm

(b) 由多层钨箔(0.1 mm)和共晶AgCu钎料(0.1 mm)制备的W管截面图

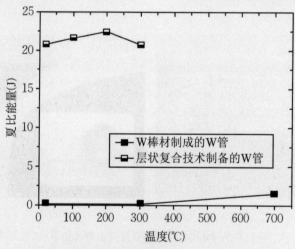

(c) W棒材制成的W管和层状复合技术制备的W管在不同温度夏比冲击试验后的结果

图2-84 不同技术制备W管的结构与性能[151]

层状增韧的研究取得了一定进展,图2-85概述了几种不同的钨层状材料,利用层状复合技术成功地制备出管材和套筒,可以用作几种偏滤器概念结构设计。因为目前尚未形成完善的理论体系,所以仍有很多问题需要进一步深入研究:例如,设法移除钨的氧化层(如WO_3、$WO_{2.9}$、$WO_{2.72}$或WO_2);选择合适的中间层以及如何使用它们(物理气相沉积、箔或粉末);选择合适的连接技术(钎焊、扩散焊或其他);保持连接和老化过程界面的稳定性,等等。使用中可能会出现的问题,层状结构中的某一层过热可能导致层层剥离。因此,面临的关键科学问题是高熔点可靠性中间层的选取和在层状制备过程中尽量避免钨箔材自身力学性能的降低。若能将层状增韧技术与其他增韧技术(如弥散增韧、细晶强化等)结合起来,发挥两者的协同效应,则增韧效果将会更好。

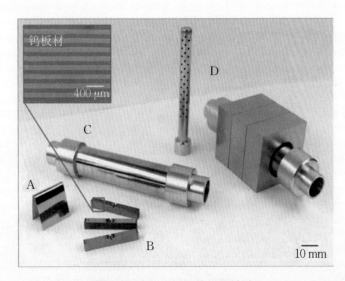

图2-85 几种不同的钨层状材料[2]

(A:具有优异机械性能的钨箔;B:多层钨箔通过连接技术集成得到层状钨材料,
可将钨箔的优异性能扩展到块状材料;C:基于层状复合技术制备的钨管;
D:基于层状复合技术制备的管材,可能用于氦冷偏滤器的管状偏滤器)

2.3.6 自钝化钨合金

对于未来核聚变装置和核聚变发电站,需要评估装置发生意外事故可能带来的风险,如冷却剂回路管道或设备破裂、冷却剂流量中断,都会造成冷却系统失效,即发生冷却失效事故(Loss of Coolant Accidents,LOCA)。如果真空室同时遭到损坏并破裂,那么环境中的气氛将进入真空室内部,真空室部件迅速发生氧化,会招致更大的破坏,如图2-86所示。当反应堆发生失冷事故时,第一壁表面温度因中子辐照后元素衰变,在10天内放热能超过1000 ℃(图2-87(a)),并持续3个月以上。图2-88给出了DEMO在不同冷却条件下,发生LOCA后真空室部件的温度随衰变时间变化曲线[152]。环境气氛进入真空室后,钨表面氧化将形成易挥发且高放射性的WO_3,放射性随着WO_3的挥发而进入大气,从而对整个环境构成威胁和危害。按第一壁温度1000 ℃、壁面积1000 mm^2计算,WO_3的挥发速率高达150 kg/h,其放射性速率可达$7.5×10^{16}$ Bq/h[153]。如果事故持续3个月,那么面向等离子体的第一壁钨全部会被氧化,由此产生的放射性高达$2.9×10^{19}$ Bq,甚至比日本福岛核泄漏事故($6×10^{17}$ Bq)带来的放射还要严重。因此,需要研发出一种新型的钨材料或技术,尽可能防止钨发生氧化,减小核泄漏的污染风险。

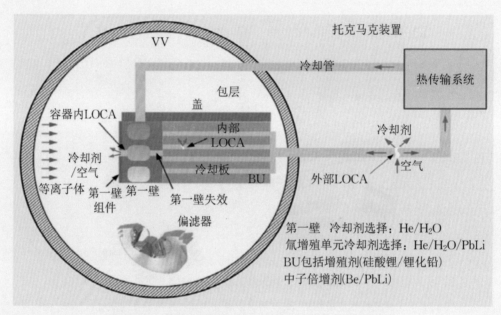

图2-86 安全评估不同冷却失效事故(LOCAs)的示意图[2]

通过添加的合金化元素,在钨材料表面形成一层致密的氧化膜(皮),来延缓或阻止钨发生氧化,从而避免生成新的WO_3,引发放射性泄漏,这种新的合金称为自钝化钨合金(Self-Passivated Tungsten Alloy,SPTA),也叫智能钨合金。图2-87(b)揭示了自钝化钨合金在正常和意外事故两种情况下的工作原理。在聚变堆等离子体正常运行时,原子序数低的合金元素优先被等离子体溅射而贫化,这样钨材料的表面浅表层几乎是纯钨,则会直接面向等离子体;而当发生堆失冷事故时,合金组元能够迅速发生氧化,形成致密(氧化)保护层,阻碍WO_3形成。一般用来改善抗氧化性的金属元素有很多,可分为钝化元素和活化元素,常用的钝化元素有Cr、Ti、Al、Si等,活化元素有Y和Zr等。

面向核聚变等离子体钨基材料

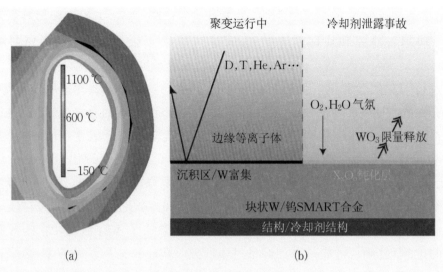

图2-87 堆失冷事故背景-事故10天后壁温度(a)和自钝化钨合金在正常工作和意外条件下工作机制(b)[23]

另外,自钝化钨合金在设计添加合金元素时必须考虑元素的放射性活性。通常,材料的放射性是用衰变期和放射情况进行评价,以100年为衰变期限,根据其放射性情况来判定。已有数据表明,如经过100年核衰变,W的放射性接近人体的安全值10 μSv/h,Al仍然具有较高的放射性,Cr、Ti、Si、Y、Zr的放射性都在可接受的范围内,相应的γ辐射剂量均在辐射防护安全剂量2 mSv/h以下[154]。由于Cr、Ti、Si、Y等元素具有低中子辐照活化,且易氧化形成结合力强的保护层等,使得钨表面的氧化速率显著减小。其中W-Cr-Y体系(W含量的原子分数>70%)的自钝化效果最为显著,比纯钨时的WO_3形成速率降低约4个数量级[146]。

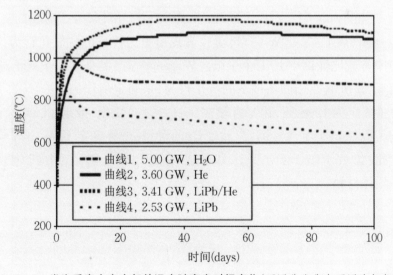

图2-88 LOCA发生后真空室内部件温度随衰变时间变化(不同曲线代表不同冷却条件)[152]

103

目前，钨自钝化合金的研究还处于起步阶段，主要的制备手段有磁控溅射和粉末冶金，分别制备薄膜和块体材料。Koch 等[155,156]采用磁控溅射技术，分别制备出 W-Si、W-Si-Y、W-Si-Zr、W-Cr-Ti 和 W-Cr-Si 等薄膜系列钨自钝化合金，然后在不同温度下进行氧化实验测试。薄膜材料在不同温度下氧化时的氧化速率及趋势，由相应的 Arrhenius 图反映，如图 2-89 所示。可以得出，添加不同的合金元素后，材料的氧化速率都会降低，相比纯钨明显减小；合金元素种类多也降低氧化程度，三元合金的氧化速率就比二元合金低；在三元合金体系中，W-Cr-Ti 又表现出最好的抗氧化能力，氧化速率最低。此外，从氧化曲线上可发现，主要添加 Si 元素时，相应钨合金表现出线性氧化行为；而 Cr 作为主要钝化元素时，对应的钨合金则表现出抛物线氧化行为，由此说明选择钝化元素时，Cr 比 Si 更有优势。添加 Y 和 Zr 活化元素的薄膜表现出较差的抗氧化行为，可能是添加的量过多所致。Wegener 等[153]对 W-Cr 薄膜进行氧化，发现在表面氧化皮和基体之间容易形成孔洞，如果继续发生氧化，那么结合问题会使表面氧化皮开裂并脱落，从而失去对钨的保护作用。当加入少量的活化元素 Y 后，W-Cr-Y 薄膜抗氧化性得到明显改善，可见多组元的加入是可以调控材料抗氧化性能的。

Y 在自钝化合金中的作用机理如图 2-90 所示[157]，Y 能占据晶粒间的位置，增强 Cr 元素的扩散，从而形成 Cr_2O_3 保护层[图 2-90(a)]；Y 能促进晶粒间的氧化，使保护层更加平滑、黏附力更强，抑制孔隙形成[图 2-90(b)]；Y 因有着较高的化学反应活性，故易于与导致氧化层不稳定的杂质元素结合，阻止其进入氧化皮[图 2-90(c)]。图 2-91 为 W-Cr 和 W-Cr-Y 合金在 1000 ℃氧化 10 min 后的截面图，可以看出，W-Cr-Y 合金有着较薄的致密的保护层，完全抑制了孔隙的形成；而 W-Cr 合金出现了氧化皮失效及深层的氧化行为。Litnovsky 等[158]对比了 W-Cr-Y、W-Cr-Ti 和纯钨合金薄膜的氧化行为，结果如图 2-92 所示，W-Cr-Y 比 W-Cr-Ti 薄膜表现出更为优秀的抗氧化行为，W-Cr-Y 薄膜的氧化速率常数比纯钨小 10 万个量级。Wegener 等[153]制备了一系列不同 Y 或 Cr 含量的合金薄膜，研究其在相同条件下的氧化行为，来确定最佳的 Y 或 Cr 添加含量。首先，将 Cr 含量固定为 12wt.%，让 Y 含量在 0～1.0wt.%变化，确定 0.6wt.%Y 含量氧化速率最低；然后，将这个 Y 含量固定，改变 Cr 的含量；最终确定了 W-Cr-Y 合金系统的最佳成分配比：12wt.%Cr、0.6wt.%Y，其余是 W（图 2-93）。随后，用薄膜样品确定的最佳成分制备块体材料。

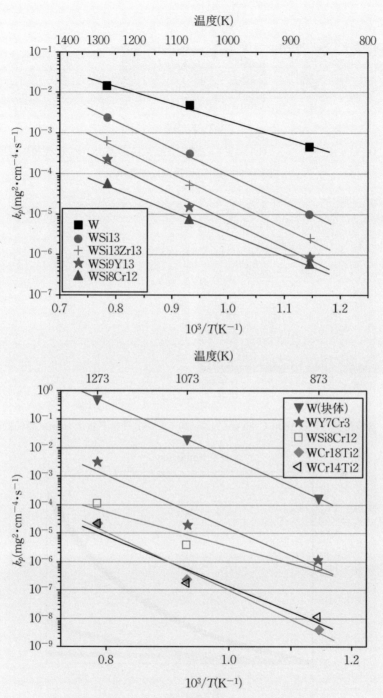

图 2-89　纯钨和不同钨合金的氧化速率 Arrhenius 图[155,156]

第2章　钨基面向等离子体材料

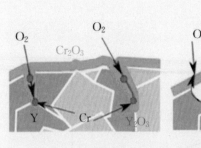
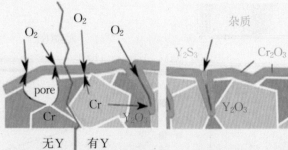

（a）形成"Pegs"来稳定Cr_2O_3　　（b）偏聚在晶界阻止孔隙的形成　　（c）捕获杂质减少形核点

图2-90　Y对氧化物形成的影响

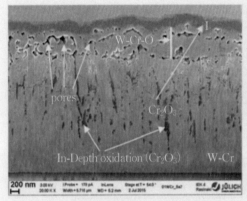
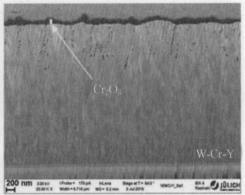

（a）W-Cr　　　　　　　　　　　　（b）W-Cr-Y

图2-91　自钝化钨合金在1000℃ 80 vol.%Ar+20 vol.%O_2气氛下氧化10 min后的截面图[157]

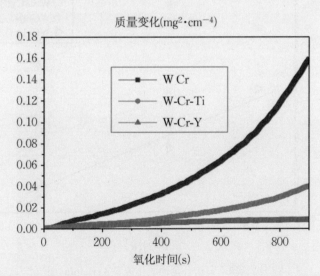

图2-92　不同自钝化钨合金在1000℃、1bar、80 vol.%Ar+20 vol.%O_2气压下的氧化曲线

面向核聚变等离子体钨基材料

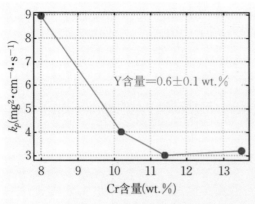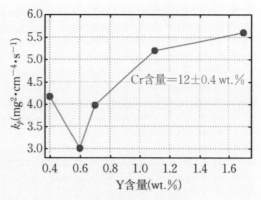

图2-93　氧化速率常数随着Cr或Y含量变化曲线,其他合金元素保持不变[153]

Calvo等[159]运用机械合金化工艺制备出W-10％Cr-0.5％Y合金粉末,然后通过HIP烧结获得相应的块体材料。图2-94为W-10％Cr-0.5％Y在1000 ℃氧化60 h后的表面和截面形貌图,可以看出其氧化后除了Cr₂O₃之外,还有W-Y-O和Cr₂WO₆等氧化物。截面可以发现Cr₂O₃层的上面主要是W-Y-O,下面是Cr₂WO₆层,同时在氧化皮的下面还出现了空洞,这说明Cr₂O₃保护层在60 h长时间氧化后已经失效。在样品的表层也检测到钨的氧化物,说明钨的氧化是通过钨阳离子穿过Cr₂O₃保护层扩散到样品表面。

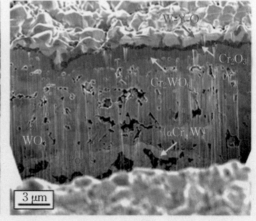

(a) 表面　　　　　　　　　　　　　(b) 截面

图2-94　W-10％Cr-0.5％Y在1000 ℃下氧化60 h后的表面和截面[159]

Litnovsky等[158]对比了相同合金成分的W-Cr-Y薄膜和块体样品的抗氧化行为,发现两者的曲线走向相似,但薄膜合金的抗氧化性能明显优于块体材料(图2-95),他们认为进一步提高块体材料的钝化性能是非常必要的。图2-96给出了W-Cr-Y薄膜合金的元素分布,最惊人的结果是在氧化铬的氧化皮中并没有发现Y元素,Y被探测到均匀分布在钨基体中。并且,还发现了尺寸为10~30 nm的极小的Y的析出物,可充当形核点。然而,W-Cr-Y块体合金表现出截然不同的Y元素分布,如图2-97所示,Y不像在薄膜样品中呈现均匀分布,仅仅分布在晶界处,尺寸为10~20 nm。因此,目前制备块体自钝化合金存在的主要问题是实现Y元素的均匀分布。虽然Y元素的均匀分布是否对合金钝化行为起着决定性作用还需要谈论,但是很明显的是两种不同的Y分布对自钝化合金的抗氧化能力起着决定性作用。

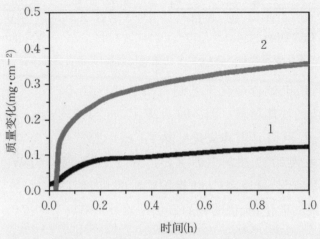

图2-95　1000 ℃氧化过程中质量变化随随时间的演化规律[158]

（1为W-Cr-Y合金薄膜;2为W-Cr-Y块体材料）

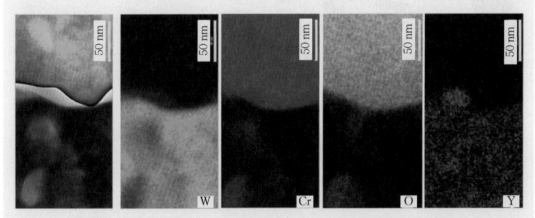

图2-96　W-Cr-Y薄膜合金在氧化皮保护层与块体界面处的TEM面扫图[158]

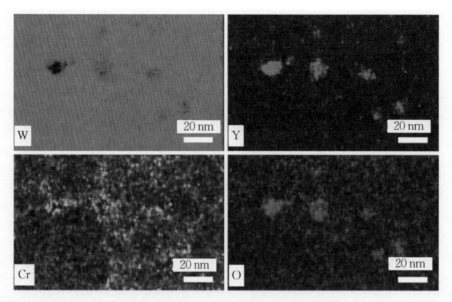

图2-97 块体W-Cr-Y样品的TEM面扫图[158]

在实际装置运行工况下,等离子体稳定运行一段时间后,钨自钝化合金表面的合金组成会优先被溅射。Litnovsky等[160,161]通过球磨和HIP烧结制备了W-11.4％Cr-0.6％Y和W-10％Cr-2％Ti合金后,对其进行氘离子辐照实验,然后进行1000℃抗氧化实验。图2-98为W-11.4％Cr-0.6％Y和W-10％Cr-2％Ti样品在氘等离子体辐照前后和纯钨样品氧化过程质量变化曲线,可以看出,氘离子辐照对自钝化钨合金的抗氧化性能影响不太明显。这说明,钨自钝化合金从抗氘离子辐照的角度来看很有应用前景。Telu等[162]通过将W粉、Cr粉和Y_2O_3粉球磨,然后在1700℃烧结5 h,制备了不同成分的W-Cr-Y_2O_3自钝化合金[W0.5％Cr-(0.5~3) wt.％ Y_2O_3和W0.7％Cr-0.3％-Y_2O_3],其中W的原子百分比分别为50％和70％(图2.99)。两种成分的合金致密度都达到98％,样品中存在大尺寸(3~12 μm)的Y_2O_3颗粒,平均颗粒尺寸为5 μm。一系列非等温氧化测试(20~1200℃,10℃/min)表明,W-Cr-Y_2O_3合金的氧化速率都比纯钨有所降低,氧化速率取决于Cr含量,最好的合金成分为W0.5％Cr-(0.5~3)wt.％Y_2O_3。在1000℃时,氧化皮的形成机制发生变化,三元氧化物Cr_2WO_6取代了WO_3,且Y在800℃以上形成三元氧化物$Y_2W_3O_{12}$。根据相图得知,在1400℃熔化,在1155℃时形成致密的共晶混合物,这种共晶有助于形成连续的没有孔隙的氧化皮。此外,熔化的液相$Y_2W_3O_{12}$对氧化皮有自修复(Self-healing)作用。

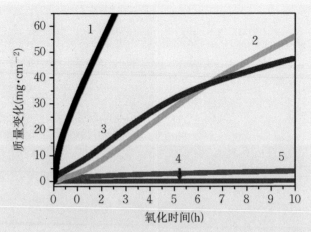

图2-98 氧化过程中质量变化曲线

（1为W；2为W-10Cr-2Ti；3为等离子辐照后的W-10Cr-2Ti；

4为W-11.4％Cr-0.6％Y；5为等离子辐照后的W-11.4％Cr-0.6％Y）

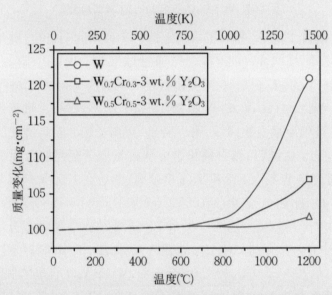

图2-99　W和$W_{1-x}Cr_x$-3wt.％Y_2O_3氧化过程质量变化随温度的变化曲线[162]

　　块体W-Cr-Ti和W-Cr-Y样品都表现出很高的DBTT，直到900℃仍呈现出脆性。造成合金高脆性的原因有很多，如高浓度的间隙原子，尤其是氧，在晶界处偏析，弱化了晶界强度。从图2-100可以看出，HIP烧结后样品晶粒尺寸非常细小，导致整个晶界面积极大，不能抵消高浓度氧的影响[163]。并且，添加了大量的合金化元素Cr也造成了材料的脆性。因此，后续需要对合金进行冷加工来增加刃形位错的数量，以降低DBTT。W-15％Cr和W-10％Cr-2％Ti合金从室温到900℃的热导率如图2-101所示，两者的热导率都随温度升高而增大，三元合金的热导率低于二元合金，热处理后合金

面向核聚变等离子体钨基材料

的热导率变化不大,略小于热处理前。自2017年以来,笔者所在团队与德国余利希研究中心Linsmire教授团队合作,就钨基材料自钝化合金制备与机理进行研究,并承担了国家自然科学基金国际合作重点项目,深入开展钨自钝化的形成与安全防护方面的探讨。

图2-100 W-12％Cr-0.5％Y经1220 ℃ HIP烧结后的SEM图[163]

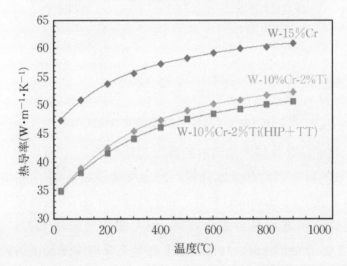

图2-101 HIP烧结W-15％Cr、W-10％Cr-2％Ti和HIP烧结后热处理的
W-10％Cr-2％Ti合金的热导率随温度变化曲线[163]

2.3.7 超细晶/纳米晶钨

这些年随着纳米材料及技术的发展,研究人员一直在追求获得(超)细组织或晶粒来改善材料的力学性能。超细晶(UFG)以及纳米晶(NC)具备优秀的延展性能,且抗辐照肿胀与脆化能力强,纳米材料自修复机制为其改善抗辐照性能方面提供参考。图2-102为纳米晶材料自修复的原理示意图[164],纳米晶材料由于存在大量的晶界,可以吸纳辐照产生的缺陷(如间隙原子和空位)。因此,可选取合适方式获得超细晶以及纳米晶钨,钨在延展能力与抵制辐照能力方面均得以增强,同时带动其他性能的改善,最终满足聚变堆PFMs工作条件需求。

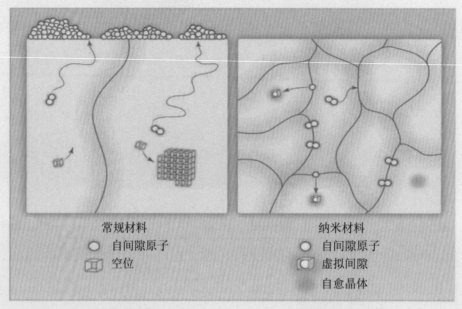

(a)传统材料　　　　　　　　(b)纳米晶材料

图2-102　纳米晶材料中辐照损伤的自修复机理[164]

目前,关于超细晶以及纳米晶钨的制备工艺种类繁多,并且一些工艺手段逐渐转向制备行之有效的可应用的聚变堆材料。制备块状超细晶/纳米晶金属的方法有许多,主要分为自上而下(Top-down)和自下而上(Bottom-up)两条路径[165]。自上而下为直接对粗晶粒的金属进行晶粒细化处理,如大塑性变形法又称严重塑性变形法(Severe Plastic Deformation,SPD);自下而上则是先获得纳米尺度的颗粒然后烧结成型(如粉末冶金法),关键是控制烧结过程中晶粒的长大(如用SPS烧结),尽量低温、短时和快速加热,避免晶粒过分长大。

所谓的大塑性变形法,通过产生剧烈塑性变形来使材料达到强烈细化晶粒的效果,其平均晶粒尺寸较为细小,一般都在亚微米级,乃至纳米级。目前,国际材料学界公认,SPD是制备块体纳米和超细晶材料的一种有前途的方法。经过不同的SPD工艺,块体粗晶材料可制备出UFG材料和NC材料,虽然其晶粒及组织细化机制有所不同,但分析发现,该类材料都具有界面清洁、结构致密的特点。因此,获得的块体纳米 SPD材料,不但可为科学研究提供大尺寸试样,而且可以直接制成商用结构零部件[166]。

SPD最为成熟的两种工艺有等通道角挤压(ECAP)和高压扭转(HPT)方式[167]。HPT因施加几个GPa的压力,晶粒细化可达纳米量级。Faleschini等[168]分别对纯钨(纯度99.98%)、WL10(W-1wt.%La$_2$O$_3$)和WVMW(0.005% 钾掺杂钨合金)三种商业钨基材料进行HPT处理,如图2-103所示(其中灰色区域是线性断裂机制不再有效),实验结果表明,三种材料的室温断裂韧性得到显著提高。Wei等[169]对钨在500 ℃下进行HPT处理,获得了全致密的纳米晶钨,且晶界均为大角度晶界并存在许多刃形位错,减少了晶界处的杂质浓度,分析表明这些都是钨室温延展性增加的原因。

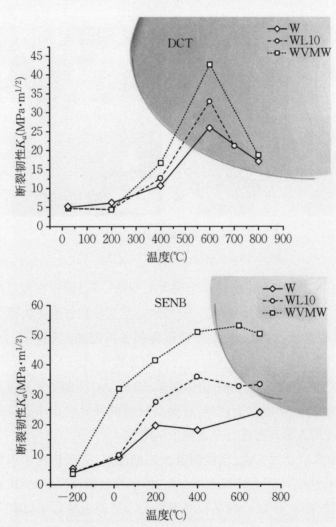

图2-103 三种商业钨合金在烧结态的断裂韧性和在烧结后轧制态(**60%变形量,SENB**)的断裂韧性曲线[168]
(其中SENB代表单边缺口弯曲试件,通过HPT工艺制备)

利用等通道转角挤压工艺能够达到深度塑性变形,进而也可获得致密程度高、体积较大的块体超细晶钨材料,且韧性强。Wei等[170]通过ECAP获得的超细晶钨材料(约500 nm),不仅强度提高,而且延展性能显著增强。Zhang等[171]对商业纯钨进行ECAP处理,获得了晶粒尺寸约0.9 μm的超细晶材料,并测量了一系列温度下的显微硬度,结果表明ECAP处理钨的DBTT在350 ℃以下,而未经ECAP处理的粗晶钨的DBTT高于483 ℃,说明ECAP处理不但能获得超细晶块状钨,而且其DBTT显著低于粗晶钨。Hao[172]等在相对较低的温度下通过ECAP制备出了超细晶钨。研究发现,800 ℃和950 ℃ ECAP工艺能细化钨的晶粒尺寸从微米到超细晶尺度,晶粒尺寸分别为0.3~1.5 μm和0.5~2 μm(图2-104),同时提高了材料的强度和韧性。

图2-104　ECAP制备超细晶钨的TEM图[172]
[800 ℃两道次挤压(a);950 ℃三道次挤压(b)]

HPT可以通过增大压力使材料产生很大的变形,所以即使在较低的温度下,也能加工像难熔金属一样难以加工的材料。较低的温度能导致材料更大程度的细化,HPT处理通常能获得纳米晶钨,而ECAP处理仅能制备出超细晶钨。为了能使晶粒超细化,通常在ECAP处理完后,材料还必须在一定温度下进行冷轧,从而进一步塑性变形。HPT仅应用于生产薄(≤1 mm)块体制品,而ECAP能制备大尺度的块体超细晶/纳米晶钨,且致密度高、韧脆性能优异,在聚变材料的开发应用中有广阔的前景,然而针对其在PFMs应用方面尚需进行全面深入的研究。

此外,通过粉末冶金的方法,也能制备出超细晶钨,先获得所需前驱体粉末,再采用适当的方法进行烧结。因为纯钨的熔点高,扩散系数低,烧结极其困难,通常需要在尽可能高的温度下烧结,所以一般晶粒都很粗大。目前主要采用HIP、SPS、超高压通电烧结等特种烧结方法来制备超细晶钨。Kurishita等[173]采用HIP结合锻造和热轧,制备了超细晶TiC弥散强化钨,晶粒尺寸在50~200 nm,抗弯强度可达2 GPa,且具有良

面向核聚变等离子体钨基材料

好的抗中子辐照性能。粉末冶金方法的关键在于合理控制制粉和烧结工艺过程,减少杂质对样品的污染。

2.3.8 钨铜功能梯度材料

功能梯度材料(Functional Graded Materials,FGM)这一材料设计的概念由日本科学家在1984年首先提出,最初用于制备热障涂层(Thermal Barrier Coatings,TBC),应用在航天飞行器所需高温结构材料[174]中。随后,很快就被利用在其他功能材料上,由最初的结构型材料向功能型材料拓展。FGM是指材料成分或结构逐步过渡的材料,通过连续地改变两种不同材料的结构和组成等,使其内部界面减少乃至消失,从而得到材料成分非均匀变化,且性能呈连续平稳变化的新型非均质复合材料。FGM可以连接两种不相容的材料,提高黏结强度,有效地缓和异种材质膨胀系数失配而产生的热应力,从而显著提高材料的抗热冲击性和抗热震性。FGM不但保留了普通复合材料的组分优势互补,以及成分和显微结构可设计、性能可控制的主要特点,而且还引入了组成和功能梯度化的设计理念,克服了传统复合材料宏观界面产生的不利影响。极端工况条件对材料提出了更高要求,随着FGM研究的不断深入,各种梯度功能材料不断涌现,其用途扩大到航空航天、核能、电子和生物医学工程等领域。

PFMs在聚变堆服役过程中,承受着$0.1\sim20\ MW\cdot m^{-2}$的高热流密度和高能粒子的撞击,因此把高能的热量实时传递走,才能保证钨基PFMs安全运行。考虑到PFMs的高热传导性能要求,设计了一个散热模块(即热沉),钨基材料与热沉材料(如CuZrCr合金)的界面及界面结合非常重要。PFMs候选材料结构中,W-Cu模块组成得到广泛研究。在实际运行中,PFMs还必须和热沉部分集成起来,构成面向等离子体部件(HHFC),达到在等离子体放电过程中,通过产生的高热负荷、高粒子通量及中子负载,排除在面对等离子体部件材料表面的高热量的目标,从而保证面对等离子体部件的完整性。由于钨和铜的物理性能,如熔点、热膨胀系数和弹性模量迥异,尤其是热膨胀系数失配(相差3~4倍),钨铜材料在制备过程中,以及运行服役时会产生巨大的热应力,甚至导致材料组成分离失效。为了克服铜热沉与钨在膨胀系数上的差异所带来的问题,钨铜功能梯度材料的概念被提出并引起广泛关注,不失为解决聚变堆中与热沉材料连接这一难题的理想思路。Gasik[175]在20世纪90年代最早开始了W/Cu FGM在ITER上偏滤器靶板上的应用研究。葛昌纯等于1996年提出采用概念设计和制备一系列的FGM,先后成功制备出了SiC/Cu FGM、SiC/C FGM、W/Cu FGM、Mo/Cu FGM等块体材料[174,176-178]。图2-105为用于ITER水冷偏滤器部件的两种W/Cu FGM模型,图2-105(a)为穿管设计,冷却管道位于W/Cu FGM的中间,图2-105(b)为平板设计[2]。HHFC由三种不同的材料组成:顶部为钨护甲,直接面向高热负荷及辐照;底部为铜基底,通过冷却管道中的冷却水带走热量;钨护甲和铜基底之间的梯度层用来缓解热应力。穿管样通过梯度层使应力分布比平板样更加均匀,平板样钨表面承受的最高温度可容易通过梯度层的数量和厚度来控制。

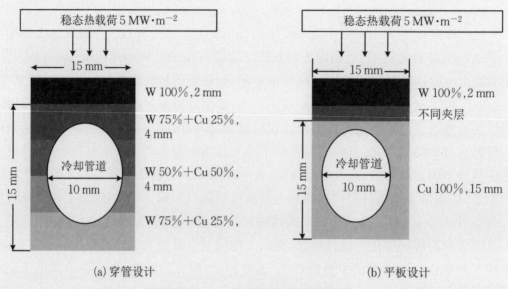

图2-105 **W-Cu连接模块的几何尺寸**[2]

FGM按沿特定方向成分(或组织)连续变化或非连续变化,分为连续或非连续梯度材料两大类。由于连续FGM的预制坯制备难度大、成本高,多采用粉末冶金的方法制备非连续FGM。由于钨与铜的熔点相差巨大,富钨层和富铜层很难同时达到致密,低温烧结时,富钨层很难烧结致密,而高温烧结时,富铜的梯度层会因铜的熔化而导致梯度结构的破坏。因此,传统的烧结方法很难制备出高致密度且成分分布宽的W/Cu FGM。目前,常见的制备W/Cu FGM的方法主要有:熔渗法(常规熔渗法和熔渗-焊接法等)、粉末冶金法(热压烧结、放电等离子体烧结和超高压通电烧结等)、等离子体喷涂(大气等离子喷涂和真空等离子体喷涂)和化学气相沉积等,这些方法都存在着不足。例如,熔渗法存在材料成分难以精确控制,还有空隙分布不均及烧结温度高问题;由于富钨层和富铜层的烧结温度不同,热压烧结和放电等离子烧结很难在保持梯度结构的同时实现样品的致密化,超高压通电烧结成型设备复杂、成本高;真空等离子体喷涂制备的钨涂层孔隙率高、热导率低;化学气相沉积法制备厚钨涂层成本太高。因此,高性能W/Cu FGM的制备技术仍然需要进一步研究。

面向核聚变等离子体钨基材料

熔渗法又叫熔浸法,是制备 W-Cu 复合材料的常用方法。先将钨粉压制成坯,之后在预定温度下烧结,制成具有一定密度和强度的多孔钨基骨架,再将金属铜放在烧结温度高于铜的熔点的还原气氛或真空中烧结,金属铜液润湿多孔基体骨架,利用毛细管力填充到多孔孔隙中,即可制得 W-Cu 的假合金,实际是复合材料。在制备钨骨架时为了减少闭孔的数量需要加入造孔剂和诱导铜等,促进间隙孔和"生成孔"(造孔剂烧结后挥发或溶解产生的孔)的生成。Takahashi 等[179]采用分层装入粒度不同的钨粉,经压制、烧结和电化学腐蚀烧结完成多孔钨坯,获得孔隙率呈梯度分布的多孔体,最后熔渗铜,率先制得成分组成呈连续变化的 W/Cu FGM。但由于烧结收缩率不同,制得的部件成分分布和形状都难以精确控制。Jedamzik 等[180]也用分层装粉法装入小粒度的粉末,经冷压、烧结和电蚀后形成的钨坯具有梯度孔隙率,随后熔渗铜进入坯基体,制得具有连续组成变化的 W/Cu FGM。Itoh 等[181]用熔渗法制备出 W/Cu FGM,并进行了电子束热冲击实验,发现其可经受最高达 $15\,\mathrm{MW\cdot m^{-2}}$ 的表面热流量冲击。

因为采用有机物作为钨骨架造孔剂,有机物加热分解时会产生气体,气体的扩散和排放会使钨坯膨胀和破裂,如果生成的孔隙分布不均,则熔渗铜后钨中的铜分布就有差异,出现富铜区和贫铜区。陶光勇等[182]采用水煮溶剂造孔,先将铜和钨按不同的质量比混合配比,然后将钨粉与造孔剂混匀,再经冷压、烧结和渗铜处理,获得较为致密且 5 层梯度结构变化的 W/Cu FGM。因为无机物造孔剂水煮时会溶解,所以制得的钨骨架孔隙比有机物制得的钨骨架孔隙更加细小、均匀。

周张健等[183]结合钨骨架渗铜法和焊接法两者的优点,成功研发出制备较大尺寸 W/Cu FGM 的新方法,即熔渗-焊接法。制备步骤共三步:一是制备梯度钨骨架,二是进行渗铜,三是热压焊接。图 2-106(a)展示了 W-Cu 梯度复合材料的成分梯度分布,图 2-106(b)为 W-Cu 梯度复合材料与纯钨的钎焊连接界面。可以看出,钎料层的两个连接界面都是均匀、没有孔隙的,说明熔化的钎焊合金对钨有很好的润湿性[184]。W/Cu FGM 在室温下的热导率为 $155\,\mathrm{W\cdot m^{-1}\cdot K^{-1}}$,表现出很好的抗热震性能。如图 2-107 所示,左侧为 W-Cu 过渡层,右侧为纯钨层,W-Cu 梯度材料焊接界面处具有一定的结合强度。在热压焊接条件下,界面两侧紧邻的钨发生原子扩散,消除空隙并产生新的表面结合,而 W-Cu 梯度层中的铜通过扩散,填充到纯钨层中钨颗粒之间的黏结相中,形成冶金结合[185]。这种方法必须把握好造孔剂含量及各层钨粉粒度的大小,如果造孔剂过量,钨骨架会出现严重的发泡变形;若造孔剂量过少,钨骨架的空隙率得不到保证。

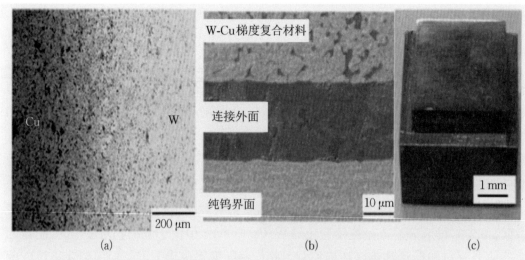

(a)   (b)   (c)

图2-106　W-Cu梯度复合材料(a)、W-Cu梯度复合材料与纯钨的界面形貌(b)和
熔渗-焊接法制得的W/Cu FGM模块(c)[184]

图2-107　W-Cu梯度材料过渡层与纯钨界面的SEM图[185]

　　W/Cu复合材料一个关键的问题就是在高温下铜基体会软化,导致强度降低。You等[186]为了解决这个难题,采用沉淀强化CuCrZr合金代替纯铜,通过熔渗法开发了一种新的W/Cu复合材料作为中间层。三种不同成分(30 vol.%、50 vol.%和70 vol.%W)的W/CuCrZr复合材料在不同温度(20、300和550 ℃)下的拉伸行为,如图2-108所示,可以看出即使少量的钨(富铜复合材料)也会表现出明显的强化效果,但是断裂应变相比未强化合金降低,尤其是在低温时;当钨含量增加到50 vol.%,塑性仍然可以接受;继续增加钨含量到70 vol.%,呈现明显脆性。随后通过熔渗法将三层W/CuCrZr复合材料(30、50和70 vol.%W)做成钨护甲与CuCrZr热沉之间的功能梯度层,图2-109为W30%/W50%和W50%/W70%连接的界面。可以看出,界面区域完全被基体填充,连接的质量很好,几乎没有缺陷。Greuner等[187]利用电子束焊接将W/CuCrZr梯度层

面向核聚变等离子体钨基材料

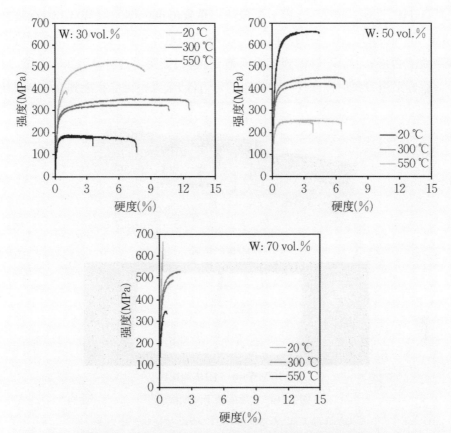

图 2-108 不同钨含量的 W/CuCrZr 复合材料的拉伸曲线[186]

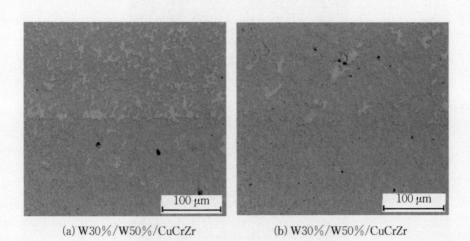

(a) W30％/W50％/CuCrZr   (b) W30％/W50％/CuCrZr

图 2-109 三层 W/CuCrZr 复合材料层的界面[186]

与钨瓦和CuCrZr热沉连接起来,成为平板类型的水冷偏滤器模块(图2-110),并测试了其高热负荷(HHF)性能。图2-111展示了模块最重要的部分即三层W/CuCrZr复合材料,在20 MW·m⁻²的HHF测试后的截面。CuCrZr均匀地分布在钨骨架中,材料热冲击后没有出现裂纹或分层,CuCrZr层的连接没有遭到破坏,证明了这种W/CuCrZr复合材料作为水冷偏滤器平板型模块梯度材料中间层的可行性,未来也可能扩展到穿管型模块。

(a) HHF测试前

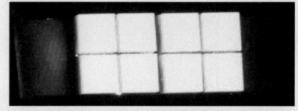
(b) 15 MW·m⁻² HHF测试后

图2-110　水冷偏滤器测试模块[187]
(包含钨瓦、CuCrZr热沉和W/CuCrZr功能梯度中间层)

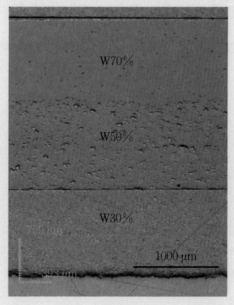

图2-111　20 MW·m⁻² HHF测试后W/CuCrZr复合材料的界面图[187]

面向核聚变等离子体钨基材料

综上所述,尽管熔渗法中产生熔渗梯度钨骨架,有利于获得高致密度、热导和电导性能良好的 W/Cu 梯度热沉材料,但不易制得梯度层中钨体积分数低于 50% 的梯度材料。另外,钨骨架的孔隙分布难以精确控制,不易获得 0~100% 严格意义上的梯度分布材料。

2.3.8.2　粉末冶金法

采用粉末冶金法制备 W/Cu 材料,先把钨粉和铜粉按设计配比混合均匀,然后逐层铺装,压制成梯度组成分布的预制坯,最后通过烧结获得 W/Cu 梯度功能材料。由于 W、Cu 密度和熔点相差较大,采用传统的粉末冶金法很难获得致密的 W/Cu FGM。为了提高致密度,需改进粉末冶金工艺,如采用热压烧结、微波烧结和超高压通电烧结等。虽然粉末冶金工艺设备简单,且成本低、易实现大规模生产等,但仍需严格控制保温温度、时间和冷却速度;且制造工艺较复杂,比较适用于形状尺寸简单的烧结制品。

所谓热压法,即压制和烧结同时进行,在较低压力下可迅速完成制备,获取冷压烧结达不到的密度。周张键等[188]用热压法成功地制得了三层相对密度达到 94.6% 的 W/Cu 梯度材料,铜的体积分数最高可达 22.5%,但最初设计的三层之间的界线不再明显,成分均匀化现象严重,与原设计的成分分布偏离较大。刘彬彬等[189]采用粒度配比和热压烧结的方法,制备具有三层梯度结构的 W/Cu 梯度热沉材料,封接层、中间过渡层和散热层的成分分别设定为 20%Cu、33%Cu 和 50%Cu,由此制备的 W-Cu 梯度适配层具有良好的耐热冲击和热疲劳性能。

叠层压制烧结法,是将不同混合比均匀混合的原料粉末或不同组分的薄膜进行逐层布置,使成分呈阶梯分布后进行压制烧结。吴玉程等[190]通过叠层压制烧结法制备出三层梯度结构的 W/Cu 适配层,各梯度层组分分布呈梯度变化趋势,具有良好的力学性能和导热性。多坯料挤压成形法(MBE),采用一种新型高效层状复合材料成形路线,应用于功能梯度材料制备上,大大提高生产过程的效率。刘彬彬等[191]用球磨法制备出超细 W/Cu 复合粉(不同比例组成),添加适当黏结剂混匀,然后制得 W/Cu 黏结体;再结合 MBE 方法压制出三层 W/Cu 梯度材料坯体,热压烧结后,各层相对密度都在 98% 以上;层与层之间的界面位置清晰,并得到了铜网络状理想结构,采用固相烧结避免了成分均匀化现象的发生。

微波烧结是利用微波的特殊波段与材料的细微结构耦合产生作用,利用热量、介质损耗使材料整体加热。与传统烧结方法相比,微波烧结是一种新颖的烧结技术,具有加热均匀、升温速度快、烧结时间短等优势。因此,在 W/Cu FGM 的制备过程中,微波烧结的快速性对于获得细晶材料及保持材料的梯度结构十分有利。Liu等[192]采用叠层法结合微波烧结制备了具有5层结构的W/Cu FGM,研究了烧结条件对材料致密度、显微组织和导热性能的影响规律。W/Cu FGM的平均致密度为93%,富铜层几乎全致密,钨颗粒被网状铜包围,而富钨层的致密度较低,这样的结构有利于提高材料的导热性能,室温热导率高达200 W·m^{-1}·K^{-1}。由于微波烧结时间短、烧结温度低,钨颗粒仍然保持细小的晶粒尺寸。在烧结过程中,有少量的铜迁移到钨层的表面,但W/Cu FGM仍然保持梯度结构。因此,可以认为微波烧结能制备出较高致密度及热导率的W/Cu FGM。

钨、铜导电能力差距明显,从铜端到钨端的电阻率逐渐增大,烧结过程中受热表现出差异,富钨端侧主要靠自身产生的焦耳热加热,而富铜端侧主要依赖富钨端传导过来的热量进行[193]。凌云汉等[194]针对加热温度传导特点,根据电阻及高熔点差呈梯度变化,提出制作功能梯度材料的新方法,即超高压梯度烧结法(GSUHP)。按设计成分,将钨、铜粉末研磨混匀并叠层模压成型,再在超高压通电烧结装置中加压烧结,在5 GPa、13 kW、40 s的条件下,获得6层W/Cu FGM,相对密度达96%;同时发现使用Ni(活性元素)作烧结助剂时,比Zr和V对材料有更好的促进致密化效果,但钨的热物理性能也发生改变。当黏结相与W、Cu形成化合物时,对材料的结合性能不利。为避免这种不利现象发生,Zhou等[195]开展取消加入烧结助剂的烧结研究,在压力8 GPa、20 kW、50 s的条件下,利用超高压通电烧结(RSUHP)方法制备出结构呈梯度变化的5层W/Cu功能梯度材料,其相对密度为97%,且纯钨层的相对密度也超过96%,层与层之间的界面清晰(图2-112),极短的烧结时间避免了成分均匀化。采用Nd:YAG激光源(波长1064 nm、脉冲宽度10 ms、频率5 Hz、束斑直径2 mm)对其进行

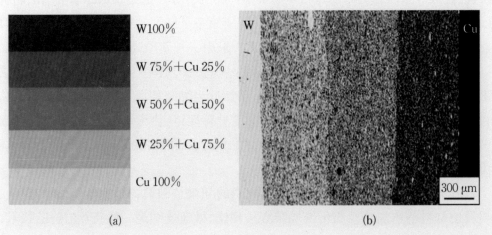

图2-112 W/Cu FGM的成分分布模型(a)和RSUHP方法烧结后W/Cu FGM的截面SEM图(b)[195]

HHF测试,经过能量密度为198 MW·m⁻²热冲击后钨表面仅出现微裂纹[图2-113(a)],没有形成坑(Crater),比相同测试条件下RSUHP制备的纯钨样品表现出更好的热冲击性能。但在更高的能量密度260 MW·m⁻²下W/Cu FGM样品钨表面也因为大量的蒸发而形成了坑[图2-113(b)]。这种方法只需控制梯度材料的电阻分布,调整烧结输入电流,即可得到高熔点差别较大的梯度材料,使制得的W/Cu FGM晶粒细小、组织均匀。

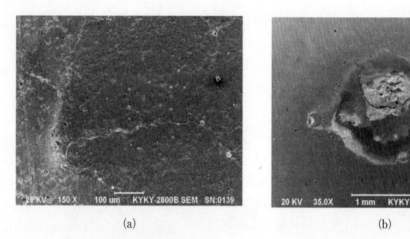

(a)   (b)

图2-113　RSUHP方法制备的W/Cu FGM在高热负荷测试后钨表面的SEM图[185]

2.3.8.3　等离子喷涂法

等离子喷涂技术起源于20世纪50年代,它是以等离子弧发生器(喷枪)产生热源进行喷涂的一种表面处理工艺。以惰性或还原性气体(常用Ar、N和H等气体)为载体,将原料粉末输送到等离子射流中,以熔融或半熔融状态直接喷射到目标基体上,形成多层厚度可控的涂层。通过改变原料粉末组成比例、等离子射流温度和喂粉速度等喷涂参数,来调整组织和成分,可制得功能梯度材料。等离子喷涂一般可以分为大气等离子喷涂(Atmospheric Plasma Spraying,APS)、真空等离子喷涂(Vacuum Plasma Spraying,VPS)和稀有气体等离子喷涂(Inert Gas Plasma Spraying,IGPS)等。等离子体喷涂法的优点有:喷涂零件尺寸不受限制,不会改变基体金属的热处理性质,涂层种类多,工艺稳定,质量性能好。基于上述优点,有学者提出了采用等离子喷涂制备各种组分比例的W/Cu FGM的思路,即在等离子喷涂过程中,通过逐渐调整钨粉和铜粉的含量,制备成分呈连续梯度变化的W/Cu FGM。

Pintsuk等[196]用激光烧结和VPS工艺制备了W/Cu FGM,并将其与熔渗法制备的样品对比,发现两者的杨氏模量随温度的变化曲线差异不大,但前者较后者的热膨胀系数和热导率值更低。Pintsuk 等[197]还通过 VPS 制备了 4 层 W/Cu 涂层作为梯度层,发现钨和铜均匀地分布在复合材料中,没有氧化物生成,具有足够的致密度和良好的导热性,在高温下表现出优异的性能(图 2-114)。Zhou 等[185]利用 APS 方法获得了 W/Cu 涂层 FGM,如图 2-115(a)所示,图中亮色区域为铜,灰色区域为钨,W/Cu 涂层作为中间层呈现典型的层状结构,梯度层的孔隙率约为 5%,纯钨层的孔隙率为 12%。基体与涂层的连接强度为 23 MPa,W/Cu FGM 室温下热导率为 57 W·m^{-1}·K^{-1}。图 2-115(b)为钨涂层的表面形貌,可以看到表面有一些大的凝固堆,周围是一些熔化的粒子和小孔,还能观察到明显的微裂纹。图 2-115(c)所示为涂层的截面,可以看出 APS 钨涂层的层片状结构和各层周围的孔洞[198]。152 MW·m^{-2} 激光热冲击后涂层表面没有变化,当能量密度增加到 198 MW·m^{-2},240 次热冲击后涂层出现了裂纹和熔化,1200 次热冲击后其中一个样品的涂层表面出现了剥落,其他样品没有出现剥落现象。10 MW·m^{-2} 电子束热冲击结果显示,1000 个热冲击后,APS 获得的 W/Cu FGM 的钨涂层出现微裂纹,且涂层与基体出现分层。但是,通过 RSUHP 和熔渗-焊接法制得的 W/Cu FGM 样品没有出现裂纹[185]。

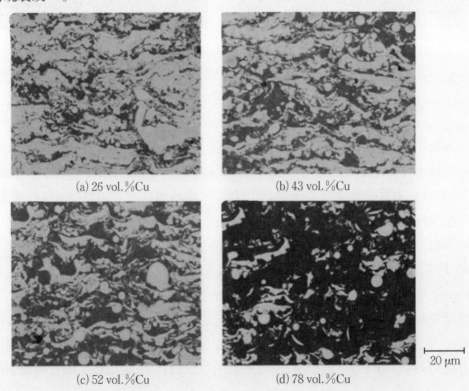

(a) 26 vol.%Cu

(b) 43 vol.%Cu

(c) 52 vol.%Cu

(d) 78 vol.%Cu

20 μm

图 2-114 VPS 制得的不同体积分数的 W/Cu 复合材料的 SEM 图[2]

 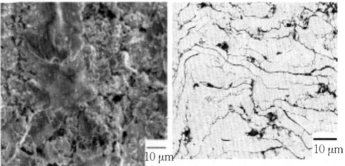

(a) W/Cu FGM 截面　　　　　　(b) W 涂层表面　　　　　　(c) W 涂层截面

图 2-115　APS 制备的 W/Cu 涂层 FGM[23]

利用等离子喷涂制备功能梯度涂层,是研究时间最早、最为成熟的技术。其中,VPS 技术制备的功能梯度涂层孔隙率可达到 3% 左右,较 APS 功能梯度涂层低,且含氧量也比较低。在等离子喷涂过程中,通过逐渐调整钨粉、铜粉含量,使成分呈连续梯度变化,沉积率比较高,有助于得到大面积块材。涂层与基体之间的结合以机械结合为主,结合强度相对较低,且涂层组织不均匀、孔隙率高,也影响层间结合力,容易出现剥落等,降低了应用性能,限制了其应用范围。

制备性能更为优异的、呈现连续梯度变化的 W/Cu FGM,一直是科研工作者追求的目标。尽管有些方法可以制备连续的梯度预制块,但在组成分配与性能调控等方面还远远不够,需要开发更为先进的制备技术。提高 W/Cu FGM 烧结致密度的制备方法有很多,如熔渗法、粉末冶金法和等离子喷涂法等。不同的制备方法各有优缺点,获得的 W/Cu FGM 材料的尺寸、组织和性能也各不相同。关键问题在于,开发不以牺牲导热性能而提高致密性的烧结技术,以及实现低温烧结致密化技术。未来研发中,需进一步完善 W/Cu FGM 的评价体系,开发可以模拟实际工况条件的实验方法、测试装置和设备。目前,因为 W/Cu FGM 还不能满足对其高性能的要求,所以需要开发新型的材料制备工艺,以及设计新型材料组分来提高材料的使用性能。

未来聚变堆工程设计中,氦冷将作为偏滤器的主要冷却方式,选择理想的热沉候选材料,低活化钢将取代铜合金。不锈钢的热膨胀系数是钢的 3~4 倍,在材料制备和服役过程中必然产生较大的应力,引起界面和钨涂层失效,需要考虑界面连接和匹配问题。因此,可以将 FGM 的概念引入到 W/钢连接中,制备出 W/钢 FGM 来减小热应力,其中 W/EUROFER-97 FGM 就是一个典型的功能梯度材料,可作为钨与结构材料 EUROFER-97 低活化马氏体钢的中间层。W/EUROFER-97 FGM 现有的制备工艺主要以 RSUHP[199]、磁控溅射和 VPS[200] 为主,如图 2-116 所示。由于 VPS 和磁控溅射是在真空状态下进行的,可以避免氧化物的形成,且易于控制功能梯度层的成分,被认为是可供聚变应用的功能梯度层、最有前途的两种表面制造技术。Weber[200]等采用VPS和磁控溅射这两种技术成功制备出W/EUROFER-97功能梯度层,并将它作为中间层在800 ℃下对W/EUROFER-97进行扩散焊连接,随后对焊接接头进行了20~650 ℃热循环实验,证实了两种涂层技术制备W/EUROFER-97涂层的可行性。800 ℃低温焊接避免了EUROFER-97在800 ℃以上发生奥氏体转变。图2-117展示了W/EUROFER-97 FGM的整个开发周期,包括FGM制备技术的优化、连接、机械性能测试和热循环测试[23]。

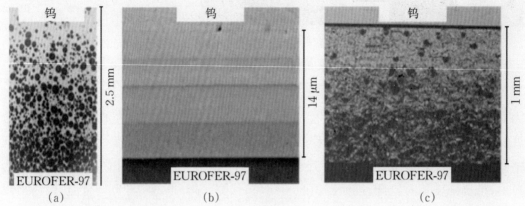

图2-116 RSUHP制得的FGM(a)、磁控溅射获得的FGM(通过扩散焊将钨和EUROFER97连接起来)(b)和VPS制备的FGM(将钒当作中间层,通过扩散焊将钨和EUROFER97连接起来)(c)[2]

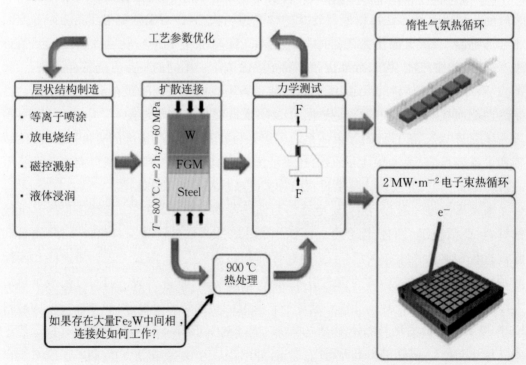

图2-117 功能梯度材料开发周期,以及进一步优化制备技术和性能测试[23]

面向核聚变等离子体钨基材料

梯度功能材料FGM的设计原则多采用逆向设计,首先需确定材料的实际结构和工作条件,综合这些信息,选择过渡组成的性能及微观结构,以及采用的制备技术和评价方法;再依据设定的组成成分分布函数,计算出体系的温度分布和热应力分布结果;最后调整设定的成分分布函数,就有可能计算出梯度功能材料最佳的温度分布和热应力分布,以及此时的组成分布函数,即获得最佳设计参数[201]。Hohe 等[202]提出了与W-Cu梯度复合材料相类似的 W-V 梯度功能复合材料,并通过数值模拟证明 W-V 复合材料可以很好地解决PFMs与毗邻结构部件之间的界面结合问题。

2.3.9 钨涂层

钨涂层技术是通过在热沉材料上沉积钨涂层,直接制备成面向等离子体部件。对于EAST偏滤器靶板、ITER后期和今后的聚变反应堆第一壁来说,2~3 mm 厚的钨瓦寿命已经足够,因此直接在热沉材料上实现钨涂层的方法不失为最佳选择。低活化的马氏体铁素体不锈钢,不仅是聚变堆中理想的结构支撑材料,同时还可以直接作为热沉材料,只需要实现结构材料之间的直接连接,这样将省去结构材料与热沉材料的大面积连接问题。热沉材料上的涂层技术带来的方便和优势,使其被世界各国的聚变材料科学家广泛采用,其不仅适用于结构复杂的基体材料,还在PFMs的制造中,与热沉材料的连接可以合并一步完成。

涂层技术形式很多,主要有物理气相沉积(Physical Vapor Deposition,PVD)、化学气相沉积(Chemical Vapor Deposition,CVD)和等离子体喷涂(Plasma Spraying,PS)等。PVD技术主要有电子束蒸发、磁控溅射和电弧沉积等,主要存在的问题是结合力低,同时得到的钨涂层较薄,只有几微米到几十微米。CVD技术可以制备高致密、高性能的钨涂层,钨涂层密度可达到理论密度的99%以上,这是其他方法很难达到的。同时,可以通过控制沉积时间和沉积温度来达到所需涂层厚度。但是CVD的沉积速度相对较慢,目前的沉积速度达到 0.2 mm/h,成本高,限制了其应用。PS可以制备复杂形状、大面积的钨涂层,工艺简单、制备效率高、成本较低且可以原位修复,其中VPS制备的钨涂层比普通稀有气体保护等离子喷涂的质量高,致密且含氧量低,是制备PFMs的首选方法。但PS制备的钨涂层致密度和纯度低、孔隙率较高,对涂层的力学性能和导热性能不利,结合强度也较低。表2-7所示为各种制备工艺的性能对比。

表 2-7　几种钨涂层的基本性能对比

	PVD-W	VPS-W	CVD-W
纯度	99.95wt.%	99.9wt.%(高O、C)	99.9999wt.%(低O)
致密度	>99%	90%~95%	>99%
微观组织	柱状晶	多孔、层状	柱状晶
热导率	/	比锻轧钨低25%~60%	比锻轧钨好
热膨胀系数	/	比锻轧钨高20%~25%	接近锻轧钨
沉积速率	低	非常快	快
最大沉积厚度	约100 μm	mm量级	mm量级

等离子喷涂不受基体材料的限制,可以应用于金属、非金属或复合材料表面钨涂层的制备,并可获得厚度不同的钨涂层。Montanari 等[203]在 CuCrZr 合金基体上利用等离子喷涂钨粉,制备了厚度5 mm 的钨涂层(基体温度约为453 K、致密度为92%、热导率约为80 W·m^{-1}·K^{-1}),与 CuCrZr 之间的拉伸强度为30 MPa。奥地利的 Plansee 公司在碳基材料上沉积厚涂层,达到2%的最低孔隙率,接近多晶钨的高热导率为170 W·m^{-1}·K^{-1}。水稳等离子喷涂(Water Stabilized Plasma Spraying,WSPS)的能量密度高、燃烧稳定、可喷涂高熔点材料、效率高,非常适用于高熔点钨。Matejicek 等[204]采用 WSPS 技术制备各种钨涂层,不仅喷涂到铜基体用于偏滤器部件,还喷涂到316L 不锈钢上用作第一壁结构材料。WSPS 技术制备的涂层性能虽然弱于 VPS 制备的钨涂层,但是低成本是其一大优点。APS 技术经过优化后,能得到较好的性能。北京科技大学的研究人员利用低成本的 APS 技术制备涂层,针对所面临的常见问题做了较为系统的研究[205]。优化了技术制备涂层的喷涂工艺,避免了涂层的氧化现象,在室温下没有中间层的涂层表现出较高的结合强度可达到35 MPa。此外,感应等离子体喷涂(Induction Plasma Spray,IPS)[206]、超音速等离子喷涂(Supersonic Plasma Spraying,SPS)[207]、高速火焰喷涂(High Velocity Oxy-Fuel Spraying,HVOF)[208]和爆炸喷涂(Detonation Gun Spraying,DGS)[209]也用于制备钨涂层。

PVD 问世于20世纪70年代末,是利用物理过程沉积薄膜的技术。与 CVD 相比,PVD 适用范围广泛,几乎可以制备出所有材料的薄膜,沉积金属钨大部分都是采用溅射的方法。Wang 等[210]采用射频磁控溅射的方法在单晶硅衬底上,制备了70~460 nm 厚度不等的钨涂层。Ganne 等[211]通过磁控溅射在钢基体上分别沉积出0.6~30.2 μm 的钨涂层,发现涂层的脆性很大。德国 Ruset 等[212]利用将磁控溅射和离子注入相结合的 CMSII(Combined Magnetron Sputtering and Ion Implantation,CMSII)技术,制备出10 μm 厚的工业用尺寸的 W/CFC。

可用氟化物氢还原,硅、硅烷类还原和氯化物氢还原等方法,获得CVD沉积钨涂层。反应气体来源主要有WCl_6、WF_6和$W(CO)_6$。Du等[213]采用WF_6+H_2气氛体系,利用氢还原沉积钨涂层。张昭林等[214]同样采用CVD方法(WF_6+H_2体系),在炮钢基体上获得了致密均匀的高纯钨涂层,其纯度大于99.9%,涂层具有典型的柱状晶体结构,具有良好的抗烧蚀性能。随着温度提高与沉积时间的延长,沉积层相应的厚度增加。当温度升高到一定值,靶材也会同时沉积在反应室的壁上,导致实验无法进行。沉积时间过长,沉积层不断增厚,表面也会变得粗糙,从而与基体结合力变差。对于氟化物还原沉积涂层来说,氟会在颗粒边界聚集,增加涂层的脆性[215]。氟化物作为前驱体,很容易在涂层沉积过程中引入碳和氧元素,同时还会有副产物HF的产生。为了避免WF_6存在的缺点,Lai[216]等以$W(CO)_6$作为前驱物,运用低压化学气相沉积(Low Press Chemical Vapor Deposition,LPCVD)法制得了金属钨涂层。杜继红[217]等采用氯化物作为前驱物,用热分解和氢还原两种方法在钼基体上获得钨涂层,钨与钼之间存在2 μm的扩散层,钨涂层的抗热震性能和结合力都很好。Smid[218]等验证了使用CVD技术获得的钨涂层,具有优良的抗热疲劳和抗热冲击性能。

CVD/W比VPS/W具有更优的热疲劳性能,CVD/W涂层的临界热流密度明显高于VPS/W。CVD/W涂层在临界能量密度冲击下的涂层破坏,主要由高温下极大的热膨胀系数差异而引起裂纹产生。可以采取两种途径避免这种失效发生:通过快速冷却使界面保持在较低的温度,或者提高涂层的厚度;引入梯度层来减小热应力或引入盒式结构来减小热应力。CVD涂层过程中引入过渡层相对困难,直接方法就是增加涂层的厚度,因此目前主要是制备2~5 mm厚的涂层。

目前,等离子体喷涂和化学气相沉积是制备钨涂层最为成熟的技术。此外,熔盐电镀法可通过电化学反应获得厚度均匀的钨涂层,是较有希望的一种方法。同时,从化合物中沉积出纯金属钨,避免了引入氧或碳等杂质元素,但基体材料受到一定限制。未来钨涂层制备技术的研究集中在高质量厚钨涂层(>1 mm)的制备、具有功能梯度结构钨涂层的制备及纳米结构钨涂层等方面[219]。

本 章 小 结

通过弥散强化、合金化、复合化等多种路径,对各种钨基材料进行组织调控和性能优化,但发现仍然没有一种钨基材料及技术能够完全满足聚变堆PFMs的要求。因此未来的努力方向是,采用钨基材料多种制备技术组合使用,进一步设计与控制其微观结构以提高其综合服役性能。国际上已采用合金化/弥散颗粒掺杂/纤维增韧等多种手段,提高 W-PFMs 的热/力学以及抗辐照性能;通过开发智能钨合金提高抗氧化性能,提出 W/Cu FGM 的设计与制造,解决聚变堆中钨和热沉材料的连接难题,利用钨涂层技术实现 PFMs 的制备及其与热沉材料连接的一步完成。对于改善钨材料的组成与性能,国内研究则主要集中在弥散强化方面。建议可以对目前国内的弥散强化钨体系进行比较,在充分论证的基础上,选择 1~2 种具有规模化制备与工程应用方案进行系统研发,同时兼顾其他(如结构改进和自钝化钨合金)先进钨基材料的探索;开展钨材料规模化制备工艺的优化和定型研究,争取创立先进钨基材料品牌;同时积极开展先进钨材料的聚变服役工况性能测试,以此奠定钨材料聚变堆应用的基石,并促进我国乃至世界的核聚变能应用发展。

参考文献

[1] Raffray A R, Nygren R, Whyte D G, et al. High heat flux components-readiness to proceed from near term fusion systems to power plants[J]. Fusion Engineering and Design, 2010, 85 (1):93-108.

[2] Linsmeier C, Rieth M, Aktaa J, et al. Development of advanced high heat flux and plasma-facing materials[J]. Nuclear Fusion, 2017, 57:092007.

[3] Pitts R A, Carpentier S, Escourbiac F, et al. Physics basis and design of the ITER plasma-facing components[J]. Journal of Nuclear Materials, 2011, 415(1):957-964.

[4] Noda N, Philipps V, Neu R.A review of recent experiments on W and high Z materials as plasma-facing components in magnetic fusion devices[J]. Journal of Nuclear Materials, 1997, 241-243:227-243.

[5] Davis J W, Barabash V R, Makhankov A, et al. Assessment of tungsten for use in the ITER plasma facing components[J]. Journal of Nuclear Materials, 1998, 258-263(1):308-312.

[6] Smid I, Akiba M, Vieider G, et al. Development of tungsten armor and bonding to copper for plasma-interactive components[J]. Journal of Nuclear Materials, 1998, 258-263:160-172.

[7] Roedig M, Kuehnlein W, Linke J, et al. Investigation of tungsten alloys as plasma facing materials for the ITER divertor[J]. Fusion Engineering and Design, 2002, 61-62:135-140.

[8] Mathaudhu S N, Derosset A J, Hartwig K T, et al. Microstructures and recrystallization behavior of severely hot-deformed tungsten[J]. Materials Science and Engineering:A, 2009, 503(1-2):28-31.

[9] Wei Q, Kecskes L J.Effect of low-temperature rolling on the tensile behavior of commercially

pure tungsten[J]. Materials Science and Engineering:A, 2008, 491(1-2):62-69.

[10] Pitts R A, Carpentier S, Escourbiac F, et al. Physics basis and design of the ITER plasma-facing components[J]. Journal of Nuclear Materials, 2011, 415(1):S957-S964.

[11] Shimada M, Costley A E, Federici G, et al. Overview of goals and performance of ITER and strategy for plasma-wall interaction investigation[J]. Journal of Nuclear Materials, 2005, 337-339(1-3):808-815.

[12] Bolt H, Barabash V, Federici G, et al. Plasma facing and high heat flux materials-needs for ITER and beyond[J]. Journal of Nuclear Materials, 2002, 307-311(1 Suppl):43-52.

[13] Bolt H, Barabash V, Krauss W, et al. Materials for the plasma-facing components of fusion reactors[J]. Journal of Nuclear Materials, 2005, 329-333(A):66-73.

[14] 吕广宏,罗广南,李建刚.磁约束核聚变托卡马克等离子体与壁相互作用研究进展[J].中国材料进展,2010, 29(7):42-48.

[15] Neu R, Bobkov V, Dux R, et al. Ten years of W programme in ASDEX Upgrade-Challenges and conclusions[J]. Physica Scripta, 2009, 2009(T138):14038.

[16] Ruset C, Grigore E, Maier H, et al. Development of W coatings for fusion applications[J]. Fusion Engineering and Design, 2011, 86(9-11):1677-1680.

[17] Matthews G F, Beurskens M, Brezinsek S, et al. JET ITER-like wall:overview and experimental programme[J]. Physica Scripta, 2011, 2011(T145):14001.

[18] Missirlian M, Bucalossi J, Corre Y, et al. The WEST project:current status of the ITER-like tungsten divertor[J]. Fusion Engineering & Design, 2014, 89(7-8):1048-1053.

[19] Richou M, Missirlian M, Tsitrone E, et al. The WEST project:validation program for WEST tungsten coated plasma facing components[J]. Physica Scripta, 2016, 2016(T167):14029.

[20] 刘凤,罗广南,李强,等.钨在核聚变反应堆中的应用研究[J].中国钨业,2017,32(2):41-48.

[21] 李强. EAST钨铜偏滤器材料设计和部件制备研究[D]. 北京:中国科学院大学,2012.

[22] Cao L, Zhou Z, Yao D.EAST full tungsten divertor design[J]. Journal of Fusion Energy, 2015, 34(6):1451-1456.

[23] Coenen J W, Antusch S, Aumann M, et al. Materials for DEMO and reactor applications-boundary conditions and new Concepts[J]. Physica Scripta, 2016, 2016(T167):14002.

[24] Sawan M E, Abdou M A.Physics and technology conditions for attaining tritium self-sufficiency for the DT fuel cycle[J]. Fusion Engineering and Design, 2006, 81(8-14):1131-1144.

[25] Yu I, Fetzer R, Bazylev B.Effect of design geometry of the demo first wall on the plasma heat load[J]. Nuclear Materials and Energy, 2016, 9(100):560-564.

[26] Norajitra P, Abdel-Khalik S I, Giancarli L M, et al. Divertor conceptual designs for a fusion power plant[J]. Fusion Engineering and Design, 2008, 83(7-9):893-902.

[27] Gilbert M R, Dudarev S L, Zheng S, et al. An integrated model for materials in a fusion power plant: transmutation, gas production, and helium embrittlement under neutron irradiation[J]. Nuclear Fusion, 2012, 52(8):83019.

[28] Federici G, Biel W, Gilbert M R, et al. European DEMO design strategy and consequences for materials[J]. Nuclear Fusion, 2017, 57(9):92002.

[29] You J H. A review on two previous divertor target concepts for DEMO: mutual impact between structural design requirements and materials performance[J]. Nuclear Fusion, 2015, 55(11):113026.

[30] Pintsuk G. Tungsten as a plasma-facing material[C]//Konings R J M. Comprehensive Nuclear Materials. Amsterdam: Elsevier, 2012:551-581.

[31] Gludovatz B, Wurster S, Hoffmann A, et al. Fracture toughness of polycrystalline tungsten alloys[J]. International Journal of Refractory Metals and Hard Materials, 2010, 28(6):674-678.

[32] Park J J. Creep strength of a tungsten-rhenium-hafnium carbide alloy from 2200 to 2400 K [J]. Materials Science and Engineering: A, 1999, 265(1-2):174-178.

[33] Luo A, Jacobson D L, Shin K S. Solution softening mechanism of iridium and rhenium in tungsten at room temperature[J]. International Journal of Refractory Metals and Hard Materials, 1991, 10(2):107-114.

[34] Romaner L, Ambrosch-Draxl C, Pippan R. Effect of rhenium on the dislocation core structure in tungsten[J]. Physical review letters, 2010, 104(19):195503.

[35] Tyburska-Püschel B, Alimov V K. On the reduction of deuterium retention in damaged Re-doped W[J]. Nuclear Fusion, 2013, 53(12):123021.

[36] Golubeva A V, Mayer W, Roth J, et al. Deuterium retention in rhenium-doped tungsten[J]. Journal of Nuclear Materials, 2008, 363-365(1-3):893-897.

[37] Fukuda M, Yabuuchi K, Nogami S, et al. Microstructural development of tungsten and tungsten-rhenium alloys due to neutron irradiation in HFIR[J]. Journal of Nuclear Materials, 2014, 455(1-3):460-463.

[38] Fujitsuka M, Tsuchiya B, Mutoh I, et al. Effect of neutron irradiation on thermal diffusivity of tungsten-rhenium alloys[J]. Journal of Nuclear Materials, 2000, 283(B):1148-1151.

[39] 朱玲旭,郭双全,张宇,等.新型钨基面向等离子体材料的研究进展[J].材料导报,2011,25(8):42-45.

[40] 谭敦强,李亚蕾,杨欣,等.杂质元素对钨产品结构及性能的影响[J].材料导报,2013,27(9):98-100.

[41] 杨世民,黄广华.烧结工艺对铈钨性能的影响[J].硬质合金,2014,31(4):241-246.

[42] 杨世民,范景莲.铈、镧、钇、铼、钾对钨材料的强化机制探讨[J].硬质合金,2015,32(1):19-23.

[43] Veleva L, Oksiuta Z, Vogt U, et al. Sintering and characterization of W-Y and W-Y$_2$O$_3$ materials [J]. Fusion Engineering and Design, 2009, 84(7-11): 1920-1924.

[44] Veleva L, Schäublin R, Plocinski T, et al. Processing and characterization of a W-2Y material for fusion power reactors [J]. Fusion Engineering and Design, 2011, 86(9-11): 2450-2453.

[45] Zhao M, Zhou Z, Ding Q, et al. The investigation of Y doping content effect on the microstructure and microhardness of tungsten materials[J]. Materials Science and Engineering:A, 2014, 618:572-577.

[46] Brown P H, Rathjen A H, Graham R D, et al. Chapter 92 rare earth elements in biological systems[J]. Handbook on the Physics and Chemistry of Rare Earths, 1990, 13:423-452.

[47] Zhao M, Zhou Z, Ding Q, et al. Effect of rare earth elements on the consolidation behavior and microstructure of tungsten alloys[J]. Int. Journal of Refractory Metals and Hard Materials, 2015, 48:19-23.

[48] Anderl R A, Pawelko R J, Schuetz S T.Deuterium retention in W, W1%La, C-coated W and W$_2$C [J]. Journal of Nuclear Materials, 2001, 290-293: 38-41.

[49] Lemahieu N, Linke J, Pintsuk G, et al. Performance of yttrium doped tungsten under 'edge localized mode'-like loading conditions[J]. Physica Scripta, 2014, 2014(159):14035-14039.

[50] Li H, Wurste S, Motz C, et al. Dislocation-core symmetry and slip planes in tungsten alloys: Ab initio calculations and microcantilever bending experiments[J]. Acta Materialia, 2012, 60(2):748-758.

[51] Wurster S, Baluc N, Battabyal M, et al. Recent progress in R&D on tungsten alloys for divertor structural and plasma facing materials[J]. Journal of Nuclear Materials, 2013, 442 (1-3):S181-S189.

[52] Wurster S, Gludovatz B, Hoffmann A, et al. Fracture behaviour of tungsten-vanadium and tungsten-tantalum alloys and composites[J]. Journal of Nuclear Materials, 2011, 413(3): 166-176.

[53] Mateus R, Dias M, Lopes J, et al. Blistering of W-Ta composites at different irradiation energies[J]. Journal of Nuclear Materials, 2013, 438(Suppl):S1032-S1035.

[54] Mateus R, Dias M, Lopes J, et al. Effects of helium and deuterium irradiation on SPS sintered W-Ta composites at different temperatures[J]. Journal of Nuclear Materials, 2013, 442 (1-3):S251-S255.

[55] Dias M, Mateus R, Catarino N, et al. Synergistic helium and deuterium blistering in

第2章　钨基面向等离子体材料

tungsten-tantalum composites[J]. Journal of Nuclear Materials, 2013, 442 (1-3):69-74.

[56] Zayachuk Y, Bousselin G, Schuurmans J, et al. Design of a planar probe diagnostic system for plasmatron VISIONI and its application for the study of deuterium retention in W-Ta Alloys[J]. Fusion Engineering and Design, 2011, 86(6-8):1153-1156.

[57] Zayachuk Y, Hoen M H J, Emmichoven P A, et al. Deuterium retention in tungsten and tungsten-tantalum alloys exposed to high-flux deuterium plasmas[J]. Nuclear Fusion, 2012, 52(10):103021.

[58] Arshad K, Zhao M Y, Yuan Y, et al. Effects of vanadium concentration on the densification, microstructures and mechanical properties of tungsten vanadium alloys[J]. Journal of Nuclear Materials, 2014, 455(1-3):96-100.

[59] Palacios T, Pastor J Y, Aguirre M V, et al. Mechanical behavior of tungsten-vanadium-lanthana alloys as function of temperature[J]. Journal of Nuclear Materials, 2013, 442(1-3): S277-S281.

[60] Palacios T, Monge M A, Pastor J Y. Tungsten-vanadium-yttria alloys for fusion power reactors (I): microstructural characterization[J]. International Journal of Refractory Metals and Hard Materials, 2016, 54:433-438.

[61] Muñoz A, Savoini B, Tejado E, et al. Microstructural and mechanical characteristics of W-2Ti and W-1TiC processed by hot isostatic pressing[J]. Journal of Nuclear Materials, 2014, 455(1-3):306-310.

[62] Monge M A, Auger M A, Leguey T, et al. Characterization of novel W alloys produced by HIP[J]. Journal of Nuclear Materials, 2010, 386-388(C):613-617.

[63] Aguirre M V, Martín A, Pastor J Y, et al. Mechanical properties of tungsten alloys with Y_2O_3 and titanium additions[J]. Journal of Nuclear Materials, 2011, 417(1-3):516-519.

[64] Savoini B, Martínez J, Muñoz A, et al. Microstructure and temperature dependence of the microhardness of W-4V-1La$_2$O$_3$ and W-4Ti-1La$_2$O$_3$[J]. Journal of Nuclear Materials, 2013, 442(1-3):S229-S232.

[65] Xie Z M, Liu R, Fang Q F, et al. Spark plasma sintering and mechanical properties of zirconium micro-alloyed tungsten[J]. Journal of Nuclear Materials, 2014, 444 (1-3):175-180.

[66] Xie Z M, Zhang T, Liu R, et al. Grain growth behavior and mechanical properties of zirconium micro-alloyed and nano-size zirconium carbide dispersion strengthened tungsten alloys[J]. International Journal of Refractory Metals and Hard Materials, 2015, 51:180-187.

[67] 唐仁正. 物理冶金基础[M]. 北京:冶金工业出版社,1997.

[68] Huang B, Tang J, Chen L Q, et al. Design of highly thermal-shock resistant tungsten alloys with nanoscaled intra- and inter-type K bubbles[J]. Journal of Alloys and Compounds, 2019,

782:149-159.

[69] Fukuda M, Tabata T, Hasegawa A, et al. Strain rate dependence of tensile properties of tungsten alloys for plasma-facing components in fusion reactors[J]. Fusion Engineering and Design, 2016, 109-111:1674-1677.

[70] Nogami S, Guan W H, Fukuda M, et al. Effect of microstructural anisotropy on the mechanical properties of K-doped tungsten rods for plasma facing components[J]. Fusion Engineering and Design, 2016, 109-111(B):1549-1553.

[71] Pintsuk G, Uytdenhouwen I. Thermo-mechanical and thermal shock characterization of potassium doped tungsten[J]. International Journal of Refractory Metals and Hard Materials, 2010, 28(6):661-668.

[72] Terentyev D, Van Renterghem W, Tanure L, et al. Correlation of microstructural and mechanical properties of K-doped tungsten fibers used as reinforcement of tungsten matrix for high temperature applications[J]. International Journal of Refractory Metals and Hard Materials, 2019, 79:204-216.

[73] Guan W H, Nogami S, Fukuda M, et al. Tensile and fatigue properties of potassium doped and rhenium containing tungsten rods for fusion reactor applications[J]. Fusion Engineering and Design, 2016, 109-111(B):1538-1542.

[74] Rieth M, Hoffmann A. Influence of microstructure and notch fabrication on impact bending properties of tungsten materials[J]. International Journal of Refractory Metals and Hard Materials, 2010, 28(6):679-686.

[75] Gludovatz B, Wurster A, Hoffmann A, et al. Fracture toughness of polycrystalline tungsten alloys[J]. International Journal of Refractory Metals and Hard Materials, 2010, 28(6):674-678.

[76] Sasaki K, Yabuuchi K, Nogami S, et al. Effects of temperature and strain rate on the tensile properties of potassium-doped tungsten[J]. Journal of Nuclear Materials, 2015, 461:357-364.

[77] Nikolić V, Riesch J, Pippan R. The effect of heat treatments on pure and potassium doped drawn tungsten wires: Part I-Microstructural characterization[J]. Materials Science and Engineering: A, 2018, 737:422-433.

[78] Zhang X, Yan A, Lang S, et al. Basic thermal-mechanical properties and thermal shock, fatigue resistance of swaged+rolled potassium doped tungsten[J]. Journal of Nuclear Materials, 2014, 452(1-3):257-264.

[79] Yang X, Qiu W, Chen L, et al. Tungsten - potassium: a promising plasma-facing material[J]. Tungsten, 2019, 1(2):141-158.

[80] He B, Huang B, Xiao Y, et al. Tang Preparation and thermal shock characterization of

yttrium doped tungsten-potassium alloy[J]. Journal of Alloys and Compounds, 2016, 686: 298-305.

[81] Shi K, Huang B, He B, et al. Room-temperature tensile strength and thermal shock behavior of spark plasma sintered W-K-TiC alloys[J]. Nuclear Engineering and Technology, 2019, 51(1):190-197.

[82] Nunes D, Livramento V, Mardolcar U V, et al. Tungsten-nanodiamond composite powders produced by ball milling[J]. Journal of Nuclear Materials, 2012, 426(1-3):115-119.

[83] Livramento V, Nunes D, Correia J B, et al. Tungsten-microdiamond composites for plasma facing components[J]. Journal of Nuclear Materials, 2011, 416(1-2):45-48.

[84] Huang L, Jiang L, Topping T D, et al. In situ oxide dispersion strengthened tungsten alloys with high compressive strength and high strain-to-failure[J]. Acta Materialia, 2017, 122(16):19-31.

[85] Vieider G, Merola M, Bonal J B, et al. European development of the ITER divertor target [J]. Fusion Engineering and Design, 1999, 46(2-4):221-228.

[86] Smid I, Akiba M, Vieider G, et al. Development of tungsten armor and bonding to copper for plasma-interactive components[J]. Journal of Nuclear Materials, 1998, 258-263(1):160-172.

[87] Rieth M, Dafferner B. Limitations of W and W-1%La$_2$O$_3$ for use as structural materials[J]. Journal of Nuclear Materials, 2005, 342(1-3):20-25.

[88] Yan Q, Zhang X, Wang T, et al. Effect of hot working process on the mechanical properties of tungsten materials[J]. Journal of Nuclear Materials, 2013, 442(1-3):S233-S236.

[89] Liu G, Zhang G J, Jiang F, et al. Nanostructured high-strength molybdenum alloys with unprecedented tensile ductility[J]. Nature Materials, 2013, 12:344-350.

[90] 种法力,陈勇,吴玉程,等. La$_2$O$_3$弥散增强钨合金面对等离子体材料及其高热负荷性能 [J]. 稀有金属材料与工程,2009, 27(3):415-417.

[91] Cui K, Shen Y, Yu J, et al. Microstructural characteristics of commercial purity W and W-1%La$_2$O$_3$ alloy[J]. International Journal of Refractory Metals and Hard Materials, 2013, 41: 143-151.

[92] Xia M, Yan Q, Xu L, et al. Bulk tungsten with uniformly dispersed La$_2$O$_3$ nanoparticles sintered from co-precipitated La$_2$O$_3$/W nanoparticles[J]. Journal of Nuclear Materials, 2013, 434(1-3):85-89.

[93] Xu L, Yan Q, Xia M, et al. Preparation of La$_2$O$_3$ doped ultra-fine W powders by hydrothermal-hydrogen reduction process[J]. International Journal of Refractory Metals and

Hard Materials, 2013, 36:238-242.

[94] Yar M, Wahlberg A, Bergqvist H, et al. Chemically produced nanostructured ODS-lanthanum oxide-tungsten composites sintered by spark plasma[J]. Journal of Nuclear Materials, 2011, 408(2):129-135.

[95] Ghezzi F, Zani M, Magni S, et al. Surface and bulk modification of W-La$_2$O$_3$ armor mock-up[J]. Journal of Nuclear Materials, 2009, 393(3):522-526.

[96] Ryu H J, Hong S H. Fabrication and properties of mechanically alloyed oxide-dispersed tungsten heavy alloys[J]. Materials Science and Engineering:A, 2003, 363(1-2):179-184.

[97] Liu R, Zhou Y, Hao T, et al. Microwave synthesis and properties of fine-grained oxides dispersion strengthened tungsten[J]. Journal of Nuclear Materials, 2012, 424(1-3):171-175.

[98] Liu R, Wang X P, Hao T, et al. Characterization of ODS-tungsten microwave-sintered from sol-gel prepared nano-powders[J]. Journal of Nuclear Materials, 2014, 450(1-3):69-74.

[99] Yar M A, Wahlberg S, Bergqvist H, et al. Spark plasma sintering of tungsten-yttrium oxide composites from chemically synthesized nanopowders and microstructural characterization[J]. Journal of Nuclear Materials, 2011, 412(2):227-232.

[100] Wahlberg S, Yar M A, Abuelnaga M O, et al. Fabrication of nanostructured W-Y$_2$O$_3$ materials by chemical methods[J]. Journal of Materials Chemistry, 2012, 22(25):12622-12628.

[101] Kim Y, Lee K H, Kim E, et al. Fabrication of high temperature oxides dispersion strengthened tungsten composites by spark plasma sintering process[J]. International Journal of Refractory Metals and Hard Materials, 2009, 27(5):842-846.

[102] Itoh Y, Ishiwata Y. Strength properties of yttrium-oxide-dispersed tungsten alloy[J]. JSME International Journal. Ser. A: Solid Mechanics and Material Engineering, 1996, 39(3):429-434.

[103] Dong Z, Ma Z, Liu C, et al. Synthesis of nanosized composite powders via a wet chemical process for sintering high performance W-Y$_2$O$_3$ alloy[J]. International Journal of Refractory Metals and Hard Materials, 2017, 69:266-272.

[104] Tan X, Luo L, Chen H, et al. Mechanical properties and microstructural change of W-Y$_2$O$_3$ alloy under helium irradiation[J]. Scientific Reports, 2015, 5:12755.

[105] Battabyal M, Schäublin R, Spätig P, et al. W-2wt.% Y$_2$O$_3$ composite:microstructure and mechanical properties[J]. Materials Science and Engineering:A, 2012, 538:53-57.

[106] Battabyal M, Schäublin R, Spätig P, et al. Microstructure and mechanical properties of a W-2wt.% Y$_2$O$_3$ composite produced by sintering and hot forging[J]. Journal of Nuclear Materials, 2013, 442(1-3):S225-S228.

[107] Lian Y, Liu X, Feng F, et al. Mechanical properties and thermal shock performance of W-Y$_2$O$_3$ composite prepared by high-energy-rate forging[J]. Physica Scripta, 2017, 2017 (T170):14044.

[108] Xie Z M, Liu R, Miao S, et al. Effect of high temperature swaging and annealing on the mechanical properties and thermal conductivity of W-Y$_2$O$_3$[J]. Journal of Nuclear Materials, 2015, 464(15):193-199.

[109] Zhao M, Zhou Z, Zhong M, et al. Thermal shock behavior of fine grained W-Y$_2$O$_3$ materials fabricated via two different manufacturing technologies[J]. Journal of Nuclear Materials, 2016, 470:236-243.

[110] Sadek A A, Ushio M, Matsuda F. Effect of rare earth metal oxide additions to tungsten electrodes[J]. Metallurgical Transactions A, 1990, 21(12):3221-3236.

[111] Ding X Y, Luo L M, Lu Z L, et al. Chemically produced tungsten-praseodymium oxide composite sintered by spark plasma sintering[J]. Journal of Nuclear Materials, 2014, 454 (1-3):200-206.

[112] Ding X Y, Luo L M, Chen H Y, et al. Chemical synthesis and oxide dispersion properties of strengthened tungsten via spark plasma sintering[J]. Materials, 2016, 9(11):879.

[113] Kurishita H, Arakawa H, Matsuo S, et al. Development of nanostructured tungsten based materials resistant to recrystallization and/or radiation induced embrittlement[J]. Materials Transactions, 2013, 54(4):456-465.

[114] Ishijima Y, Kurishita H, Arakawa H, et al. Microstructure and bend ductility of W-0.3 mass% TiC alloys fabricated by advanced powder-metallurgical processing[J]. Materials Transactions, 2005, 46(3):568-574.

[115] Kurishita H, Matsuo S, Arakawa H, et al. Superplastic deformation in W-0.5 wt.% TiC with approximately 0.1 μm grain size[J]. Materials Science and Engineering:A, 2008, 477 (1-2):162-167.

[116] Kurishita H, Matsuo S, Arakawa H, et al. Development of re-crystallized W-1.1% TiC with enhanced room-temperature ductility and radiation performance[J]. Journal of Nuclear Materials, 2010, 398(1-3):87-92.

[117] Kurishita H, Matsuo S, Arakawa H, et al. Development of nanostructured W and Mo materials[J]. Advanced Materials Research, 2008, 59:18-30.

[118] Kurishita H, Amano Y, Kobayashi S, et al. Development of ultra-fine grained W-TiC and their mechanical properties for fusion applications[J]. Journal of Nuclear Materials, 2007, 367-370(B):1453-1457.

[119] Kurishita H, Matsuo S, Arakawa H, et al. Current status of nanostructured tungsten-based materials development[J]. Physica Scripta, 2014, 2014(T159):014032.

面向核聚变等离子体钨基材料

[120] Song G M, Wang Y J, Zhou Y. Thermomechanical properties of TiC particle-reinforced tungsten composites for high temperature applications[J]. International Journal of Refractory Metals & Hard Materials, 2003, 21(1-2):1-12.

[121] Lang S, Yan Q, Sun N, et al. Effects of TiC content on microstructure, mechanical properties, and thermal conductivity of W-TiC alloys fabricated by a wet-chemical method [J]. Fusion Engineering and Design, 2017, 121:366-372.

[122] Miao S, Xie Z M, Zhang T, et al. Mechanical properties and thermal stability of rolled W-0.5 wt.% TiC alloys[J]. Materials Science & Engineering A, 2016, 671:87-95.

[123] 种法力, 于福文, 陈俊凌. W-TiC 合金面对等离子体材料及其电子束热负荷实验研究[J]. 稀有金属材料与工程, 2010, 39(4):750-752.

[124] Xie Z M, Liu R, Miao S, et al. Extraordinary high ductility/strength of the interface designed bulk W-ZrC alloy plate at relatively low temperature[J]. Scientific Reports, 2015, 5:16014.

[125] Xie Z M, Liu R, Fang Q F, et al. Microstructure and mechanical properties of nano-size zirconium carbide dispersion strengthened tungsten alloys fabricated by spark plasma sintering method[J]. Plasma Science and Technology, 2015, 17(12):1066-1071.

[126] Xie Z M, Liu R, Miao S, et al. High thermal shock resistance of the hot rolled and swaged bulk W-ZrC alloys[J]. Journal of Nuclear Materials, 2016, 469:209-216.

[127] Ding H L, Xie Z M, Fang Q F, et al. Determination of the DBTT of nanoscale ZrC doped W alloys through amplitude-dependent internal friction technique[J]. Materials Science & Engineering A, 2018, 716:268-273.

[128] Deng H W, Xie Z M, Wang Y K, et al. Mechanical properties and thermal stability of pure W and W-0.5wt.% ZrC alloy manufactured with the same technology[J]. Materials Science & Engineering A, 2018, 715:117-125.

[129] 宋桂明, 白厚善, 周玉. ZrC 颗粒增强钨基复合材料的高温断裂行为[J]. 稀有金属材料与工程, 2000, 29(2):101-104.

[130] Fan J, Han Y, Li P, et al. Micro/nano composited tungsten material and its high thermal loading behavior[J]. Journal of Nuclear Materials, 2014, 455(1-3):717-723.

[131] Ueda Y, Oya M, Hamaji Y, et al. Surface erosion and modification of toughened, fine-grained, recrystallized tungsten exposed to TEXTOR edge plasma[J]. Physica Scripta, 2014, 2014(T159):14038.

[132] Oya M, Lee H T, Ohtsuka Y, et al. Deuterium retention in various toughened, fine-grained recrystallized tungsten materials under different irradiation conditions[J]. Physica Scripta, 2014, 2014(T159):14048.

[133] Miao S, Xie Z M, Zeng L F, et al. Mechanical properties, thermal stability and

第2章　钨基面向等离子体材料

microstructure of fine-grained W-0.5 wt.% TaC alloys fabricated by an optimized multi-step process[J]. Nuclear Materials and Energy, 2017, 13:12-20.

[134] Xie Z M, Miao S, Zhang T, et al. Recrystallization behavior and thermal shock resistance of the W-1.0 wt.% TaC alloy[J]. Journal of Nuclear Materials, 2018, 501:282-292.

[135] Miao S, Xie Z M, Zeng L F, et al. The mechanical properties and thermal stability of a nanostructured carbide dispersion strengthened W-0.5 wt.% Ta-0.01 wt.% C alloy[J]. Fusion Engineering and Design, 2017, 125:490-495.

[136] Wang Y K, Miao S, Xie Z M, et al. Thermal stability and mechanical properties of HfC dispersion strengthened W alloys as plasma-facing components in fusion devices[J]. Journal of Nuclear Materials, 2017, 492:260-268.

[137] 张涛,严玮,谢卓明,等.碳化物/氧化物弥散强化钨基材料研究进展[J].金属学报,2018,54(6):831-843.

[138] Du J, Höschen T, Rasinski M, et al. Interfacial fracture behavior of tungsten wire/tungsten matrix composites with copper-coated interfaces[J]. Materials Science and Engineering:A, 2010, 527(6):1623-1629.

[139] Du J, Höschen T, Rasinski M, et al. Feasibility study of a tungsten wire-reinforced tungsten matrix composite with ZrOx interfacial coatings[J]. Composites Science and Technology, 2010, 70(10):1482-1489.

[140] Du J, Höschen T, Rasinski M, et al. Shear debonding behavior of a carbon-coated interface in a tungsten fiber-reinforced tungsten matrix composite[J]. Journal of Nuclear Materials, 2011, 417(1-3):472-476.

[141] Riesch J, Höschen T, Linsmeier C, et al. Enhanced toughness and stable crack propagation in a novel tungsten fibre-reinforced tungsten composite produced by chemical vapour infiltration[J]. Physica Scripta, 2014, 2014(T159):14031.

[142] Riesch J, Aumann M, Coenen J W, et al. Chemically deposited tungsten fibre-reinforced tungsten-the way to a mock-up for divertor applications[J]. Nuclear Materials and Energy, 2016, 9:75-83.

[143] Jasper B, Schoenen S, Du J, et al. Behavior of tungsten fiber-reinforced tungsten based on single fiber push-out study[J]. Nuclear Materials and Energy, 2016, 9:416-421.

[144] Coenen J W, Mao Y, Almanstötter J, et al. Advanced materials for a damage resilient divertor concept for DEMO:Powder-metallurgical tungsten-fibre reinforced tungsten[J]. Fusion Engineering and Design, 2017, 124:964-968.

[145] Riesch J, Han Y, Almanstötter J, et al. Development of tungsten fibre-reinforced tungsten composites towards their use in DEMO-Potassium doped tungsten wire[J]. Physica Scripta, 2016, 2016(T167):014006.

[146] Neu R, Riesch J, Coenen J W, et al. Advanced tungsten materials for plasma-facing components of DEMO and fusion power plants[J]. Fusion Engineering and Design, 2016, 109-111:1046-1052.

[147] Du J, You J H, Höschen T, et al. Thermal stability of the engineered interfaces in W_f/W composites[J]. Journal of Materials Science, 2012, 47(11):4706-4715.

[148] Riesch J, Höschen T, Galatanu A, et al. Tungsten-fibre reinforced tungsten composites: a novel concept for improving the thoughness of Tungsten[J]. ICCM18, 2011(8):21-26.

[149] Linsmeier C, Balden M, Brinkmann J, et al. Advanced first wall and heat sink materials, talk presented at 1st IAEA DEMO programme workshop[J]. Los Angeles, CA. 2012 (10):15-18.

[150] Zhao S X, Liu F, Qin S G, et al. Preliminary Results of W fiber reinforced W (W_f/W) composites fabricated with powder metallurgy[J]. Fusion Science and Technology, 2013, 64(2):225-229.

[151] Reiser J, Rieth M, Dafferner B, A. et al. Tungsten foil laminate for structural divertor applications-Basics and outlook[J]. Journal of Nuclear Materials, 2012, 423(1):1-8.

[152] Federici G, Skinner C H, Brooks J N, et al. Plasma-material interactions in current tokamaks and their implications for next step fusion reactors[J]. Nuclear Fusion, 2001, 41 (12):1967-2137.

[153] Wegener T, Klein F, Litnovsky A, et al. Development of yttrium-containing self-passivating tungsten alloys for future fusion power plants[J]. Nuclear Materials and Energy, 2016, 9:394-398.

[154] 谭晓月.未来核聚变装置用面向等离子钨基材料制备、组织与性能研究[D].合肥:合肥工业大学,2018.

[155] Koch F, Köppl S, Bol H. Self passivating W-based alloys as plasma facing material[J]. Journal of Nuclear Materials, 2010, 386-388(C):572-574.

[156] Koch F, Brinkmann J, Lindig S, et al. Oxidation behaviour of silicon-free tungsten alloys for use as the first wall material[J]. Physica Scripta, 2011, 2011(T145):014019.

[157] Litnovsky A, Wegener T, Klein F, et al. Advanced smart tungsten alloys for a future fusion power plant[J]. Plasma Physics and Controlled Fusion, 2017, 59(6):64003.

[158] Litnovsky A, Wegener T, Klein F, et al. Smart tungsten alloys as a material for the first wall of a future fusion power plant[J]. Nuclear Fusion, 2017, 57(6):66020.

[159] Calvo A, García-Rosales C, Ordás N, et al. Self-passivating W-Cr-Y alloys: Characterization and testing[J]. Fusion Engineering and Design, 2017, 124:1118-1121.

[160] Litnovsky A, Wegener T, Klein F, et al. New oxidation resistant tungsten alloys for use in the nuclear fusion reactors[J]. Physica Scripta, 2017, 2017(T170):14012.

第2章　钨基面向等离子体材料

[161] Litnovsky A, Wegener T, Klein F, et al. Smart alloys for a future fusion power plant: first studies under stationary plasma load and in accidental conditions[J]. Nuclear Materials and Energy, 2017, 12: 1363-1367.

[162] Telu S, Mitra R, Pabi S K. Effect of Y_2O_3 addition on oxidation behavior of W-Cr alloys [J]. Metallurgical and Materials Transactions A, 2015, 46(12): 5909-5919.

[163] Calvo A, García-Rosales C, Koch F, et al. Manufacturing and testing of self-passivating tungsten alloys of different composition[J]. Nuclear Materials and Energy, 2016, 9: 422-429.

[164] Ackland G. Controlling Radiation Damage[J]. Science, 2010, 327(5973): 1587-1588.

[165] R.Z. Valiev, I.V. Alexandrov, Y.T. Zhu, T.C. Lowe. Paradox of strength and ductility in metals processed by severe plastic deformation [J]. Journal of Materials Research, 2002, 17 (1): 5-8.

[166] 赵新,高聿为,南云,等. 制备块体纳米/超细晶材料的大塑性变形技术[J]. 材料导报, 2003, 17(12): 5-8.

[167] R. Valiev. Nanostructuring of metals by severe plastic deformation for advanced properties [J]. Nature Materials, 2004, 3: 511-516.

[168] M. Faleschini, H. Kreuzer, D. Kiener, R. Pippan. Fracture toughness investigations of tungsten alloys and SPD tungsten alloys [J]. Journal of Nuclear Materials, 2007, 367-370 (A): 800-805.

[169] Wei Q, Zhang H T, Schuster B E, et al. Microstructure and mechanical properties of super-strong nanocrystalline tungsten processed by high-pressure torsion[J]. Acta Materialia, 2006, 54: 4079-4089.

[170] Wei Q, Jiao T, Ramesh K T, et al. Mechanical behavior and dynamic failure of high-strength ultrafine grained tungsten under uniaxial compression[J]. Acta Materialia, 2006, 54(1): 77-87.

[171] Zhang Y, Ganeev A V, Wang J T, et al. Observations on the ductile-to-brittle transition in ultrafine-grained tungsten of commercial purity[J]. Materials Science and Engineering: A, 2009, 503(1-2): 37-40.

[172] Hao T, Fan Z Q, Zhang T, et al. Strength and ductility improvement of ultrafine-grained tungsten produced by equal-channel angular pressing[J]. Journal of Nuclear Materials, 2014, 455(1-3): 595-599.

[173] Kurishita H, Kobayashi S, Nakai K, et al. Development of ultra-fine grained W-(0.25~ 0.8)wt.% TiC and its superior resistance to neutron and 3 MeV He-ion irradiations[J]. Journal of Nuclear Materials, 2008, 377(1): 34-40.

[174] Ge C C, Li J T, Zhou Z J, et al. Development of functionally graded plasma-facing

materials[J]. Journal of Nuclear Materials, 2000, 283(B):1116-1120.

[175] Gasik M M.Micromechanical modelling of functionally graded materials[J]. Computational Materials Science, 1998, 13(1-3):42-55.

[176] Ge C C, Zhou Z J, Song S X, et al. Progress of research on plasma facing materials in University of Science and Technology Beijing[J]. Journal of Nuclear Materials, 2007, 363 (1-3):1211-1215.

[177] Ling Y H, Li J T, Ge C C, et al. Fabrication and evaluation of SiC/Cu functionally graded material used for plasma facing components in a fusion reactor[J]. Journal of Nuclear Materials, 2002, 303(2-3):188-195.

[178] Wu A H, Cao W B, Ge C C, et al. Fabrication and characteristics of plasma facing S_iC/C functionally graded composite material[J]. Materials Chemistry and Physics, 2004, 91(2): 545-550.

[179] Takahashi M, Itoh Y, Miyazaki M, et al. Fabrication of tungsten/copper graded material [J]. International Journal of Refractory Metals and Hard Materials, 1993, 12(5):243-250.

[180] Jedamzik R, Neubrand A, Rödel J. Functionally graded materials by electrochemical processing and infiltration: application to tungsten/copper composites[J]. Journal of Materials Science, 2000, 35(2):477-486.

[181] Itoh Y, Takahashi M, Takano H.Design of tungsten/copper graded composite for high heat flux components[J]. Fusion Engineering and Design, 1996, 31(4):279-289.

[182] 陶光勇,郑子樵,刘孙和. W/Cu 功能梯度材料的制备及热循环应力分析[J]. 复合材料学报,2006, 23(4):72-77.

[183] 周张健,葛昌纯,李江涛. 熔渗-焊接法制备 W/Cu 梯度功能材料的研[J]. 金属学报, 2000, 36(6):655-658.

[184] Zhou Z J, Yum Y J, Ge C C.The recent progress of FGM on nuclear materials-design and fabrication of W/Cu functionally graded material high heat flux components for fusion reactor[J]. Materials Science Forum, 2010, 631-632:353-358.

[185] Zhou Z J, Song S X, Du J, et al. Performance of W/Cu FGM based plasma facing components under high heat load test[J]. Journal of Nuclear Materials, 2007, 363(1-3): 1309-1314.

[186] You J H, Brendel A, Nawka S, et al. Thermal and mechanical properties of infiltrated W/CuCrZr composite materials for functionally graded heat sink application[J]. Journal of Nuclear Materials, 2013, 438(1-3):1-6.

[187] Greuner H, Zivelonghi A, Böswirth B, et al. Results of high heat flux testing of W/CuCrZr multilayer composites with percolating microstructure for plasma-facing components[J]. Fusion Engineering and Design, 2015, 98-99:1310-1313.

[188] 周张健,葛昌纯,李江涛.热压法制备钨/铜梯度功能材料[J].材料科学与工艺,2000, 8(1):52-54.

[189] 刘彬彬,鲁岩娜,谢建新.热压烧结制备近全致密W/Cu梯度热沉材料[J].中国有色金属学报,2007,17(9):1410-1416.

[190] 汪峰涛,吴玉程,陈俊凌,等.W-Cu面度等离子体梯度热沉材料的制备和性能[J].复合材料科学,2008,25(2):25-30.

[191] 刘彬彬,谢建新,鲁岩娜.MBE方法制备高致密W-Cu梯度功能材料的研究[J].稀有金属材料与工程,2008,37(7):1269-1272.

[192] Liu R, Hao T, Wang K, et al. Microwave sintering of W/Cu functionally graded materials [J]. Journal of Nuclear Materials, 2012, 431(1-3):196-201.

[193] 齐艳飞,李运刚,田薇,等.W/Cu功能梯度材料的制备及应用[J].硬质合金,2012,29 (6):393-400.

[194] 凌云汉,周张健,李江涛,等.超高压梯度烧结法制备W/Cu功能梯度材料[J].中国有色金属学报,2001,11(4):576-581.

[195] Zhou Z J, Du J, Song S X, et al. Microstructural characterization of W/Cu functionally graded materials produced by a one-step resistance sintering method[J]. Journal of Alloys and Compounds, 2007, 428(1-2):146-150.

[196] Pintsuk G, Brünings S E, Döring J E, et al. Development of W/Cu-functionally graded materials[J]. Fusion Engineering and Design, 2003, 66-68:237-240.

[197] Pintsuk G, Smid I, Döring J E, et al. Fabrication and characterization of vacuum plasma sprayed W/Cu-composites for extreme thermal conditions[J]. Journal of Materials Science, 2007, 42(1):30-39.

[198] Song S X, Yao W Z, Zhou Z J, et al. Fabrication and evaluation of plasma-sprayed functionally gradient W/Cu coatings as plasma facing materials in fusion devices[J]. Key Engineering Materials, 2008, 373-374:31-34.

[199] Weber T, Zhou Z, Qu D, et al. Resistance sintering under ultra high pressure of tungsten/ EUROFER97 composites[J]. Journal of Nuclear Materials, 2011, 414(1):19-22.

[200] Weber T, Stüber M, Ulrich S, et al. Functionally graded vacuum plasma sprayed and magnetron sputtered tungsten/EUROFER97 interlayers for joints in helium-cooled divertor components[J]. Journal of Nuclear Materials, 2013, 436(1-3):29-39.

[201] 刘彬彬,谢建新.W-Cu梯度功能材料的设计、制备与评价[J].粉末冶金材料科学与工程, 2010,15(5):413-420.

[202] Hohe J, Gumbsch P. On the potential of tungsten-vanadium composites for high temperature application with wide-range thermal operation window[J]. Journal of Nuclear Materials, 2010, 400(3):218-231.

[203] Montanari R, Riccardi B, Volterri R, et al. Characterisation of plasma sprayed W coatings on a CuCrZr alloy for nuclear fusion reactor applications[J]. Materials Letters, 2002, 52(1-2):100-105.

[204] Matějíček J, Koza Y, Weinzettl V. Plasma sprayed tungsten-based coatings and their performance under fusion relevant conditions[J]. Fusion Engineering and Design, 2005, 75-79(11):395-399.

[205] 宋书香. 聚变堆中高热负荷部件钨(钼)基涂层的制备和性能评价[D]. 北京:北京科技大学,2007.

[206] Jiang X L, Boulos M I. Particle melting, flattening, and stacking behaviors in the induction plasma deposition of tungsten[J]. Transactions Nonferrous Metal Society of China, 2001, 11(6):811-816.

[207] Shen W P, Zhou Z J, Gu S Y, et al. The properties of W coatings on Cu by supersonic plasma spray[J]. Materials Science Forum, 2005, 475-479(2):1563-1566.

[208] Matějíček J, Zahálka F, Bensch J, et al. Copper-tungsten composites sprayed by HVOF [J]. Journal of Thermal Spray Technology, 2008,17(2):177-180.

[209] 种法力,陈俊凌,李建刚. 铜基体上爆炸喷涂钨涂层及其电子束热负荷实验研究[J]. 表面技术,2005, 34(6):33-34.

[210] Wang Y, Song Z X, Ma D, et al. Crystalline orientation and surface structure anisotropy of annealed thin tungsten films[J]. Surface and Coatings Technology, 2007, 201(9-11):5518-5521.

[211] Ganne T, Crépin J, Serror S, et al. Cracking behaviour of PVD tungsten coatings deposited on steel substrates [J]. Acta Materialia, 2002, 50(16):4149-4163.

[212] Ruset C, Grigore E, Munteanu I, et al. Industrial scale 10 μm W coating of CFC tiles for ITER-like Wall Project at JET[J]. Fusion Engineering and Design, 2009, 84(7-11):1662-1665.

[213] Du J H, Li Z X, Zhou H, et al. Fluorides CVD methode for tungsten films[J]. Cemented Carbide, 2003, 20(3):165-167.

[214] 张昭林,李忠盛,何庆兵,等. 化学气相沉积钨涂层及抗烧蚀性能研究[J]. 表面技术, 2005, 34(4):43-44.

[215] Murphy J D, Giannattasio A, Yao Z, et al. The mechanical properties of tungsten grown by chemical vapour deposition[J]. Journal of Nuclear Materials, 2009, 386-388(C):583-586.

[216] Lai K K, Lamb H H. Tungsten chemical vapor deposition using tungsten hexacarbonyl: microstructure of as-deposited and annealed films[J]. Thin Solid Films, 2000, 370(1-2):114-121.

第2章　钨基面向等离子体材料

[217] 杜继红,李争显,高广睿.钼基体上化学气相沉积钨功能涂层的研究[J].稀有金属材料与工程,2005,34(12):2013-2016.

[218] Smid I, Akiba M, Vieider G, et al. Development of tungsten armor and bonding to copper for plasma-interactive components[J]. Journal of Nuclear Materials, 1998, 258-263(1): 160-172.

[219] 郭双全.面向等离子体材料钨与热沉材料的连接技术[D].西安:西安交通大学,2011.

[220] 刘艳红,张迎春,葛昌纯.金属钨涂层制备工艺的研究进展[J].粉末冶金材料科学与工程,2011,16(3):315-322.

第3章 聚变堆钨基材料的制备与加工

3.1 引言

　　材料制备工艺是决定材料最终性能的重要保障。目前在实验室或工业生产中,大多采用粉末冶金工艺路线来制备纯钨及钨合金材料。粉末冶金法按制备粉体、烧结钨合金块体和热机械加工及退火处理生产流程进行。为了满足多场耦合严苛聚变环境要求,需制备的聚变堆PFMs材料,要求其具备高熔点、抗热冲击、抗辐照和导热性能好等特征,同时,还应具备良好的室温、高温力学性能,高温稳定性。

　　纯钨虽然具有一系列优势,但作为PFMs材料在应用中仍存在许多明显的性能缺陷,如韧脆转变温度(DBTT)过高(400 ℃)、再结晶温度较低(1200 ℃)、高能量辐照引起自溅射率陡增、中子辐照后DBTT提高,以及在等离子体高能辐照作用下,等离子体粒子(D、T、He)与钨相互作用使材料表面起泡直至表层脱落;在特定条件下,钨在等离子体辐照作用下形成易滞留粒子的表面纳米疏松结构,进而影响其导热性能等。因此,对钨及钨合金材料而言,为解决钨基材料脆化行为,提高韧性、降低韧脆转变温度和提高抗辐照性能等,采用不同制备方法获得预期理想微观组织结构及性能的钨基材料是聚变能材料研究中的重要研究课题。超细晶/纳米晶钨基材料已被证实具有优良的韧性且保持适当的塑性,并在特定条件下具有较好的抗辐照脆化和抗辐照肿胀性能,纳米级细晶钨基材料的开发研究成为解决聚变能PFMs钨基材料应用瓶颈的关键问题。

3.2 不同纳米结构钨复合粉末的制备

制备钨基材料首先要考虑制粉,钨粉末作为钨块体材料和部件的原材料,对最终材料部件的性能起到至关重要的作用。粉末的性质如纯度、粒度等,对制备细晶全致密的高性能钨材料起着决定性的作用。纳米材料因其优势特征,与大量传统材料相比,在材料性能改善方面表现出明显的促进作用。采用纳米粉末,有望起到细化钨晶粒作用,从而提高材料的强度、硬度及延性等力学性能。目前纳米技术的日益推广,为制备的钨基材料赋予了更加广阔的用途。钨纳米复合粉末的制备方法有很多种,目前研究比较深入的方法有:机械合金化(Mechanical Alloying,MA)、喷雾干燥法(Spray Drying)、溶胶-凝胶法(Sol-Gel)、冷凝干燥法(Freeze Drying)、化学气相沉积法(Chemical Vapor Deposition,CVD)、反应喷射工艺制粉法(Reaction Spray Process,RSP)和真空等离子体喷射沉积(Vacuum Spray Consolidation Process)等[1]。

1. 机械合金化

机械合金化,又叫机械球磨(Mechanically Milling,MM),是指将需要制备的合金各组成金属元素粉末,在具有搅拌、行星或转子机构的高能球磨机中进行球磨,并在球磨过程中充入氩气或氮气等气体保护以防止粉末氧化。在球磨过程中,利用金属球对粉末体的高速碰撞,产生巨大的能量而使粉末细化,从而得到预合金混合粉末具有细晶或纳米晶特征。同时,在球磨过程中,粉末体反复混合、碰撞,致使温度升高,进而发生反复冷焊与撕裂,使各元素粉末的混合达到非常均匀的程度,元素粉末之间发生互扩散,形成具有一定溶解度或较大溶解度的超饱和固溶体和非晶相。由于采用该技术制备的纳米粉末工艺设备简单,易于操作,因此机械合金化是制备超细(晶)合金粉体最为广泛、最为热门的一种工艺方法。目前对球磨工艺及其过程和制备的材料体系都有较为深入的研究,其主要缺点是易引入杂质,粉末易成团、成块,黏壁现象严重。

2. 喷雾干燥法

喷雾干燥法即热化学合成法,一种化学与物理相结合的方法,是将溶液通过物理手段进行雾化,进而获得超微粒子,包括原始溶液制备与混合、喷雾干燥和流化床转换三个过程阶段。首先将多种金属盐按比例进行配比溶液混合,得到混合溶液;然后将仲钨酸铵、偏钨酸铵与其他金属的 Ni、Cu 的金属盐水溶液混合后送入雾化器,由喷嘴高速喷入干燥室获得混合金属盐的微粒;收集后进行焙烧即得到纳米晶氧化物复合粉末前驱体的超微粒子,形状类似于壳状的球形粉末。粉末前驱体的还原过程控制也很重要,将前驱体粉末在一定条件下经过还原或炭化,即可得到所需成分的单组元、多组元的合金复合粉末或碳化物。喷雾干燥法工艺过程控制简单,最适合于大批量生产,且不引进其他异类杂质。

3. 溶胶-凝胶法

溶胶-凝胶是将易于水解的金属化合物(无机盐或金属醇盐),在某种溶剂中与水或其他物质发生反应,经水解与缩聚过程逐渐凝胶化,再经干燥煅烧和还原等后续处理得到所需的材料。其基本反应有水解和聚合反应,可在低温下制备纯度高、粒度分布均匀、化学活性高的单组分及多组分混合物(分子级混合)。如采用正硅酸乙酯、钛酸丁酯等通过溶胶-凝胶过程,可以获得纳米二氧化硅、二氧化钛等化合物颗粒。

4. 冷凝干燥法

冷凝干燥法以金属盐为原料,首先制备多种金属盐溶液的混合溶液,用沉淀法制备氢氧化物的溶胶。含水物料在结冰时,可使固相颗粒在水中保持均匀状态,冰发生升华时,固相颗粒不会过分靠近而发生团聚。冷凝干燥法的特点是设备简单、成本低,颗粒成分均匀,生成批量大,特别适合大型工厂制备超微颗粒,但易于引入S、O等夹杂。

5. 化学气相沉积法

化学气相沉积法是以金属氯化物或羰基化合物为原料,在气相中进行化学反应,经还原化合或分解沉积制备难熔金属化合物、各种金属复合粉末和涂层的方法。化学气相沉积工艺过程可控,粉末纯度高。

6. 反应喷射工艺制粉法

反应喷射工艺制粉法采用一步工艺直接制备多组元纳米晶的预合金粉末。采用此方法所制备的钨基复合粉末,具有高的烧结活性,可以得到晶粒非常细小的微观组织结构。

7. 真空等离子体喷射沉积

采用真空等离子喷射沉积,可以制备单组元或多组元的钨,以及钨合金粉末或涂层。按照制备合金的成分配比,首先得到钨及钨合金混合粉末,再将高熔点混合粉末熔融,并作为单一体合喷,最后采用真空等离子体沉积制备钨及合金。

纳米材料的制备可以分为两类,一种是自至上而下法(Top-down),还有一种是自下而上法(Bottom-up)。相比Top-down法,Bottom-up法能制备出成分精确可控、纯度高且均匀性好的粉末,所获晶粒尺寸更小,且能量消耗小而经济性好[2]。

3.2.1 Top-down技术

借助外部机械或工具去切割或研磨方法,使材料变成想要的形状和大小,通常应用Top-down技术,机械合金化就是常用方法之一。利用研磨机或高能球磨机,使较大尺寸粉末经历反复变形、冷焊和撕裂破碎等过程,最后实现晶粒尺寸变小、固态合金化。经过足够时间和能量的充分研磨,可以将晶粒尺寸从微米尺度细化至纳米尺度[3-5],球磨过程如图3-1所示。机械球磨法装备相对完善,工艺简单,设计好钨合金组分后,按比重称取钨粉和其他合金粉末,将其放置于球磨罐中,充分混合球磨便能得到合金粉体。

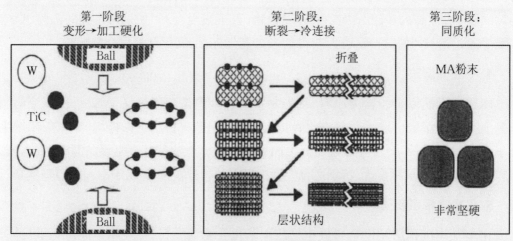

图3-1 机械合金化过程示意图[5]

根据球磨罐的放置方式,机械球磨法可分为卧式球磨和立式球磨。因为钨粉密度大、易沉底,所以一般采用卧式球磨的操作。根据球磨输入的能量,又可分为常规球磨、高能球磨和新发展的等离子辅助球磨法[6,7]等。但是,球磨过程中球磨罐和磨球会发生碰撞磨损、变形断裂等,以及研磨时需要通入的保护气氛,会导致大量杂质引入,带来成分的不纯和微量变化。这些杂质在钨晶格中有低的溶解度,很容易在晶界处偏聚而弱化了晶界结合。尽管可以通过选择球磨体等优化球磨工艺和使用稀有气体保护减轻这些影响[8]。然而,球磨也会向粉末中引入大量的能量,让粉末处于高能活化状态,使得烧结过程中晶粒明显长大,同时烧坯因为存在高的内应力,更容易产生裂纹[9]。要得到高纯且均匀混合的钨基合金粉体,则需要选取合适有利的球磨条件,如球磨罐(珠)材质、球料比、球磨转速、球磨时间以及球磨气氛等。除了高能球磨外,还可以通过大塑性变形和等径角挤压方法,获得超细晶或纳米晶材料。工业上通过Top-down法大规模制备纳米结构钨及钨合金材料仍在不断实践。

面向核聚变等离子体钨基材料

3.2.2 Bottom-up 技术

获得纳米结构材料,通过在气相或溶液中发生原子或分子级别的反应合成,这是Bottom-up法[10-12]。湿化学法作为一种制备超细粉体的制备手段,克服了机械合金化的缺点,使得到的粉末成分精确可控,且纯度高和均匀性好[13-15]。在溶液状态下对所欲掺杂的物质进行按设定计量均匀混合,方法操作简单,适合大规模工业生产。尤其在制备第二相弥散强化钨基材料粉体时,能够得到纳米尺寸第二相颗粒均匀弥散的复合粉体。国内外根据此技术路线,针对钨材料制备进行了大量探索,通过钨和第二相金属盐在溶液中实现反应,两种组元达到分子级别的混合,可制备出非常均匀的第二相金属掺杂钨粉末。这些钨粉末在后续的高温氢气氛围下还原成第二相均匀分布的纳米钨复合粉体。

瑞典 Mamoun Muhammed 等[16,17]将仲钨酸铵(Ammonium Paratungstate, APT)悬浮于稀土硝酸盐溶液中,然后加入硝酸,剧烈搅拌后沉淀即可得到预掺杂的前驱体,再用常规的还原工艺即可得到掺杂的钨粉,然后通过SPS烧结成钨块体,断口表面如图3-2所示[16],从发生穿晶断裂面上,可以发现第二相氧化物纳米颗粒均匀分布在钨晶界,以及晶粒内部。国内 Xia 等以偏钨酸铵(Ammonium Metatungstate, AMT)为原料,利用化学沉淀方法制备了掺杂 TiC 和 La_2O_3 的钨粉,并进行了烧结[18,19]。利用沉淀-涂层方法制备的 TiC/W"核-壳"结构粉末的 TEM 观察,如图 3-3 所示,可以看出 TiC 颗粒被钨涂层包覆起来[19]。Liu 等[14]以仲钨酸铵和硝酸钇为原料,利用溶胶-凝胶法制备出La_2O_3 和 Y_2O_3 掺杂 W。溶胶-凝胶法制备钨复合粉体的一般过程是:先制备出含钨的溶

 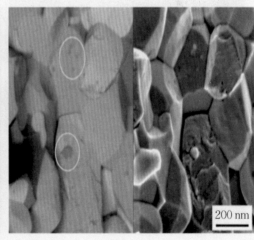

(a)   (b)

图 3-2 烧结样品的断口形貌图[16]

胶/凝胶,凝胶脱水干燥处理,然后煅烧并还原处理,接着进行微波烧结。如图3-4所示,可以看到掺杂的La_2O_3和Y_2O_3氧化物颗粒,均匀地分布在钨基体内。

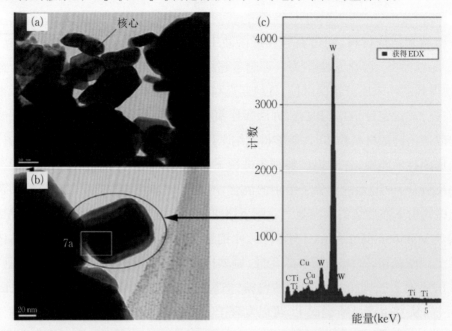

图3-3 利用沉淀-涂层方法制备的TiC/W"核-壳"结构粉末的TEM图[19]

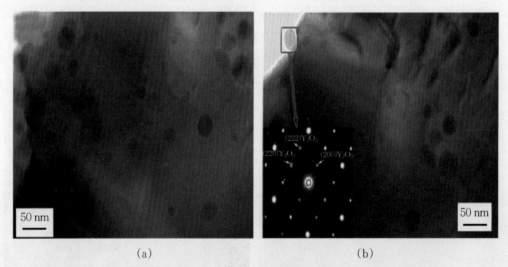

图3-4 利用溶胶-凝胶法制备的W-1‰Y_2O_3粉末微波烧结样品的TEM图[14]

采用"液-液掺杂"方法,进行显微组织结构设计与控制,在制备高性能钼合金方面取得了较大的进展[20],如图3-5所示。通过调控晶粒内部和晶界处存在第二相的比例和尺度分布,超细第二相颗粒占据晶界处,能够使烧结引起的晶粒增长趋势得到有效抑制,进而使沿晶体断裂程度明显下降;第二相颗粒在晶粒内部呈弥散分布,在材料拉伸时能够明显地积累位错(图3-6),从而使拉伸过程中的加工硬化能力得到提升(见真应力-真应变曲线),故防止其局部出现提前软化现象。第二相存在两个位置的联合作用,导致钼材料在室温条件下进行拉伸时具有超高的延伸率(图3-7)。由于钨和钼有很多相似之处,可以结合目前国内外液相掺杂制备钨复合粉末取得的进展,存取先进的烧结手段和塑性加工,有望在钨材料的增强增韧方面取得新的突破。

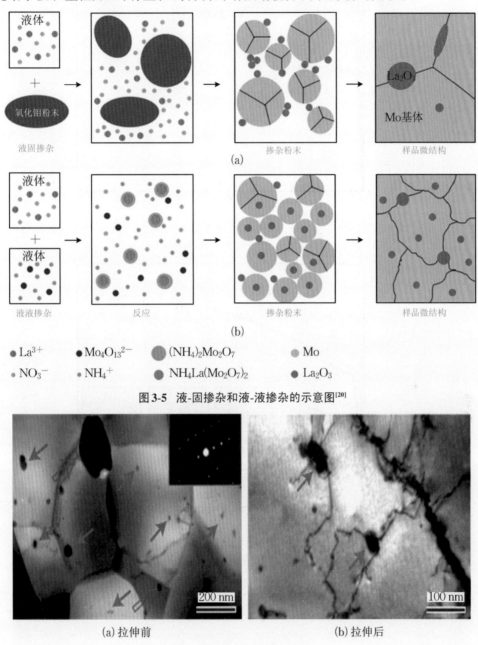

图3-5 液-固掺杂和液-液掺杂的示意图[20]

(a) 拉伸前   (b) 拉伸后

图3-6 NS-Mo 的 TEM 图[20]

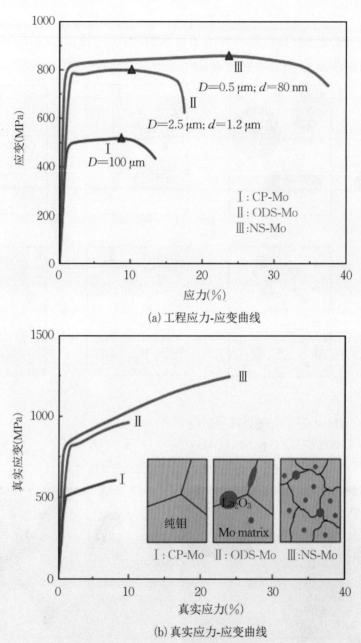

(a) 工程应力-应变曲线

(b) 真实应力-应变曲线

图3-7　三种不同钼合金在室温下拉伸的应力-应变曲线比较[20]

面向核聚变等离子体钨基材料

3.3 钨合金的烧结致密化

烧结工艺对烧结材料的相对密度、晶粒大小、偏析和组织形态方面等有很大的影响,钨基材料的烧结是获取高性能十分重要的环节。烧结工艺过程中,需要控制烧结温度、烧结时间、烧结气氛和冷却速度等主要工艺参数,这些对材料的密度、组织结构和力学性能都有非常重要的影响[21]。要想钨材料最终保持纳米或超细晶尺寸,在制备出纳米钨粉后,必须采取有效的烧结手段限制晶粒长大。如何把纳米粉末烧结成块体材料,且保持其纳米尺度结构不变一直是一个巨大的挑战。相对于粗晶粒粉末,纳米粉末具有更高的表面能[22],烧结过程中晶粒更容易长大。由于钨的熔点温度高以及自扩散系数很低,通过传统的方法来烧结钨,烧结温度必须为2000~2500 ℃,且烧结时间很长,才能获得全致密烧结组织,晶粒无疑会发生显著的长大。

烧结方法及控制极为关键。近年来,许多研究者在这方面做了大量的尝试,试图用细小的粉末结合强化烧结,以获得细晶粒的钨材料。但是,往往由于烧结过程中的动力学窗口(即致密化能够进行,但同时晶粒长大被抑制的烧结温度区间)太窄,想要达到预定目标甚是艰难。在这种背景下,所得到的材料可以理解为"烧结不够",这是因为烧结时间过短和温度较低,导致颗粒之间的扩散并不十分充分,影响了晶粒的长大。虽然加入低熔点的组元(对钨而言,常见的为镍),可以促进致密化,但同时也会造成晶粒的长大,且Ni为高活化元素,在聚变PFMs中严禁采用。

钨作为PFMs的致密度当然重要,要有效提高钨基合金烧结致密性,主要途径有:一是采用瞬时加热、高能量输入的烧结手段,如放电等离子体烧结(Spark Plasma Sintering, SPS)[23]、超高压通电烧结(Resistance Sintering Under Ultra-High Pressure, RSUHP)[24]、热等静压烧结(Hot Isostatic Pressing, HIP)[25]和微波烧结(Microwave Sintering, MS)[26]等方法,来提高烧结致密度;二是有效提高烧结粉体的烧结活性,本质则是通过烧结前处理办法(如加入微量的活化元素或机械活化等),增加烧结粉体表面的活性,等效于降低烧结温度作用。

3.3.1 常规烧结

传统烧结方法,是指采用炉丝加热的传统加热方式,主要通过热传导的方式对材

155

料进行加热烧结,如气氛烧结和热压烧结等。这种加热方式一般升温速率慢、保温加热时间长,且需要较高的烧结温度。传统的烧结方式通常需要在高温下保温数小时,烧结致密度也只是在90%左右。高温长时间烧结会造成材料晶粒的长大,影响到力学性能及抗辐照性能。这种方法的优点是可以制备大尺寸的钨基材料,有利于工程化应用,也是目前钨工业生产的常用方法;其缺点是烧结致密度相对较低,无法直接投入应用。此外,由于烧结温度高,会引起钨晶粒长大,需要经过后期的热机械加工,提高致密度和细化晶粒,以弥补烧结带来的不足。

3.3.2　特种烧结技术

工业中常规采用的无压烧结,温度通常高于2000℃,自然会导致钨晶粒长大,使得其脆性倾向加剧上升。近年来,许多研究者做了大量的尝试,试图改变传统的烧结方式,如采用放电等离子体烧结、超高压通电烧结、热等静压烧结和微波烧结等,进一步朝着提高致密度和细化晶粒组织方向迈进。

1. 放电等离子体烧结

SPS被称为等离子体活化烧结或等离子体辅助烧结,属于新型的粉末冶金烧结方法。其原理是首先利用石墨模具装载粉末,通过上模冲、下模冲和导电电极,向烧结粉末施加特定的电源以及压制压力,然后放电活化、热塑变形和最后冷却制备高性能烧结材料。SPS利用电能活化、电阻加热以及热压手段,在纳米材料以及复合材料等制备方面具有明显优势,表现出升温迅速、烧结用时短、烧结体的组织结构可控,且获得材料的晶粒均匀、致密度高等优点,当前被广泛应用于制备金属材料、陶瓷材料和各类复合材料等,以及纳米、非晶块体材料和梯度材料等[27-34]。

传统的烧结法多采用常规加热方式,利用电阻炉热辐射加热,升温速率慢、热量耗散严重;SPS采用直流脉冲的方式,直接作用于预烧结粉体,充分利用粉颗粒间的电阻热,使粉末颗粒表面等离子化,瞬间产生高热量,促使粉体表面杂质挥发,从而具有更高的烧结活性。因此,SPS能在更低的温度、更短的烧结时间内,获得细晶高致密度的烧结体。从加热速度比较,SPS最快加热速度能达到1000℃/min,而热压烧结通常只有50～80℃/min[35],对烧结工艺的影响很大。考虑到整个过程的导电要求,SPS多采用导电材料做压头模具,通常低温烧结(<800℃)时使用高强的碳化钨模具,可以提供500～1000 MPa的单向烧结压力;高温时(1000～2300℃)多采用石墨模具,能提供60 MPa的单向压力。烧结压力和烧结致密性及晶粒长大也有很大关联,由于钨及其合金的高熔点,故在SPS时往往选用石墨模具。

Kim等[36]采用SPS在1700℃烧结，获得了氧化物弥散增强钨基复合材料。由于晶粒尺寸小，明显改善了钨材料的机械性能。谈军等[37]采用SPS工艺于1700℃下烧结1 min，获得了烧结颗粒结合良好，致密度高达约98.6％的超细晶W-TiC复合材料。特种烧结也面临需要解决的问题，就是难以制备大尺寸制品，而且成本相对较高。

2. 超高压通电烧结

RSUHP直接加热坯料的烧结技术，是在对坯体施加超高压力的同时通以大电流，具有快速加热和冷却、热转化速率快和烧结时间短等特点，对于制备超细晶/纳米晶钨来说，具有很大的优势。RSUHP的优点与SPS相同，但其施加的压力为GPa，远高于SPS的MPa，很大程度上提高了烧结钨样品的致密度[38]。Zhou等[39,40]采用超高压（6~9 GPa）辅助烧结制备出了超细晶粒钨。Zhou等利用RSUHP方法对粒度分别为0.1 μm、1 μm、10 μm的商业纯钨进行烧结，相关的性能测试结果如表3-1所示[41]。可以看出，烧结后晶粒并没有长大，这是因为RSUHP的烧结时间极短，晶粒来不及长大。纯钨的相对致密度均达95％以上，甚至可达到理论密度的99％，但相对密度和热导率均随晶粒尺寸的降低而减小。Liu等[42]也采用高压技术，在1400℃/5.5 GPa条件下制备出致密度达到99.5％的近乎全致密钨，晶粒几乎保持原有尺寸不变，材料的断裂韧度相比传统方法提高了50％左右。

表3-1 不同粒度钨粉超高压通电烧结后性能[41]

型号	W02	W10	W100
晶粒尺寸（μm）	约0.2	约1	约10
相对致密度（％）	95.25	97.93	99.05
显微硬度（HV）	1107.5	811.5	710.5
弯曲强度（MPa）	658.3	532.6	322.9
热导率（W·m^{-1}·K^{-1}）	105	128	140

3. 热等静压烧结

HIP是一种以氮气、氩气等稀有气体为传压介质，将烧结坯体放置到密闭的容器中，在900~2000℃和100~200 MPa的条件下，向坯体施加各向等同的压力进行压制烧结处理的工艺。HIP是一种集高温、高压于一体的热加工技术，其产品致密度高、均匀性好。HIP目前已经广泛用于核材料、航空航天材料、硬质合金、高温合金、钨钼钛合金和陶瓷材料等领域，是一种制备与处理材料、提高材料性能的先进生产工艺与手段[43-45]。

HIP技术是1955年由美国Battelle研究所为研制核反应堆材料而发展形成的，其在生成加工难度较大且质量要求高的材料及构件中展现出独特优势。Kurishita等[46-48]采用HIP方法先在一定的气氛下(氩气或氢气)对钨和TiC粉体进行机械合金化来获得高畸变的纳米粉体,随后在真空中加热一段时间以除去保护气体,再进行热等静压烧结,制备出了超细晶的TiC掺杂钨材料。HIP获得的掺杂钨晶粒细小,但样品并没有展现出显著的延展性[49]。对其进行热加工处理,材料发生再结晶,晶粒尺寸明显增大,但材料在室温时的断裂强度远大于其屈服强度,即具有良好的室温延展性。同时晶粒长大并没有导致材料的断裂强度降低;反之,断裂强度还出现大幅的上升。

4. 微波烧结

微波烧结是利用微波的特殊波段与材料的细微结构耦合而产生的热量,材料的介质损耗使材料整体加热至烧结温度,而实现材料致密化的烧结技术。微波烧结技术与常规烧结的加热行为和温度梯度截然不同,不需要经过传导或对流,利用极化弛豫将微波能瞬时转变为热能,使材料整体得以快速高效加热[50]。因此,烧结材料中温度均匀,内部热应力减小,升温速率可达每分钟几十到几百度,缩短了加热、保温时间,晶粒不易长大,使烧结体材料具有细小均匀的晶粒组织。这对于制备细晶粒或纳米晶材料具有很大优势,成为快速制备高质量的新材料和具有新性能的传统材料的重要技术手段[51,52]。微波不仅是一种加热能源,本身也促进活化烧结过程,克服了常规加热中出现的因被加热物体表面温度高、烧结驱动力损耗大的缺点,能够有效地促进材料的致密化、加快化学反应[53]。

直到20世纪80年代中后期,微波烧结技术才被应用于材料科学与工程领域,发展成为一种用于粉末冶金的新型快速烧结技术。微波烧结首先实现了导热性差的陶瓷材料的快速均匀烧结,后来才被引入金属粉末压坯的烧结,并发现各种性能均优于传统烧结方法,我国也于1988年将微波烧结纳入"863"计划[51]。块体金属对微波反射率很高,达到95%,而金属粉末可以很好地吸收微波。金属粉末压坯通常颗粒尺寸为微米或纳米级,与微波对金属穿透深度相当,表面积大且活性高,因此比块体金属更容易实现微波整体、均匀加热的特点,从而达到烧结致密化。Liu等[14]利用微波烧结于1500℃下烧结30 min成功制备了细晶高致密度的氧化物弥散增强钨材料,纯钨作为对比在相同条件下烧结,W、W-1wt.%Y_2O_3和W-1wt.%La_2O_3的致密度分别为96.9%、96.8%和95%。

3.3.3　粉末活化预处理

粉末的烧结过程实质为发生的物理化学反应过程,烧结反应速度常数K,能够通过公式$K=A\exp(-Q/RT)$来表达,其中A属于常数项,Q代表烧结时的活化能,T代表烧结具体温度值。通过分析能够发现,活化烧结实质为通过一定手段,使其活化能Q下降,增大T值或者降低Q值均能实现K提高,即烧结速率的提升。粉末的活化预处理一般通过如下方式完成:① 使粉末表面状态发生变化,粉末表面原子活性及其扩散性能得到有效改善;② 使粉末粒子接触界面性能发生变化,进而原子扩散途径得到明显改良。利用机械活化、加入微量活化元素以及两者相结合,均可使粉末烧结能力得到显著改善。

机械活化是指利用高能球磨机,使装入其中的金属或者合金粉末与磨球发生猛烈的碰撞和冲击,让粉末颗粒相互之间不断产生冷焊与断裂等现象,从而加快其内部原子的扩散。Prabhu等[54]采用高能球磨来活化钨粉末,经过活化处理过的钨粉,表面形态产生了很大的变化,从光滑的立方体表面变成层片状,如图3-8所示。通过机械活化,粉末产生了很多新的台阶表面,比表面积(能)增大,粉末处于一个高能状态,加速了原子的扩散过程。原始粉末和活化粉末在相同条件下烧结,采用活性处理过的钨粉烧结体更加致密。

(a)　　　　　　　　　　　　　　(b)

图3-8　原始钨粉和活化钨粉的SEM图[54]

加入微量的活化元素来提高烧结效果[55-61]。由于加入的活化元素在钨中溶解度很小,在粉末颗粒接触界面上,偏聚形成了一个新的"活化层",进而使烧结过程中原子的扩散速率增加。Johnson、German[62,63]以及Boonyongmaneerat[64]通过实验得知,过渡族元素Fe、Ni、Co、Pd能够使钨粉末烧结活力提升,致使烧结温度下降,就在于这些添加元素不溶于钨,聚集到钨与钨颗粒的中间区域,提供了快速的扩散通道,结果降低了烧结活化能[65]。Johnson等[63]同时针对Ni、Fe、Pd、Co等过渡元素应用在钨铜方面进行实验研究,发现Fe与Co在烧结活化性能方面作用最为明显,主要是两者在Cu内溶解效

第3章　聚变堆钨基材料的制备与加工

果不明显,烧结时与钨构成稳定性高的中间相,从而构成扩散性能极强的界面层,加速固相钨颗粒烧结速率。German等研究了Ni、Co、Cu、Fe、Pd和Pt对钨低温烧结的影响,发现Pd是对钨最好的烧结活化剂,其次为Ni、Pt、Co,如图3-9所示。Gupta等[66]研究了掺杂不同的镍含量,在不同温度烧结条件下的影响规律,结果发现,在1400℃下烧结2h后,纯钨烧结体致密度变化很小,而含镍0.5%～1%的致密度能达到89%。

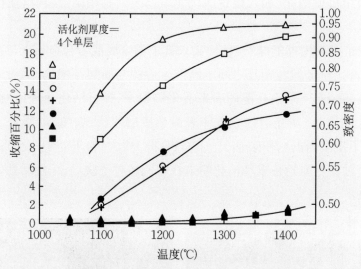

图3-9 不同的活化元素对钨烧结的影响规律[65]

将添加活化元素和机械活化相结合,也能产生一定的效果。Genc等[67]对原始W-2wt.%TiC复合粉末进行机械活化和掺杂1%Ni的活化液相烧结处理,结果表明,在1400℃下烧结1h,W-2wt.%TiC烧结体的致密度达到94.2%(图3-10)。可见,加入活化元素和因球磨带入的杂质,对PFMs抗辐照性能是不利的。

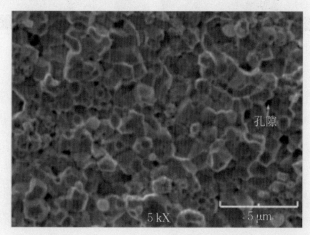

图3-10 机械球磨12h后W-2%TiC+1%Ni烧结样品的断口形貌图[67]

3.4 钨材料的成形加工

粉末冶金烧结的坯料具有一定塑性,可直接进行压力加工。后继加工是一种十分有效的进一步致密化手段,经过多次反复加工的样品甚至能达到全致密。材料成形加工发生多次塑性变形,能够改善微结构,可能会使导热性能、导电性能和力学性能提高。目前,在钨材料制备方面,后继成形加工是必不可少的工艺环节。通过热加工,能进一步提高钨材料的致密度,且发生塑性变形可以获得超细晶,并能够调控钨晶界类型。改变杂质元素在晶界处的偏聚,更多的钨晶界可以吸收辐照产生的点缺陷,以此达到改善材料的力学性能和提高抗辐照性能的目的[68]。

根据所需材料的形状和显微组织结构等要求,工业上发展了诸多的钨材料加工手段,如轧制、锻压、旋锻、拉拔、等通道挤压和高压扭转等。当加工时材料的温度在再结晶温度以上,即便是热加工,在再结晶以下加工就是冷加工。冷加工变形抗力大,在金属塑性成形的同时,可以利用加工硬化提高材料的硬度和强度,热加工使金属材料同时发生塑性变形和再结晶过程。纯钨再结晶温度一般为1100~1300 ℃,因此在1300 ℃以上温度加工成为热加工,而在1100 ℃以下即为冷加工。另外,韧脆转变温度DBTT对钨成形加工是个标志点:低于DBTT时,钨表现为脆性,不能对其进行成形加工;只有高于DBTT,才能进行加工,且DBTT随着变形量的增加而下降。

目前生产中广泛采用的轧制和锻造工艺,以求获得超细晶粒。另外,还可以运用大塑性变形来获得亚微米、纳米级晶,在保持较好的塑韧性下,同时显著提高材料的强度。

3.4.1 轧制加工

轧制加工,是指将轧制件在带有刻槽的旋转轧辊之间通过,行进过程中既受到摩擦力还主要受压缩力作用,发生截面尺寸减小且长度增加的一种塑性加工。轧制相比于旋锻工艺,是一种较为传统的工艺,可以得到更大的变形量,用于板材和棒材的加工成形。轧制使钨颗粒长径比逐渐增大并呈纤维状,能基本保持在恒温加工,大大降低缺陷产生,提高钨材料的密度[69]。常见的轧制方式为纵轧,即金属轧件通过两个相对逆向旋转的轧辊,轧件平面发生塑性变形。

制备适合聚变第一壁工程应用的大块钨材料,轧制是得到板材的有效途径。常用

161

粉末冶金烧结坯为原料,经过高温氢气炉加热后再进行轧制加工。Reiser 等[70,71]采用冷轧技术,将多层钨箔叠轧制成钨薄板,在厚度方向上钨晶粒达到纳米尺寸,该钨薄板具有室温韧性,拉伸强度高达 2 GPa。Krsjakt 等[72]研究了轧制商业厚钨板的力学性能,发现其韧脆转变温度约为 200 ℃,且具有很好的抗弯性能。

对于烧结态钨坯料,由于其初始致密度相对较低(<90%),脆性明显,一般采用热轧方式。通常生产所用的坯料厚度大于 20 mm,轧制加热温度为 1000~1550 ℃,保温时间为 10~40 min。为了保证钨板材的高温塑性,轧制均采用一火一道次的轧制流程,并要求快速喂料,以便尽可能保持较高温度,减少板材在空气中的冷却[73]。热轧能够消除孔隙率,提高坯料致密度,改善显微组织结构,提高材料的韧性和强度。轧制变形在加热条件下进行,经过多次反复轧制和中间阶段退火,最后轧制成所需尺寸规格,以及使轧件材料性能达到要求。多次穿插中间退火热处理,可以消除钨晶粒内的应力,使位错发生完全回复,引起多晶形钨的再结晶行为而使变形材料具有高的延性。热轧工艺变形量大,对脆性大的钨材料延性改善和强度提高特别有优势,主要用于将钨材料变形加工成薄板、薄片[74]。Xie 等[75]通过球磨混粉、200 MPa 冷等静压成型,热轧烧结制备出 W-Zr-Y$_2$O$_3$ 板坯料,经过四道次的热轧得到最终的钨材料板材。图 3-11 为 W-Zr-Y$_2$O$_3$ 板材热轧动态再结晶示意图。可见,轧制使材料的力学性能得到进一步提高,DBTT 显著降低为 150 ℃。

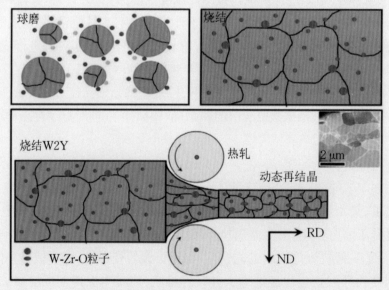

图 3-11 机械球 W-Zr-Y$_2$O$_3$ 材料轧制示意图[15]

纯钨(>99%)板材和棒材轧制的第一道次变形率一般为 20%~30%,轧制过程中,坯料承受单向压应力和双向拉应力的作用,容易引起脆性材料裂纹的产生和扩展,

面向核聚变等离子体钨基材料

在垂直于轧制板材和棒材运动方向的截面上,应力和应变分布不均匀,使轧制板材和棒材变形和组织分布也不均匀,宏观力学性能随之下降。通过精确每一步的形变量、形变速率和轧制温度,可以控制动态再结晶的产生与晶粒长大,甚至能细化钨晶粒。

3.4.2 旋锻成形

旋锻是使用旋转锻压机进行的长轴类轧件成形工艺,以高频率的径向往复运动打击工件,工件做旋转与轴向移动,在锤头的打击下工件实现径向压缩、长度延伸变形。旋转锻压机是锻造与轧制相结合的压力加工装备。旋锻中的道次变形率比轴制小,通常在15%左右,合金经过多道次旋锻后,力学性能有较大幅度提高,但延伸率会降低。旋锻变形使得材料晶粒内部出现由高密度位错形成的胞状组织以及长条状形变晶粒,从而提高材料的力学性能[76]。

旋转锻造工艺是一种可用于提高钨材料性能的方法。经过旋锻工艺加工过后的钨坯料,其强度可以得到大幅度提高。热旋锻经常被用于钨、钼等难熔金属加工,能够有效消除烧结态坯料的孔隙、提高坯料致密度,获得特殊结构晶粒(圆棒状)。Habainy[77]等研究了轧制和锻压对纯钨材料微结构和力学性能的影响,发现两种方法均能提高钨的强度和韧性,并能降低韧脆、转变温度。正是由于轧制和旋锻各有优势,将两者有效结合来加工钨材料。燕青芝等[78]采用先旋锻后轧制的办法,制备出纯钨和W-1.0La$_2$O$_3$,发现纯钨的室温抗弯强度高达2180 MPa,比单纯轧制的提高了34%,而且降低W-1.0%La$_2$O$_3$的DBTT。Xie[68]通过粉末冶金结合高温旋锻(Swaging),获得了高致密的W-1.0%wt.%Y$_2$O$_3$、W-0.2wt.%Zr-1.0wt.%Y$_2$O$_3$以及W-0.5wt.%-1.0ZrC材料棒材,所有材料几乎接近全致密(99.5%)。旋锻后三种钨材料的韧脆转变温度都降至200 ℃,性能优于SPS烧结制备的材料。

然而,在大变形旋锻过程中,且每一次锻造均要严格控制工艺参数,使整个工艺变得相对复杂;旋锻工艺参数控制不一致,受力不均匀,棒材旋锻处理过程中容易出现变形不均匀现象,造成边缘和心部机械性能不一致,表面的强化效果会优于心部,影响后续加工[79];由于锻造次数过多,并且多道次锻造及多次加热使得材料的利用率低、能耗大,造成成本大幅上升,且每一次锻造均会影响材料的质量和性能[80]。另外,从几何形状来看,旋锻的棒材并不适合聚变第一壁材料的应用。

3.4.3 静液挤压

将棒料在高压液体介质的作用下产生塑性变形,称为静液挤压。在静液挤压过程中,工件材料变形处于极高的三向压应力状态,内部组织中固有微裂纹随挤压过程进行而不断地发生闭合,最终使材料内部缺陷减少,且起到形变强化的作用[81]。静液挤压能够一次获得大变形量为60%~80%,甚至进一步变形可达90%以上。静液挤压工艺已发展为冷静液挤压和热静液挤压,冷静液挤压变形量大,形变强化合金中发生较大的加工硬化,致使材料强度很高,塑性却偏低。因此,钨合金在冷静液形变强化后,常需进行退火以改善内应力和结晶状态,提高合金综合性能[82]。热静液挤压的工作原理与冷静液挤压基本相似,热静液挤压是在挤压介质处于热黏性状态进行,加工变形量更大,组织更为均匀,不仅强化效果好,延伸率也较高,综合性能最好;而挤压力反而减小,延长了模具的寿命[83]。热等静液挤压将成形工艺和强化工艺进行复合,在成形过程中,既可以对粉末材料进行强化,也可以对已经成形的烧结材料进行致密强化处理。

与锻造工艺相比,静液挤压一次变形能力提高幅度很大,仅一次挤压就能使钨获得60%~80%的变形量,且材料的变形均匀性好。静液挤压后钨材料的强度大大提高,由于受到静水压力作用,因此避免了对其造成的表面与心部应力不均匀,以及克服明显的晶粒拉长所造成显著的各向异性,被视为钨材料目前最为有效的一种形变强化工艺。吕大铭等[84]对钨铜合金材料进行热等静压处理,发现坯料的密度从处理前的约96%提高到处理后的大于99.5%,几乎实现全致密,抗弯强度也得到显著提高。热等静压强化效果不仅跟所施温度和压力有关,还与强化前的烧结质量有明显联系。

3.4.4 等通道角挤压

等通道角挤压技术简称为等径角挤压(ECAP),是目前研究最广泛的对块体材料进行纯剪切塑性变形而不改变材料截面形状的方法,原理如图3-12所示。将圆棒状试样在挤压力作用下挤压通过截面积相等、轴线相交且互成角度的通道,当试样通过相交区域的剪切面时产生强塑性应变且保持试样形状不变,通过多次重复操作实现高累积剪切应变最终达到细化晶粒目的。

目前ECAP工艺已开发出以下四种工艺路线:① 工艺A是每道次挤压后,试样不旋转,直接进行下一道次的挤压;② 工艺B是每道次挤压后,试样旋转90°,进行下一道次的挤压,旋转方向交替改变;③ 工艺C是每道次挤压后,试样旋转90°,进行下一道次的挤压,旋转方向不改变;④ 工艺D是每道次挤压后,试样旋转180°,再进行下一道次的挤压。这四种工艺路线对材料的最终组织及性能有很大影响。一般认为经工艺C加工的块体料较优,且晶粒细化效率较高[86]。

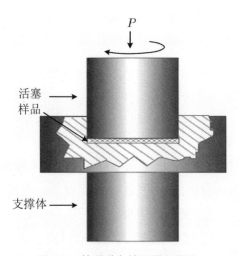

图 3-12 等通道角挤压原理图[85]

3.4.5 高压扭转

高压扭转是一种强塑性变形加工方法[87],相比其他大塑性变形方法,最符合大塑性变形工艺原则,细化晶粒的能力也最强,其工作原理如图 3-13 所示。样件置于固定不动的凹型模具位置,承受 GPa 级别的高轴向压缩应力,同时柱塞与试样间的摩擦力使试样产生剪切变形,从而使晶粒尺寸不断减小至超细晶甚至纳米晶级,同时巨大的准静压使试样在大应变量作用下保持原有尺寸形状。HPT 在加工强化的同时,改善塑性的能力要比 ECAP 强,所得到的高角差晶粒值的百分比也更大,更易获得稳定更细小的纳米级晶粒。

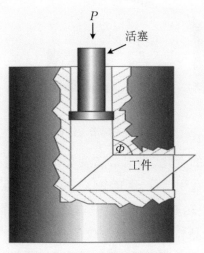

图 3-13 高压扭转原理图[85]

3.4.6 多向锻造

多向锻造技术是一种自由锻工艺,其工艺原理如图3-14所示。材料从X、Y、Z三个维度受力变形,形成了一个完整的变形过程。首先在X轴向外加作用力发生变形;结束后将材料沿着X轴旋转$90°$,施加Y轴向的作用力使之变形;接着将材料沿着Y轴旋转$90°$,施加Z轴向作用力发生变形。形变中,材料随外加载荷轴向变化而不断被压缩和拉长,经过反复变形达到细化晶粒、改善性能效果。与传统的单向成形工艺相比,多向锻造技术最大特点就是形变过程中外加载荷轴向是旋转变化的,对材料变形时的流变应力行为和显微组织演变有很大影响。多向锻造技术工艺简单、成本低,使用现有的工业装备即可制备大块致密材料,并且使材料性能得到改善,直接应用于工业化生产[89]。

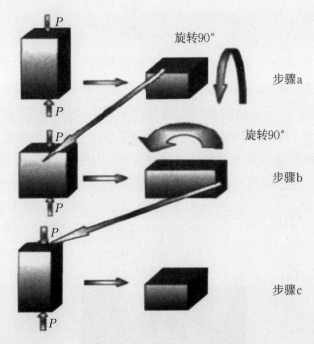

图3-14　多向锻造过程示意图[88]

随着外加载荷轴向的变化,多向锻造变形带取向将改变,在晶粒内部相互交错。由于变形带交汇处位错塞积严重,密度较大,位错间相互纠缠形成胞状组织。变形量继续增加,促使胞状组织转变成亚晶粒(具有独立的滑移系),进而转变成具有小角度晶界或大角度晶界的新晶粒。新晶粒不仅能在晶界处产生,也能在晶粒内部大量出现,有利于组织细化[90]。多向锻造大塑性变形不仅使材料力学性能得到很大提高,同时由于外加载荷的轴向变化,使得锻件材料各方向变形程度和力学性能相对均匀,从而避免了挤压、轧制等其他常规成形工艺经常出现的各向异性。

本 章 小 结

满足聚变堆应用的需要,改善钨的脆化行为和抗辐照性能,超细晶/纳米晶钨的开发是个方向。制备超细晶/纳米晶钨可以采用多种材料工艺,针对钨在聚变堆应用,研究探索了一些工艺路线。常用制备钨合金粉体及复合材料的方法有湿化学法和机械球磨法,钨粉的纯度、粒度控制对制备细晶全致密的高性能钨材料,起着决定性的作用。湿化学法制得的粉末成分精确可控,粉末纯度高且均匀性好,适合大规模工业生产,尤其是在制备第二相弥散强化钨基材料粉体时,能够得到纳米尺寸、第二相颗粒均匀弥散的粉体。

要想最终的钨材料保持纳米或超细晶尺寸,在制备出钨粉后必须采取有效的烧结手段限制晶粒长大,关键在于控制烧结温度和烧结时间,尽量实现低温致密化烧结。依靠塑性变形也可以独立地改变材料的相变行为,显著细化显微组织,挖掘材料的性能潜力,在细化晶粒的效果上远远超过传统的热处理技术,成为一种独立于热处理之外的、可改变材料相变、组织和性能的技术。因此,采用合适有效的制备与加工工艺,将有望改善钨基材料的综合性能,制备高性能钨基第一壁材料。

纯钨在成形过程中容易出现裂纹等缺陷,并且其塑性成形温度高、变形抗力大、对工艺设备的要求较高,对塑性成形工艺过程进行研究的难度较大,进一步提高其加工工艺技术水平并研究塑性成形过程中的变形机理,以及纯钨在成形过程中的组织变化和裂纹产生、扩展,是十分必要的。

参考文献

[1] 范景莲,黄伯云,张传福,等.纳米钨合金粉末常压烧结的致密化和晶粒长大[J].中南工业大学学报,2001,32(4):391-393.

[2] Chaudhuri R G, Paria S.Core/shell nanoparticles:classes, properties, synthesis mechanisms, characterization, and applications[J]. Chemical Reviews, 2012, 112(4): 2373-2433.

[3] Malewar R, Kumar K S, Murty B S, et al. On sinterability of nanostructured W produced by high-energy ball milling[J]. Journal of Materials Research, 2008, 22(5):1200-1206.

[4] Sarkar R, Ghosal P, Premkumar M, et al. Characterisation and sintering studies of

mechanically milled nano tungsten powder[J]. Powder Metallurgy, 2008, 51(2):166-170.

[5] Linsmeier C, Rieth M, Aktaa J, et al. Development of advanced high heat flux and plasma-facing materials[J]. Nuclear Fusion, 2017, 57(9):1.

[6] Dai L, Chen Q, Lin S, et al. Study on the main promotion factors of powder refinement in high energy ball milling[J]. Materials Review, 2009, 23(11):59-61.

[7] Ding L, Xiang D P, Li Y Y, et al. Effects of sintering temperature on fine-grained tungsten heavy alloy produced by high energy ball milling assisted spark plasma sintering[J]. International Journal of Refractory Metals and Hard Materials, 2012, 33:65-69.

[8] Monge M A, Auger M A, Leguey T, et al. Characterization of novel W alloys produced by HIP[J]. Journal of Nuclear Materials, 2010, 386-388(C):613-617.

[9] Ryu T, Hwang S, Choi Y J, et al. The sintering behavior of nanosized tungsten powder prepared by a plasma process[J]. International Journal of Refractory Metals and Hard Materials, 2008, 27(4):701-704.

[10] Xi X, Nie Z, Yang J, et al. Preparation and characterization of Ce-W composite nanopowder [J]. Materials Science and Engineering:A, 2005, 394(1-2):360-365.

[11] Wang L, Zhang Y, Muhammed M. Synthesis of nanophase oxalate precursors of YBaCuO superconductor by coprecipitation in microemulsions[J]. Journal of Materials Chemistry, 1995, 5(2):309-314.

[12] Wang M, Muhammed M. Novel synthesis of Al_{13}-cluster based alumina materials[J]. Nanostructured Materials, 1999, 11(8):1219-1229.

[13] Lin N, He Y, Wu C, et al. Fabrication of tungsten carbide-vanadium carbide core-shell structure powders and their application as an inhibitor for the sintering of cemented carbides [J]. Scripta Materialia, 2012, 67(10):826-829.

[14] Liu R, Wang X P, Hao T, et al. Characterization of ODS-tungsten microwave-sintered from sol-gel prepared nano-powders[J]. Journal of Nuclear Materials, 2014, 450(1-3):69-74.

[15] Barik R K, Bera A, Tanwar A K, et al. A novel approach to synthesis of scandia-doped tungsten nano-particles for high-current-density cathode applications[J]. International Journal of Refractory Metals and Hard Materials, 2013, 38:60-66.

[16] Wahlberg S, Yar M A, Abuelnage M O, et al. Fabrication of nanostructured W-Y_2O_3 materials by chemical methods[J]. Journal of Materials Chemistry, 2012, 22(25):12622-12628.

[17] Yar M A, Wahlberg S, Bergqvist H, et al. Chemically produced nanostructured ODS-lanthanum oxide-tungsten composites sintered by spark plasma[J]. Journal of Nuclear Materials, 2011, 408(2):129-135.

[18] Xia M, Yan Q, Xu L, et al. Bulk tungsten with uniformly dispersed La_2O_3 nanoparticles sintered from co-precipitated La_2O_3/W nanoparticles[J]. Journal of Nuclear Materials, 2013, 434(1-3):85-89.

[19] Xia M, Yan Q, Xu L, et al. Synthesis of TiC/W core-shell nanoparticles by precipitate-coating process[J]. Journal of Nuclear Materials, 2012, 430(1-3):216-220.

[20] Liu G, Zhang G J, Jiang F, et al. Nanostructured high-strength molybdenum alloys with unprecedented tensile ductility[J]. Nature Materials, 2013, 12:344-350.

[21] 范景莲,黄伯云,张传福,等.纳米钨合金粉末的制备技术和烧结技术[J].硬质合金,2001, 18(4):225-231.

[22] Fang Z Z, Wang H. Densification and grain growth during sintering of nanosized particles[J]. International Materials Reviews, 2008, 53(6):326-352.

[23] Kim Y, Lee K H, Kim E P, et al. Fabrication of high temperature oxides dispersion strengthened tungsten composites by spark plasma sintering process[J]. International Journal of Refractory Metals and Hard Materials, 2009, 27(5):842-846.

[24] Zhou Z, Pintsuk G, Linke J, et al. Transient high heat load tests on pure ultra-fine grained tungsten fabricated by resistance sintering under ultra-high pressure[J]. Fusion Engineering and Design, 2010, 85(1):115-121.

[25] Kurishita H, Matsuo S, Arakawa H, et al. Development of re-crystallized W - 1.1%TiC with enhanced room-temperature ductility and radiation performance[J]. Journal of Nuclear Materials, 2010, 398(1-3):87-92.

[26] Liu R, Zhou Y, Hao T, et alMicrowave synthesis and properties of fine-grained oxides dispersion strengthened tungsten[J]. Journal of Nuclear Materials, 2012, 42(1):171-175.

[27] Omori M. Sintering, consolidation, reaction and crystal growth by the spark plasma system (SPS)[J]. Materials Science and Engineering:A, 2000, 287(2):183-188.

[28] Olevsky E, Froyen L. Constitutive modeling of spark-plasma sintering of conductive materials[J]. Scripta Materialia, 2006, 55(12):1175-1178.

[29] Viswanathan V, Laha T, Balani K, et al. Challenges and advances in nanocomposite processing techniques[J]. Materials Science and Engineering:R, 2006, 54(5-6):121-285.

[30] Monteverde F.Ultra-high temperature HfB2-SiC ceramics consolidated by hot-pressing and spark plasma sintering[J]. Journal of Alloys and Compounds, 2007, 42(1-2):197-205.

[31] Song X, Liu X, Zhang J.Neck formation and self-adjusting mechanism of neck growth of conducting powders in spark plasma sintering[J]. Journal of the American Ceramic Society, 2006, 89(2):494-500.

[32] Pellizzari M, Zadra M, Fedrizzi A.Development of a hybrid tool steel produced by spark plasma sintering[J]. Materials and Manufacturing Processes, 2009, 24(7-8):873-878.

[33] Ran S, Gao L.Spark plasma sintering of nanocrystalline niobium nitride powders [J]. Journal of the American Ceramic Society, 2008, 91(2):599-602.

[34] Molenat G, Thomas M, Galy J, et al. Application of spark plasma sintering to titanium aluminide alloys[J]. Advanced Engineering Materials, 2007, 9(8):667-669.

[35] Maizza G, Grasso S, Sakka Y, et al. Relation between microstructure, properties and spark plasma sintering(SPS)parameters of pure ultrafine WC powder[J]. Science and Technology of Advanced Materials, 2007, 8(7-8):644-654.

[36] Kim Y, Lee K H, Kim E, et al. Fabrication of high temperature oxides dispersion strengthened tungsten composites by spark plasma sintering process[J]. International Journal of Refractory Metals and Hard Materials, 2009, 27(5):842-846.

[37] 谈军,周张健,屈丹丹,等.放电等离子烧结制备超细晶粒W-TiC复合材料[J].稀有金属材料与工程,2011, 40(11):1990-1993.

[38] Zhou Z, Ma Y, Du J, et al. Fabrication and characterization of ultra-fine grained tungsten by resistance sintering under ultra-high pressure[J]. Materials Science and Engineering: A, 2009, 505(1-2):131-135.

[39] Zhou Z J, Kwon Y S.Fabrication of W-Cu composite by resistance sintering under ultra-high pressure[J]. Journal of Materials Processing Technology, 2006, 168(1):107-111.

[40] Zhou Z J, Du J, Song S X, et al. Microstructural characterization of W/Cu functionally graded materials produced by a one-step resistance sintering method[J]. Journal of Alloys and Compounds, 2007, 428(1-2):146-150.

[41] Zhou Z, Pintsuk G, Linke J, et al. Transient high heat load tests on pure ultra-fine grained tungsten fabricated by resistance sintering under ultra-high pressure[J]. Fusion Engineering and Design, 2010, 85(1):115-121.

[42] Liu P, Peng F, Liu F, et al. High-pressure preparation of bulk tungsten material with near-full densification and high fracture toughness[J]. International Journal of Refractory Metals and Hard Materials, 2014, 42:47-50.

[43] Shikama T, Tanabe T, Fujitsuka M, et al. Thermal diffusivity of boron-carbon-titanium compounds as plasma facing materials[J]. Journal of Nuclear Materials, 1992, 196-198(C): 1140-1143.

[44] Larker H T, Lundberg R. Near net shape production of monolithic and composite high temperature ceramics by hot isostatic pressing(HIP)[J]. Journal of the European Ceramic Society, 1999, 19(13-14):2367-2373.

[45] Kim M T, Chang S Y, Won J B.Effect of HIP process on the micro-structural evolution of a nickel-based superalloy[J]. Materials Science and Engineering:A, 2006, 441(1-2):126-134.

[46] Kurishita H, Matsuo S, Arakawa H, et al. Development of re-crystallized W-1.1%TiC with enhanced room-temperature ductility and radiation performance[J]. Journal of Nuclear Materials, 2010, 398(1-3):87-92.

[47] Kurishita H, Amano Y, Kobayashi S, et al. Development of ultra-fine grained W-TiC and their mechanical properties for fusion applications[J]. Journal of Nuclear Materials, 2007, 367-370(B):1453-1457.

[48] Kurishita H, Kobayashi S, Nakai K, et al. Development of ultra-fine grained W-(0.25~0.8) wt.%TiC and its superior resistance to neutron and 3 MeV He-ion irradiations[J]. Journal of Nuclear Materials, 2008, 377(1):34-40.

[49] Ishijima Y, Kurishita H, Yubuta K, et al. Current status of ductile tungsten alloy development by mechanical alloying[J]. Journal of Nuclear Materials, 2005, 329-333(A): 775-779.

[50] 黄向东,李建保,谢志鹏,等.微波与无机非金属介质的相互作用[J].无机材料学报,1998 (3):282-290.

[51] 易建宏,唐新文,罗述东,等.微波烧结技术的进展及展望[J].粉末冶金技术,2003,21(6): 351-354.

[52] 易建宏,罗述东,唐新文,等.金属基粉末冶金零件的微波烧结机理[J].粉末冶金材料科学 与工程,2002(3):180-184.

[53] Janney M A, Kimrey H D, Allen W R, et al. Enhenced diffusion in sapphire during microwave heating[J]. Journal of Materials Science, 1997, 32(5):1374-1355.

[54] Prabhu G, Chakraborty A, Sarma B. Microwave sintering of tungsten[J]. International Journal of Refractory Metals and Hard Materials, 2009, 27(5):545-548.

[55] Hwang N M, Park Y J, Kim D Y, et al. Activated sintering of nickel-doped tungsten: approach by grain boundary structural transition[J]. Scripta Materialia, 2000, 42(5): 421-425.

[56] Toth J I, Lockington N A. Activation sintering of tungsten[J]. Journal of the Less Common Metals, 1965, 19(3):157-167.

[57] Corti C W. Sintering aids in powder metallurgy[J]. Platinum Metals Review, 1986, 30(4): 184-195.

[58] Mohammed K S, Rahmat A. The role of the activator rich-W interboundary layer on liquid phase sintering of W-pre-alloy bronze composites of Fe and Co additions[J]. International Journal of Refractory Metals and Hard Materials, 2012, 35:170-177.

[59] Luo J, Gupta V K, Yoon D H. Segregation-induced grain boundary premelting innickel-doped tungsten[J]. Applied Physics Letters, 2005, 87(23):231902.

[60] Luo J, Shi X. Grain boundary disordering in binary alloys[J]. Applied Physics Letters,

2008, 92(10):101901.

[61] Li C, German R M. The properties of tungsten processed by chemically activated sintering [J]. Metallurgical Transactions A, 1983, 14(10):2031-2041.

[62] Johnson J L, German R M. Solid-state contribution to densification during liquid phase sintering[J]. Metallurgical and Materials Transactions B, 1996, 27(6):901-909.

[63] Johnson J L, German R M. Phase equilibria effects on the enhanced liquid phase sintering of tungsten-copper[J]. Metallurgical Transactions A, 1993, 24(11):2369-2377.

[64] Boonyongmaneerat Y. Effects of low-content activators on low-temperature sintering of tungsten[J]. Journal of Materials Processing Technology, 2008, 209(8):4084-4087.

[65] German R M, Munir Z A. Enhanced low-temperature sintering tungsten[J]. Metallurgical Transactions A, 1976, 7(12):1873-1877.

[66] Gupta V K, Yoon D, Meyer III H M, et al. Thin intergranular films and solid-state activated sintering in nickel-doped tungsten[J]. Acta Materialia, 2008, 55(9):3131-3142.

[67] Genc A, Coskun S, Öveçoğlu M L. Microstructural characterizations of Ni activated sintered W-2wt.% TiC composites produced via mechanical alloying[J]. Journal of Alloys and Compounds, 2010, 497(1-2):80-89.

[68] 谢卓明. 碳化物/氧化物弥散强化钨基合金的制备及性能研究[D]. 合肥:中国科学技术大学,2017.

[69] 王尔德,于洋. W-Ni-Fe系高密度钨合金形变强化工艺研究进展[J]粉末冶金技术,2004,22(5):303-307.

[70] Reiser J, Rieth M, Dafferner B. Tungsten foil laminate for structural divertor applications-Basics and outlook[J]. Journal of Nuclear Materials, 2012, 423(1):1-8.

[71] Reiser J, Rieth M, Möslang A, et al. Tungsten foil laminate for structural divertor applications-Tensile test properties of tungsten foil[J]. Journal of Nuclear Materials, 2013, 434(1):357-366.

[72] Krsjak V, Wei S H, Antusch S, et al. Mechanical properties of tungsten in the transition temperature range[J].Journal of Nuclear Materials, 2014, 450(1-3):81-87.

[73] 刘宁平,淡新国,张永刚,等. 轧制工艺对热轧钨板材组织和性能的影响[J].稀有金属快报,2008,27(8):34-37.

[74] 范景莲,黄伯云. 钨合金的形变强化新工艺与断裂机制研究[J].硬质合金,2007,24(2):119-123.

[75] Xie Z M, Liu R, Zhang T, et al. Achieving high strength/ductility in bulk W-Zr-Y$_2$O$_3$ alloy plate with hybrid microstructure[J]. Materials and Design, 2016, 107:144-152.

[76] 于洋,王尔德. 形变强化对93W-4.9Ni-2.1Fe合金组织及性能的影响[J].材料科学与工艺,2005,13(4):442-444.

[77] Habainy J, Iyengar S, Lee Y, et al. Fatigue behavior of rolled and forged tungsten at 25°, 280° and 480 ℃[J]. Journal of Nuclear Materials, 2015, 465(15):438-447.

[78] Yan Q Z, Zhang X F, Zhou Z J, et al. Status of R&D on plasma facing materials in China [J]. Journal of Nuclear Materials, 2013, 442(1):S190-S197.

[79] 郎利辉,张东星,布国亮,等.钨基合金的预强化和后期强化技术[J].锻压技术,2012,37 (4):1-7.

[80] 王世钧,关长友,姜喜群,等.高比重钨合金径向锻造工艺分析[J].哈尔滨工业大学学报, 2000,32(5):57-59.

[81] 刘志强,杨国毅,赵红梅,等.高密度钨合金静液挤压组织和缺陷分析[J].兵器材料科学与 工程,2004,27(4):40-43.

[82] 王广达,杨海兵,刘桂荣,等.高比重合金变形加工研究进展[J].粉末冶金技术,2014,32 (3):221-225.

[83] 胡连喜,王尔德.粉末冶金难变形材料热静液挤压技术进展[J].中国材料进展,2011,30 (7):48-54.

[84] 吕大铭,唐安清,牟科强,等.钨铜材料的热等静压处理[J].电工材料,1990,1:42-45.

[85] Valiev R. Nanostructuring of metals by severe plastic deformation for advanced properties [J]. Nature Materials, 2004,3:511-516.

[86] 赵新,高聿为,南云,等.制备块体纳米/超细晶材料的大塑性变形技术[J].材料导报,2003, 17(12):5-8.

[87] Valiev R Z, Korznikov A V, Mulyukov R R. Structure and properties of ultrafine-grained materials produced by severe plastic deformation[J]. Materials Science and Engineering:A, 1993, 168(2):141-148.

[88] Zherebtsov S V, Salishchev G A, Galeyev R M, et al. Production of submicrocrystalline structure in large-scale Ti‒6Al‒4V billet by warm severe deformation processing[J]. Scripta Materialia, 2004, 51(12):1147-1151.

[89] 郭强,严红革,陈振华,等.多向锻造技术研究进展[J].材料导报,2007,21(2):106-108.

[90] Sitdikov O, Sakai T, Goloborodko A, et al. Effect of pass strain on grain refinement in 7475 Al alloy during hot multidirectional forging[J]. Materials Transactions, 2004, 45(7): 2232-2238.

第4章　聚变堆钨基材料的强韧化

4.1　引言

虽然钨及其合金具有一系列优点被选作ITER中偏滤器部位的PFMs,也被作为DEMO,以及未来聚变反应堆中偏滤器和第一壁上的候选材料[1],但由于其本身存在高温强度低、高热负荷开裂及辐照脆化等缺点,故需要加以调整或抑制。材料抗高热负荷开裂及抗等离子体辐照特性与显微组织结构及力学性能密切相关,因此如何进一步提高钨材料的强度、硬度以及动态力学性能成为首要解决问题。通常考虑从成分配比、成形方法、烧结工艺以及烧结后的热处理等方面入手,不断改进以提高钨材料的性能,主要包括钨粉的净化、细化、强韧化、复合强化[2]以及钨合金强化的理论探讨等方面。净化目的在于提高粉的纯度;细化控制是为了获得超细粉末;达到强韧化是在钨粉中添加其他合金元素或氧化物、碳化物等,强韧性兼具;实现复合强化,是在单一强化方式的基础上结合两种或两种以上的强化手段,使钨合金的性能得到更大的提高[3]。

纯钨的韧脆转变温度(DBTT)较高会引起低温脆化,再结晶温度较低引起高温脆化,用在偏滤器部件严重限制了其运行窗口温度,此外还要面临辐照脆化及硬化。因此,如何对钨材料增韧、增加抗辐照能力,已成为发展和应用新型钨基PFMs的关键要素。目前钨材料增韧有以下四种可行方法:

(1) 钨的合金化和固溶强化,主要元素有Re、Ir、Ta、V、Mo、Nb、Ti等。其中Re、Ir的添加可对钨材有较强的增韧效果,但是它们价格昂贵,且存在辐照脆化问题;Ta、V、Mo、Nb与钨合金化会造成W的DBTT上升,变得更脆;而Ti是否对钨有增韧效果仍然处于研究当中。

（2）氧化物/碳化物弥散分布强化，在纯钨中添加 Y_2O_3、La_2O_3、TiC 等颗粒弥散分布，形成具有高强度、抗辐照性能优异的钨基材料。

（3）钨纤维增韧，通过化学气相沉积和粉末烧结方法，形成 W/W_f 复合材料，提高钨的断裂韧性。

（4）层状增韧，基于薄 W 材料较好的延伸性，具有较好的增韧效果。

（5）高压扭转、等径角挤压等超塑性变形，细化晶粒组织。随着变形程度的增加，钨的断裂韧性增加、DBTT 减小。

4.2 钨的变形、断裂与强化机制

4.2.1 钨的变形机制

在具有 bcc 结构钨这类难熔金属的韧性影响因素中，DBTT 是一个非常重要特征指标，与晶体中位错的热激活能密切相关。在单晶钨中，温度与韧脆转变所需的激活能呈线性关系，在 DBTT 温度以下时，裂纹附近或尖端处的位错无法有效地形成，也难以向远离裂纹的方向进行滑移或者攀移，因此钨基体中的裂纹很难被钝化，从而表现出完全的脆性。由于此时单晶钨处于更高的温度，位错形成与移动的难度降低，因此使裂纹的钝化成为可能，这会增加材料的韧性[4]。

多晶钨变形对应变速率非常敏感。首先，在准静态载荷下，多晶钨变形发生比较均匀，变形机制主要是位错滑移，屈服强度较动态载荷下低；随着应变速率的升高，屈服强度不断升高，会发生孪生，且孪晶密度也不断增加；加上杂质元素 N、O、P、Si 等对钨晶界的弱化作用，晶界脱黏开始发生[5]。其次，多晶钨的 DBTT 受应变速率影响特别大，应变速率不断增大，多晶钨的 DBTT 随之升高；当应变速率从 $10^{-3}/s$ 升高到 $10^3/s$，多晶钨则经历韧-脆转变[6]。在低于 DBTT 温度下变形时，沿晶断裂之前很少有塑性变形，多晶钨产生为脆性断裂；随着温度升高，多晶钨材料的形变硬化速率下降，其屈服强度和极限抗拉强度都单调下降。在高温下，多晶钨与其他金属类似，出现与加载轴呈 45° 角均匀分布的滑移带，表现出很好的塑性。

4.2.2　钨的断裂机制

在室温条件下,对钨基体进行高应变速率弯曲测试,可能发生的晶界脱黏、滑移、孪晶三种机制过程,其中晶界脱黏成为主要断裂机制。因为钨基体是bcc结构金属,滑移面相对小,位错的形成和移动比较困难。由于在常温下发生变形时,位错产生往往会滞后,故在高变形速率下,材料还来不及通过位错形成和滑移的方式发生塑性变形时,应力就超过了其承受的极限,进而发生失效破坏。

钨晶界总会存在一些微裂纹,在外力作用下发生扩展,极易造成断(碎)裂,这是影响强度的重要原因[7]。多晶钨中的裂纹存在许多类型,有预先存在的裂纹,也有因为一些杂质元素在晶界处偏聚,引起晶界弱化,在晶界处会萌生裂纹,尤其在三晶界交叉点。这些微裂纹开始扩展方向不定,但随着应变速率升高,微裂纹和大裂纹不断增加,裂纹沿加载方向呈直线加大,直至断裂。在低应变速率作用下,轧制钨主要表现为沿晶断裂,随着应变速率的升高,逐渐向穿晶断裂转变。对于退火钨,由于脆性析出物在晶界析出,使晶界变脆,在高应变速率作用下,晶界加快发生脱黏,导致沿晶脆性断裂。

4.2.3　钨的强化机制

要使得钨符合聚变反应堆PFMs要求,必须进行强韧化加工处理,目前有很多研究探讨钨的强韧化,主要方法有固溶强化、细晶强化、弥散强化和形变强化等。

1. 固溶强化

在钨中加入难熔金属Mo、Ta、Nb、Re、Ir等元素,可以起到固溶强化的作用。合金组元溶入基体金属的晶格形成固溶体后,晶格常数的差异,不仅使晶格发生畸变,同时使位错密度增加。稀土元素Y、Ce、La等作为合金元素,可以通过微合金化方式来细化晶粒和脱氧,来提高合金强度和硬度[2]。在超过1600 ℃高温下使用,Ce、Th、La元素组元在铈钨、钍钨和镧钨中主要以氧化物形式存在。固溶强化贡献主要来源于固溶原子与位错之间的相互作用,其中主要有六种强化机理,包括弹性交互作用(柯氏气团)、模量交互作用、化学交互作用(铃木气团)、静电相互作用、位错与有序分布溶质原子间的相互作用及位错与空位同溶质原子间的相互作用[8]。晶格畸变产生的应力场与位错周围的弹性应力场交互作用,使合金组元原子聚集在位错线周围形成"气团"。位错滑移时必须克服气团的钉轧,拖拽气团一起移动或挣脱气团出来,结果造成位错滑移所需的切应力增大。随着温度的升高,原子扩散加快,固溶原子对位错的钉轧作用减小,固溶强化效果下降。固溶原子在不同位置时也会影响固溶强化效果,间隙固溶体的强度与固溶原子含量的平方根成正比,而置换固溶体的强度与固溶原子含量成正比。

2. 弥散强化

为了提高钨的高温强度,还可以加入第二相颗粒,第二相大都是硬脆、晶体结构复杂、熔点较高的金属化合物,如 TiC 和 ZrC 在钨基体中起到弥散强化的作用。弥散分布的第二相颗粒在钨基体中,通过限制晶界、亚晶界和位错的迁移,从而抑制再结晶形核。第二相颗粒的数量、尺寸、均匀性及高温稳定性等,影响着弥散强化的效果。对于可变形颗粒,粒子的性能是决定强化效果的关键,而粒子尺寸的影响较小;如果第二相是难以变形的硬脆相,主要取决于粒子尺寸及硬脆相的存在情况。第二相颗粒分布与形状产生显著的作用,当第二相呈等轴状且细小均匀地弥散分布时,强化效果最好;当第二相粗大、沿晶界分布或呈粗大针状时,不仅强化效果表现不好,而且材料明显变脆。

弥散强化包括直接强化和间接强化作用两种。直接强化主要来源于位错与弥散颗粒的相互作用,由于第二相微粒的晶体结构与基体相不同,当位错切过微粒时必然在其滑移面上造成原子排列错配,增加了位错滑移阻力。当位错攀移绕过颗粒时,在颗粒周围形成位错环,发生 Orawan 机制;当位错切过颗粒时,增加了颗粒/基体界面的面积,提高了材料界面能,故使材料得到强化,这就是位错切割机制。位错在颗粒周围缠结,阻碍位错滑移,颗粒对位错发生钉扎。弥散强化的间接强化主要是由于亚晶粒的形成而引起的。Park[9]研究了 W-Re-HfC 材料中亚晶粒的形成,HfC 颗粒与由高密度位错网组成的亚晶粒相互作用,提高了材料的高温蠕变强度。Shin 等[10]发现在 W-4%Re-0.26%HfC 材料中有亚晶粒、四边形及六边形位错网,这些都起到强化作用。随着温度的升高,原子扩散速率加快,位错网的解脱颗粒钉轧,弥散颗粒尺寸增大,强化效果下降。此外,钾泡作为特殊的第二相,存在于钨中,可以有效提高钨的再结晶温度和高温蠕变强度。

3. 细晶强化

金属材料的塑性变形通过位错滑移、攀移等方式完成,故凡是可以增大位错移动的阻力,都将使变形抗力增大,材料发生强化。晶界是原子排列的特殊区域,具有原子排列紊乱、杂质富集和晶体缺陷的密度较大等特点,且晶界周边晶粒的位向也不相同,所有这些因素都对位错移动产生很大的阻碍,从而使强度升高。晶粒越是细小,晶界比例和总面积就越大,强度越高,这一现象称为细晶强化。在常温下的细晶粒金属比粗晶粒的具有更高的强度、硬度、塑性和韧性。这是因为细晶粒受到外力作用发生塑

177

性变形可分散在更多的晶粒内进行,塑性变形相对均匀,应力集中较小;晶粒越细小,晶界面积越大,晶界带来的抗力越大,越不利于裂纹的扩展。

4. 形变强化

形变强化也是提高钨材料强度的一种有效手段。随着塑性变形量的增大,金属流变强度增加,这种现象称为形变强化。立方金属可以同时开动多个滑移系,能够呈现出很强的加工硬化效应。冷变形后金属内部的位错密度将大大提高,且位错相互缠结并形成胞状结构(形变亚晶),它们不但能够阻碍位错滑移,而且使不能滑移的位错数量剧增,从而加大了位错滑移的难度并使强度提高。

5. 界面强化

界面强化主要通过提高晶界强度或减少杂质在晶界的偏聚、调整增强体和基体之间的结合状态,来优化晶界,以达到强化目标。N、O、S、P 及 Si 等杂质元素使钨晶粒间黏附力弱化,引起晶界"松散",导致沿晶断裂[11]。可以通过加入 Ti、Y、Mo、Zr 及 Hf 等强化合物,使其与杂质元素形成稳定的化合物相来改善晶界,达到强化材料的目的。W 原子向 TiC 和 ZrC 颗粒中扩散形成 $(Ti,W)C$ 和 $(Zr,W)C$ 固溶体,固溶体的形成不仅有利于增强界面结合,同时提高了材料的强度。另外,由于基体通过界面将应力传递给增强体,有效地减轻基体的荷载,使增强体与基体协调变形,减少沿晶裂纹的产生,提高材料的强度。

6. 复合强化

将几种强化方式组合起来形成复合强化。可以向钨基体中加入几种不同性质的强化单元,如钨-碳化物-氧化物的组合。钼中加入碳化物和稀有金属的氧化物形成的钼-碳化钛-氧化钇材料,不仅有较高的再结晶温度,而且加工性能良好。在钨合金化的基础上添加氧化物,其弥散增韧效果要比单一合金化明显。复合强化将成为提高钨基材料强韧性的发展趋势。

4.3　钨的脆性问题

尽管钨及钨基材料具有许多优异的力学与高温性能,但在核聚变装置中应用还存在很多不足。由于 W、Mo 等难熔材料固有的脆性(bcc 结构、滑移系少及对晶界杂质敏

面向核聚变等离子体钨基材料

感),将其应用在未来聚变装置上仍面临着巨大的挑战。bcc金属有很多独特的力学特点,如存在明显的韧脆转变现象、随温度升高强度迅速下降、滑移不遵循临界分切应力(Schmidt)定律等[12]。

4.3.1　低温脆性

因为钨晶粒之间结合强度相对较低,所以裂纹很容易沿着晶界产生并扩展。因此,钨(bcc)(bcc为体心立方晶格结构的简称)在室温下是典型的脆性材料。韧脆转变温度DBTT,是钨及钨基材料韧脆性的重要特征参数,与其微结构、应力-应变状态、位错、杂质以及被测试样的表面光洁度和测试方法等有关。未合金化钨的DBTT为373～673 K[13],而大多数钨合金(W-Cu,W-Ni-Fe)的DBTT低于室温。在DBTT以上的温度区间,钨可以发生塑性变形而表现为韧性,在低于此温度区间加工变形则易产生脆性断裂。钨的DBTT存在一个特定的温度区间,通过塑性变形,钨的DBTT能够下降,而通过退火处理,钨的DBTT则上升。经过热轧加工后,钨的DBTT为373～473 K;经过再结晶处理,钨的DBTT可提高至633 K。钨室温下对间隙杂质的固溶度极低,是由于含有过饱和杂质的多相合金,杂质含量及分布对DBTT影响尤为显著。合金中由于存在少量的O、C、N、S、P元素,在晶界上因出现析出物而弱化晶界,使得合金的DBTT上升。但是有些化合物的生成能够增强晶界,使穿晶解理断裂的面积和阻力增加,从而提高了合金的强度[14]。

4.3.2　再结晶脆性

当钨的加工温度超过再结晶温度时,晶粒长大、尺寸增加,晶界面积相对减少,杂质在晶界处偏聚的浓度更高,材料的硬度和强度下降,如钨的强度在1000 ℃时只有其室温的20%～40%。钨的再结晶温度主要取决于塑性变形,以及添加的合金元素和弥散强化相,温度区间为1423～1623 K。在核聚变反应堆装置中,面向等离子体材料的服役温度常常会超出这个温度范围,因此有必要提高钨的再结晶温度以便钨材料能更好地应用。再结晶后,钨的DBTT上升[15-17],不仅导致材料的高温强度下降,而且使低温脆性增加。通过控制再结晶的程度及晶粒长大,钨的力学性能得以改善,这是一种可行的途径。如何提高再结晶温度及控制再结晶的程度,来减小其产生的性能损害,需要从诸多方面综合考虑。

4.3.3　中子辐照效应

在核聚变环境的应用中,较严重的问题是钨经过中子辐照后性能下降。中子辐照后带来多种微观缺陷(如原子离位损伤),使材料的力学性能退化,DBTT升高[18]。即使中子流强度很低,其产生的辐照脆化也比较严重。另外,辐照所产生的肿胀、沉积物、偏析都会导致钨材料的成分发生变化,从而对材料的性能产生影响。钨的辐照活化可分为短期和长期两种情况:短期活化问题主要源自稳定的钨同位素,其衰变热需要在停堆后进行数周的主动冷却方能带走,而高活性的嬗变产物[186]Re,限制了钨的服役寿命;长期活化主要来自钨中的杂质元素。以100 mSv/h为材料可循环利用标准,中子辐照钨须放置50年才能回收利用[19]。钨在DEMO堆中的元素嬗变与中子壁加载情况及中子能谱有关,以第一壁平均中子加载为2 MW·m⁻²计算,纯钨在DEMO堆中服役5个满功率年后,其成分将变为94％W、3.8％Re、1.4％Os、0.8％Ta,如图4-1(a)所示[20]。除了嬗变产物,中子辐照还能在钨中产生大量位错、空洞等微观缺陷。在低辐照损伤时,导致钨材料中燃料粒子滞留量显著增加。此外,中子辐照亦使得钨热导率降低,且在低温时(<750 ℃)下降更为明显(图4-1(b)),与可回复的辐照缺陷有关[21]。

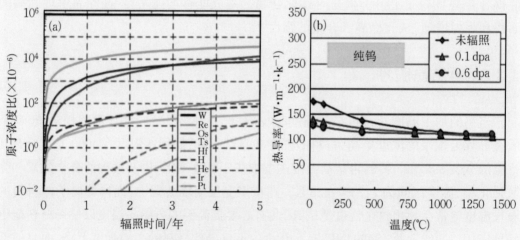

图4-1　纯钨中子辐照下的元素嬗变(a)和热导率变化(b)[21]

4.4　钨的脆性本源

要想从根本上解决脆性问题,首先需要了解钨脆性的起源。一大批研究者针对这个重要问题,从理论和实验方面都进行了较为深入的探讨。

4.4.1　化学键

金属材料发生塑性变形,通常情况下与金属键的特性密不可分。对于过渡族ⅥB元素,鲍林曾经认为其核外电子均为d^4s^2,这很难解释这一族的Cr、Mo和W元素存在的巨大的物理性能差异。谢佑卿等[22]利用其发展的"新价键理论"来研究包括这三种元素在内的很多纯金属的价键结构,取得了较大的进展。对ⅥB族三种元素的结果是:Cr:$[Ar](3d_c)3.32(3d_n)2.26(4s_c)0.25(4s_f)0.17$,Mo:$[Kr](4d_n)0.12(4d_c)3.88(5s_c)0.68(5s_f)1.32$,W:$[Xe](5d_c)5.16(6s_c)0.25(6s_f)0.59$,其中下标c、f、n、m依次代表共价电子、近自由电子、非键电子和磁电子。

可以得出,钨中共价成分占的比例最大,这一点定性地解释了钨比钼具有更高的DBTT。

4.4.2　位错可动性

一般认为,金属的塑性变形是通过Frank-Read源的开动来实现的。虽然螺形和刃形位错的模型直观明了、便于理解,但在实际材料中,往往存在混合型位错。这就可以理解,bcc金属的塑性变形取决于最难运动的那一类位错的可动性,即螺型位错。通过计算机模拟表明,钨金属的螺形位错的核心结构为对称的非平面结构,这个核心结构可以通过微分位移图来说明(图4-2)[23]。这种核心做非共面扩展的位错必须把分位错压回变成共面扩展的形式才可以滑移,这使得螺形位错的临界分切应力(CRSS)大于刃形位错。但是,值得注意的一点是,模拟结果得到的螺形位错的Peierls应力大于实际测量值,Groger[24]认为这是由于模拟计算并不考虑刃形分量的影响,而这种因素在实际的材料中是真实存在的。在高温热激活下,螺形位错的"kink对"效应将扮演显著的角色。这样,一方面高温降低了位错开动的CRSS值;另一方面,高温激活了大量位错

181

进而增加了材料的塑性(研究发现bcc金属的滑移方向为〈111〉,而滑移面则很不确定,一般低温下为{110},而在高温下{112}和{123}面上的滑移可被激活)。因此,钨的塑性变形及性能与位错可动性及混合比例有关,实际上温度对此有重要的影响,使得钨在高温辐照条件下的性能表现更为复杂。

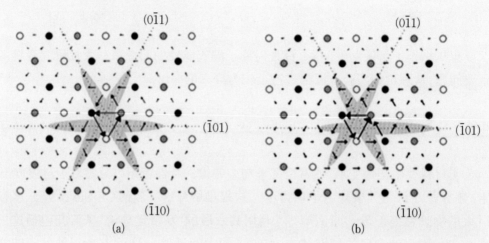

图4-2 BOP方法模拟得到的W1/2〈111〉螺形位错核心结构和在弹性应力下螺形位错的响应[23]

4.4.3 实际材料的内部缺陷

虽然理想晶体材料完美无缺,但实际上材料内部在其制备和加工过程中或多或少都会引入不同尺度、不同类别的缺陷。比如,塑性金属材料实际屈服强度远小于理论强度的合理解释是因为材料中存在位错;包含许可的裂纹构件有时候看似无害,但会在小于其屈服强度的情况下失稳扩展、断裂,这是因为裂纹造成了局部的应力集中,使得裂纹尖端处应力过大。对粉末烧结态的钨材料进行拉伸,通常在500 MPa左右发生断裂,并无明显的塑性(或屈服)形变[25]。这是因为通常的粉末烧结很难使钨材料完全致密化,材料内部的裂纹引发应力集中进而导致在屈服前即发生断裂。工业中常规进行无压烧结,温度一般在2000 ℃之上[26],容易引起钨晶粒长大,导致其脆性倾向加剧。

近年来,许多研究者试图用细小的粉末,施加强化烧结(如等离子体放电烧结和超高压通电烧结)方式来获得细晶粒的钨材料。但是,往往由于烧结过程中的动力学窗口(在致密化能够进行同时晶粒长大被抑制的温度区间)太窄,工艺实施则更加困难。鉴于这种烧结局限,所得到的材料仍表现为"烧结不足"[27],这是因为烧结时间过短和温度较低,导致烧结颗粒之间的扩散并不十分充分。虽然加入低熔点的组元(对钨而言,常见的为镍),可以活化助烧、促进致密化,但同时也会造成晶粒的长大。镍为高活化元素,在聚变PFMs中是禁用的。塑性加工在一定程度上可以提高钨烧结体的致密度,闭合微小裂纹和孔洞。同时,难熔材料烧结态存在的某些缺陷也会在塑性加工(如轧制)的作用下拉长,这也是轧制钨板轧制方向强度明显高于轧制法向强度的原因之一。此外,钨材料由于本身脆性很大,在塑性加工过程中极有可能引入新的裂纹等缺陷。

4.4.4 晶界特征

广义上,晶界本身也是材料内部的一种缺陷,但其又不同于裂纹。多晶钨材料在脆性区存在着明显的沿晶断裂趋势。利用高能电子枪对基体温度较低的钨材料辐照模拟短时间、高能流密度的ELM时,发现不同的商用材料总是趋向于沿着晶界开裂[28]。Kurishita[29]认为钨的晶界就是多晶钨材料的裂纹源,尽管计算机模拟证明钨晶界的理论强度很高[30]。在实际生产中,由于粉末冶金工艺的特点,使得粉末很容易被杂质所污染。同时,在烧结过程中,如若没有较好的防护措施(如粉末预除气和充分还原等),在烧结制品中往往会引入大量的杂质元素(如C、O、N等)[31]。这些杂质由于其在钨晶格中的溶解度低,很容易在晶界处偏聚,弱化晶界结合,降低晶界强度。针对热等静压(HIP)制备方法,除气的重要性需要再次强调外,常见的烧结都是热量在胚体中从外向内传递,在致密化过程早期由于胚体热导率差,往往导致外表面出现闭孔而胚体中大量气体无法溢出,产生了多孔结构,进而影响烧结体的质量。SEM观测表明,烧结孔隙往往处在多个晶粒交汇处,这种孔隙尖锐而且呈多边形结构,很容易诱发应力集中[32]。

如上所述,人们长期以来把钨的低晶界强度归结于杂质。但最新的研究发现,以初始材料为高纯的区域提纯的单晶,在通过高压扭转(High Pressure Torsion,HPT)之后制备的多晶也呈现出较大程度的沿晶断裂模式[31]。这说明,将沿晶断裂简单归结于杂质诱导脆化的观点是不准确的,但这也并不是说杂质偏聚对晶界强度没有影响。

工业上大量的钨材料制品通过轧制工艺提供。在轧制过程中,晶粒会沿着轧制方向被拉长,轧面法向被压缩,最终形成椭圆盘形状的晶粒结构。试验研究表明,拉伸强度的关系是:轧制方向>轧制横向>轧制法向,断裂韧性KIC也有相同的趋势[33]。从晶粒形状出发,可以得到在轧制法向其晶界的有效尺度最大,由此可见晶界对力学性能的影响。

183

4.4.5 解理断裂

对钨单晶或者具有强织构的钨板（轧制过程会导致{100}⟨110⟩板织构的出现）的脆性解理断裂需要予以重视。研究发现，bcc金属的解理面通常为{100}。通常，在强织构的轧板中有两个这样的面的法线与轧向的夹角为45°（所以轧板中的这种脆化也通常称为45°角脆化[34]）。Cottrell认为这实际上与刃形位错的交汇相联系[35]：

$$a/2[-111](0-11) + a/2[1-11](011) \rightarrow a[001](010)$$

这个位错反应是降低能量的，但是具有这种柏氏矢量的位错很难运动，而且计算机模拟表明，这种刃形位错的半原子面下侧会产生很大的张应力。这种不可动的位错很容易导致位错塞积。所以，这样的位错反应实际产生的是裂纹源。

4.5 钨的脆性解决途径

针对钨材料的脆性，大量的研究集中通过添加合金化元素、第二相掺杂和纤维复合增韧、大塑性变形制备超细晶钨等方式来解决。

4.5.1 添加合金化元素

只有通过钨铼（Re）合金化才可以提高钨的韧性。Re的加入导致螺位错核心的核心结构由对称型向非对称型转变（图4-3），降低了派-纳（Peierls）应力（σ_p）（Re含量为0时对应2.49 GPa，12%时对应2.09 GPa，而25%时则对应1.84 GPa）[36]。位错核心对称性的变化改变了滑移系，对称的核心结构在{110}面滑移；而非对称核心在这些面上以"之"字形（Zigzag）方式滑移，使得整体的滑移面变为{112}，滑移面的数量由6增加到12，从而提高了材料的变形协调能力。

常见的W-Re合金主要含Re量为10%～26%，同时发现少量（约5%）的Re可以显著提高钨的起始再结晶温度。但是，由于Re属于稀有元素且价格昂贵，钨发生核嬗变反应生成Re会形成脆性相，作为聚变材料必须满足低活化性要求，从而限制了W-Re合金的规模应用[37]。在室温下能与钨固溶的金属元素很少，能形成脆性中间相的更少。只有钽（Ta）、钒（V）、铌（Nb）和钼（Mo）能与钨完全互溶，其他像钛（Ti）与Re只能部分互溶,最大溶解度分别为12％和27％,会形成中间相[38,39]。因为 Nb 与 Mo 会发生核嬗变,生成半衰期寿命长的辐射活化同位素,所以不能用于聚变材料,就剩 Ta、V 和 Ti 可以考虑。然而 Ta、V 合金化并不能降低 W 材料的 DBTT 或者是夏比冲击功,且随着添加 Ta 含量增加,断裂韧度降低[40]。虽然低熔点的组元 Ti 可以促进致密化,但其也会造成晶粒的长大。可见,除了 Re 并没有其他金属元素能合金化改善 W 的塑性。

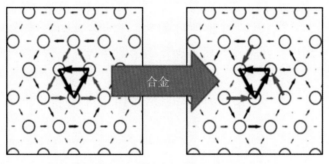

图 4-3　铼合金化导致了位错核心结构的转变[38]

4.5.2　第二相掺杂

均匀分散引入碳化物或氧化物等纳米颗粒,弥散强化钨晶粒和晶界,是提高钨力学性能的有效方法[41-43]。纳米颗粒一方面可以钉扎位错和晶界,阻止晶粒长大,提高钨高温强度;另一方面,细化的晶粒可以大幅度增加晶界面积,降低晶界处杂质的平均浓度,从而减弱杂质对晶界的脆化作用,降低钨合金的 DBTT。同时,高密度的晶/相界作为缺陷捕获阱,可以吸收、分散辐照缺陷,抑制空洞及 H/He 泡的产生,从而提高钨的抗辐照性能和抗等离子刻蚀能力[44,45]。通过机械合金化或湿化学方法,将少量的纳米尺度氧化物均匀弥散到铁基体中,制备了氧化物弥散强化(Oxide Strengthened Steel,ODS)钢,大幅提高了合金钢的强度及抗辐照性能。将这种方法应用到钨基材料中,制备出 ODS-钨(ODS-W),成为氧化物弥散强化钨基材料。利用弥散的超细氧化物阻碍晶界、位错的运动,提高室温强度及在高温下的力学性能。虽然氧化物有最好的抗氧化烧蚀性能,但是在高温等离子体冲刷时,氧化物的熔点还是比较低的,而碳化物热稳定性更高,高温烧结时不容易聚集长大,可以保持纳米结构。虽然有些研究转向了具有更高熔点的碳化物,但是含碳组分在聚变堆中子辐照下是不利的。

4.5.3 纤维增韧

纤维用于复合材料可产生增强增韧效果。利用在断裂过程中发生纤维断裂和纤维摩擦拔出等破坏方式耗散能量,提高材料的破断功,进而提高钨材料的韧性。钨纤维增韧钨的构思主要基于两点:一是由于基体与钨纤维之间界面的存在,导致基体中主裂纹扩展路径偏转、界面控制脱黏、纤维桥联、拔出消耗能量;二是具有纤维组织的钨纤维强度极高(>2.5 GPa),且延展性好,通过其自身塑性变形也能吸收大量能量[46,47]。特别是前者基于界面开裂的增韧在中子辐照或高温下仍将发挥重要作用,因此其不依赖于材料的塑性形变。纤维增韧的可行性虽然得到了验证,但是由于制备过程较为复杂,尤其是针对多向增韧的复合材料,目前的研究进展仍然不大。笔者团队利用中德博士后计划,与德国于利希研究中心核物理研究所(IEK-4)开展合作,在钨纤维复合材料研发方面已取得明显的进步。

4.5.4 层状增韧

层状复合材料是由两层或多层不同的材料组成,界面可以是强界面结合,也可是弱界面结合。裂纹扩展路径的改变,可以明显地增加材料的韧性,但对于脆性材料的陶瓷,效果仍不理想。人们发现,同样为陶瓷材料的贝壳(羟基磷灰石)具有较为理想的韧性,其结构为层状。受这种结构的启发,在复合材料结构设计中,将材料制备成层状,每层厚度达微米级,目前已有的为亚微米,材料的韧性有了明显的提高。层状复合材料具有单层厚度易控制、结构可调等优点,是高强、高韧复合材料的研究趋势之一。多层增韧结构是基于薄钨材料较好的延伸性。钨箔材可以在室温下弯曲而不发生断裂,同时拉伸结果也显示在与轧制方向呈0°和45°时,都具有较好的延伸性,但呈90°时表现为脆性。在钨层状复合材料中,值得注意的是,高熔点可靠性中间层的选取和在层状制备过程中尽量避免钨箔材自身力学性能的降低。

4.5.5 大塑性变形

大塑性变形或称严重塑性变形(Severe Plastic Deformation,SPD),是指块体材料发生大量剪切应变从而使晶粒超细化的加工方法,可用于制备高致密度、不受杂质污染的块体超细晶/纳米晶材料[48]。可以通过大塑性变形得到超细晶/纳米晶的钨,以此改善钨的低温脆性。经SPD处理的材料具有高强度和高韧性的超常结合[49,50],不同于传统处理方法不能同时获得高强度和高韧性[51]。粗晶钨进行SPD处理后，产生了大量非平衡大角晶界，杂质通过扩散沿这些晶界重新分布，降低了杂质原子在晶界处的平均浓度，从而使材料的延展性能提高；另认为经SPD处理后，材料产生非平衡的大角晶界，导致材料同时具有高强度和高韧性[52]。具有大角度晶界的超细等轴晶妨碍了位错的运动，从而增加了材料的强度；并且这样的晶粒可能有助于其他的变形机制（如晶界滑动或/和晶粒转动）的发生，提高了材料的延展性。采用适当的塑性加工方式，能够降低弥散强化钨的DBTT，但是机械加工不可避免地会带来材料结构和性能上的各向异性。

本 章 小 结

钨及钨基材料作为未来工程化应用的面向等离子体材料，它所面临的加工困难、韧脆转变温度高和再结晶温度低等问题必须充分认识，必须通过一些综合工艺手段得到解决。目前，可以通过钨基材料的组分和结构设计，包括合金化、纤维增韧、弥散强化、大塑性变形改性等，来改善钨性能。采用单一方式很难达到理想的增韧效果，多种增韧方式的综合应用（如弥散强化的W-Re合金，弥散强化的钨合金＋适当的机械加工等）才能获得具有优异综合性能的钨基材料。探究钨及钨合金的变形、强化机制及损伤行为，对推动钨及钨合金的发展，拓展钨及其合金的应用领域具有重要意义。研究者们仍在进一步研究新型钨基复合材料的变形、损伤及强化，进一步挖掘金属钨的潜质，希望在不久的将来能有明显的突破。

参考文献

[1] Philipps V. Tungsten as material for plasma-facing components in fusion devices[J]. Journal of Nuclear Materials, 2011, 415(1):S2-S9.

[2] 葛启录,肖振声,韩欢庆.高性能难熔材料在尖端领域的应用与发展趋势[J]. 粉末冶金工业,2000, 10(1):7-13.

[3] 王鼎春,夏耀勤.国内钨及钨合金的研究新进展[J]. 中国钨业,2001, 16(5-6):91-95.

[4] 杜靖元,张颖,张诚,等.钨基材料层状复合强化研究[J]. 化学工程与装备,2017(8):1-3.

[5] 张太全,王玉金,宋桂明.钨及钨合金的变形、断裂及强化机制研究综述[J]. 有色金属,2004, 56(1):7-12.

[6] Dümmer T, Lasalvia J C, Ravichandran G, et al. Effect of strain rate on plastic flow and

failure in polycrystalline tungsten[J]. Acta Materialia, 1998, 46(17):6267-6290.

[7] 杨世民,范景莲.铈、镧、钇、铼、钾对钨材料的强化机制探讨[J]. 硬质合金,2015, 32(1): 19-23.

[8] 米格兰比.材料的塑性变形与断裂[M]. 颜鸣皋, 译.北京:科学出版社,1998.

[9] Park J J.Formation of subgrains in tungsten-rhenium-hafnium carbide alloys during creep[J]. Journal of Material Science Letters, 1999, 18(4):273-275.

[10] Shin K S, Luo A, Chen B L, et al. High-temperature properties of particle-strengthened W-Re[J]. JOM, 1990, 42(8):12-15.

[11] Krasko G L.Impurity effects on electronic structure of grain boundaries and cohesion of tungsten[J]. International Journal of Refractory Metals and Hard Materials, 1994, 12(5): 2511-260.

[12] Wan N A H.Mobility of screw dislocations in BCC crystals:a review on modeling methods [J]. Progress in Natural Science, 2000, 10(10):721-729.

[13] Smid I, Akiba M, Vieider G, et al. Development of tungsten armor and bonding to copper for plasma-interactive components[J]. Journal of Nuclear Materials, 1998, 258-263(1):160-172.

[14] Kurishita H, Kobayashi S, Nakai K, et al. Current status of ultra-fine grained W-TiC development for use in irradiation environments[J]. Physica Scripta, 2007, 2017(T128):76-80.

[15] Matera R, Federici G. The ITER Joint Central Team. Design requirements for plasma facing materials in ITER[J]. Journal of Nuclear Materials, 1996, 233-237(1):17-25.

[16] Fujitsuka M, Mutoh I, Tanabe T, et al. High heat load test on tungsten and tungsten containing alloys[J]. Journal of Nuclear Materials, 1996, 233-237(1):638-644.

[17] Nakamura K, Suzuki S, Satoh K, et al. Erosion of CFCs and W at high temperature under high heat loads[J]. Journal of Nuclear Materials, 1994, 212-215(B):1201-1205.

[18] Steichen J M. Tensile properties of neutron irradiated TZM and tungsten[J]. Journal of Nuclear Materials, 1976, 60(1):13-19.

[19] 刘凤,罗广南,李强,等.钨在核聚变反应堆中的应用研究[J]. 中国钨业,2017,32(2):41-48.

[20] Gilbert M R, Sublet J C.Neutron-induced transmutation effects in W and W-alloys in a fusion environment[J]. Nuclear Fusion, 2011, 51(4):043005.

[21] Linke J.Plasma facing components and plasma materialsinteractions[R]. 16th International Conference On Fusion Reactor Materials, Beijing, China, 2013.

[22] 张迎九,谢佑卿,张晓东,等.金属钨的电子结构及物理性质的确定[J]. 稀有金属,1994, 18(3):203-207.

面向核聚变等离子体钨基材料

[23] Gröger R, Bailey A G, Vitek V.Multiscale modeling of plastic deformation of molybdenum and tungsten：I. Atomistic studies of the core structure and glide of $1/2 <111>$ screw dislocations at 0 K[J]. Acta Materialia, 2008, 56(19):5401-5411.

[24] Gröger R, Vitek V.Explanation of the discrepancy between the measured and atomistically calculated yield stresses in body-centered cubic metals[J]. Philosophical Magazine Letters, 2007, 87(2):113-120.

[25] Wei Q, Kecskes L J. Effect of low-temperature rolling on the tensile behavior of commercially pure tungsten[J]. Materials Science and Engineering A, 2008, 491(1-2):62-69.

[26] 王发展,唐丽霞,冯鹏发.钨材料及其加工[M].北京:冶金工业出版社,2008.

[27] Wahlberg S, Yar M A, Abuelnaga M O, et al. Fabrication of nanostructured W-Y_2O_3 materials by chemical methods[J]. Journal of Materials Chemistry, 2012, 22(25):12622-12628.

[28] Kurishita H.Recent progress in toughening nanostructured W alloys through domestic and international research collaboration[R]. Charleston, SC, USA, 2011(10):17-21.

[29] Kurishita H, Amano Y, Kobayashi S, et al. Development of ultra-fine grained W-TiC and their mechanical properties for fusion applications[J]. Journal of Nuclear Materials, 2007, 367-370(8):1453-1457.

[30] Zhou H, Jin S, Zhang Y, et al. Effects of hydrogen on a tungsten grain boundary：a first-principles computational tensile test[J]. Progress in Natural Science：Materials International, 2011, 21(3):240-245.

[31] Gludovatz B, Wurster S, Weingärtner T, et al. Influence of impurities on the fracture behaviour of tungsten[J]. Philosophical Magazine, 2011, 91(22):3006-3020.

[32] Zhao S X, Liu F, Qin SG, et al. Preliminary results of W fiber reinforced W(Wf/W) composites fabricated with powder metallurgy[J]. Fusion Science and Technology, 2013, 64(2):225-229.

[33] Gludovatz B, Wurster S, Hoffmann A, et al. Fracture toughness of polycrystalline tungsten alloys[J]. International Journal of Refractory Metals and Hard Materials, 2010, 28(6):674-678.

[34] Neges J, Ortner B, Leichtfried G, et al. On the 45° embrittlement of tungsten sheets[J]. Materials Science and Engineering：A, 1995, 196(1-2):129-133.

[35] 余永宁.金属学原理[M].北京:冶金工业出版社,2000.

[36] Romaner L, Ambrosch-Draxl C, Pippan R.Effect of rhenium on the dislocation core structure in tungsten[J]. Physical Review Letters, 2010, 104(19):195-503.

[37] El-Guebaly L, Kurtz R, Rieth M, et al. W-based alloys for advanced divertor designs：

189

options and environmental impact of state-of-the-art alloys[J]. Fusion Science and Technology, 2011, 60(1):185-189.

[38] Wurster S, Baluc N, Battabyal M, et al. Recent progress in R&D on tungsten alloys for divertor structural and plasmafacing materials[J]. Journal of Nuclear Materials, 2013, 442(1-3):S181-S189.

[39] Coenen J W, Philipps V, Brezinsek S, et al. Melt-layer ejection and material changes of three different tungsten materials under high heat-flux conditions in the tokamak edge plasma of TEXTOR[J]. Nuclear Fusion, 2011, 51(1):113020.

[40] Wurster S, Gludovatz B, Hoffmann A, et al. Fracture behaviour of tungsten-vanadium and tungsten-tantalum alloys and composites[J]. Journal of Nuclear Materials, 2011, 413(3):166-176.

[41] Wurster S, Baluc N, Battabyal M.Recent progress in R&D on tungsten alloys for divertor structural and plasma facing materials[J]. Journal of Nuclear Materials, 2013, 442(1-3):S181-S189.

[42] Xie Z M, Liu R, Miao S, et al. High thermal shock resistance of the hot rolled and swaged bulk W-ZrC alloys[J]. Journal of Nuclear Materials, 2016, 469:209-216.

[43] Wesemann I, Spielmann W, Heel P, et al. Fracture strength and microstructure of ODS tungsten alloys[J]. International Journal of Refractory Metals and Hard Materials, 2010, 28(6):687-691.

[44] Li X, Liu W, Xu Y, et al. Radiation resistance of nano-crystalline iron: coupling of the fundamental segregation process and the annihilation of interstitials and vacancies near the grain boundaries[J]. Acta Materialia, 2016, 109(1):115-127.

[45] Li X, Xu Y, Liu C S, et al. Energetic and kinetic behaviors of small vacancy clusters near a symmetric $\Sigma5(310)/[001]$ tilt grain boundary in bcc Fe[J]. Journal of Nuclear Materials, 2013, 440(1-3):250-256.

[46] Riesch J, Buffiere J Y, Höschen T, et al. In situ synchrotron tomography estimation of toughening effect by semi -ductile fibre reinforcement in a tungsten-fibre-reinforced tungsten composite system[J]. Acta Materialia, 2013, 61(19):7060-7071.

[47] Riesch J, Almanstötter J, Coenen J W, et al. Properties of drawn W wire used as high performance fibre in tungsten fibre-reinforced tungsten composite[J]. IOP Conference Series: Materials Science and Engineering, 2016, 139(1):12043.

[48] Valiev R Z, Islamgaliev R K, Alexandrov I V.Bulk nanostructured materials from severe plastic deformation[J]. Progress in Materials Science, 2000, 45(2):103-189.

[49] Wei Q, Jiao T, Ramesh K T, et al. Mechanical behavior and dynamic failure of high-strength ultrafine grained tungsten under uniaxial compression[J]. Acta Materialia, 2006, 54

(1):77-87.

[50] Wei Q, Zhang H T, Schuster B E, et al. Microstructure and mechanical properties of super-strong nanocrystalline tungsten processed by high-pressure torsion[J]. Acta Materialia, 2006, 54(15):4079-4089.

[51] Valiev R.Nanostructuring of metals by severe plastic deformation for advanced properties[J]. Nature Materials, 2004, 3:511-516.

[52] Valiev R Z, Alexandrov I V, Zhu Y T, et al. Paradox of strength and ductility in metals processed by severe plastic deformation[J]. Journal of Materials Research, 2002, 17(1):5-8.

第4章 聚变堆钨基材料的强韧化

第5章　聚变堆钨基材料的辐照损伤

5.1　引言

利用强磁场约束高温等离子体的 Tokamak 是最有希望实现可控热核聚变反应的装置。除了等离子体物理外,聚变装置材料尤其是面对等离子体第一壁材料也制约了可控核聚变反应的发展,是聚变装置研究与工程中不可回避的重点之一。目前聚变堆材料有:面向等离子体材料(如铍合金、多元素掺杂的石墨制品、C_f/C_f复合材料、SiC_f/SiC复合材料、纯钨和钨合金材料等)、低活化结构材料(低活化马氏体钢、钒合金、SiC_f/SiC复合材料)和氚增殖剂材料(锂陶瓷、锂铅合金、金属锂)等。除了要求力学、高温等性能,这些材料都面临着辐照考验,从综合性能平衡角度出发,确定被应用于聚变堆达到什么样的性能水平。国际热核聚变实验堆 ITER 的设计运行目标是实现稳态长脉冲的氘氚聚变等离子体放电,能否达到此目标在很大程度上取决于面向等离子体材料,尤其是辐照性能将直接决定这些材料的取舍。

面向等离子体第一壁材料,尤其是高负荷区限制器和偏滤器靶板材料研发是核聚变研究中的关键问题之一。由于第一壁材料要承受高的 H/He 等离子体通量($10^{20} \sim 10^{24} \, \mathrm{m^{-2} \cdot s^{-1}}$)、高的热流密度($10 \sim 20 \, \mathrm{MW \cdot m^{-2}}$)[1]和高能量的中子辐照(14 MeV)[2,3],损伤剂量高于核电站原件包壳材料的损伤剂量的10^4倍,同时,通过与中子的嬗变反应产生大量的杂质气体(如 H、He)以及嬗变元素(如 Re、Os 等)[4,5]。有数据显示,钨在未来聚变堆发电厂环境下服役 5 年后嬗变元素 Re 和 Os 含量分别可达 3.8 at.% 和 1.38 at.%[6],这将显著改变钨材料的组成成分,进而影响其服役性能。迄今为止,无论是各

面向核聚变等离子体钨基材料

国的 Tokamak 装置建造与研究,还是 ITER 工程的计划推进,还没有发现任何一种材料能够完全胜任第一壁的工作要求。因此,在高热、高流场辐照场下,PFMs 材料的性能至关重要,直接关系到聚变堆的安全运行和可靠保障,其技术每一步的进展都与材料辐照性能的提高与改进密不可分。

中子/辐射粒子与材料晶格原子发生碰撞产生的点阵缺陷,及其核反应产生的嬗变元素所引起的材料宏观性能的改变,如辐照肿胀、辐照生长、辐照硬化和辐照脆化等,被称为辐照效应,其导致材料弱化或性能降低,被称为辐照损伤。Tokamak 辐照环境下面向等离子体材料将持续受到高束流密度等离子体辐照,强烈的等离子体与材料的相互作用将造成材料的辐照损伤,对材料微观组织、性能及氚循环效率都将产生显著的影响,进而影响偏滤器的服役性能甚至 Tokamak 装置的运行稳定性。因此在聚变服役条件下,研究钨材料的辐照损伤过程是很有意义的[7,8]。而且在高温下,高剂量中子和离子辐照会导致严重的材料辐照肿胀、生长、硬化、辐照蠕变和断裂、氢和氦脆等问题,所以,研发一种兼顾良好导热性能和抗辐照性能的新型抗辐照材料成为当务之急,也非常必要。直线等离子装置是研究材料等离子体辐照损伤行为的主要实验平台,辐照实验时长或剂量通常为数小时或 $10^{25} \sim 10^{26}$ m^{-2} 量级。对于 ITER 及我国正在筹备建设的中国工程实验堆 CFETR,面向等离子体材料一年内累积的辐照剂量最高可达 10^{31} m^{-2},显然,当前辐照损伤效应的研究在辐照剂量等参数上仍与未来聚变装置中面临的实际参数有所差距。

随着核聚变技术不断发展,亟须对聚变堆材料的辐照效应数据及工程应用可行性进行评价,尤其是材料需要经受 14 MeV 强流中子的辐照,损伤剂量高且伴随着大量的嬗变氢、氦。目前缺乏 14 MeV 强流中子装置开展辐照实验,只能通过辐照效应理论和模型来设计辐照模拟实验和数据处理,推断其能否胜任应用的可行性来筛选材料,以满足聚变材料的需求。随着分子动力学模拟(MD Simulation)技术发展,研究者们已经能够研究碰撞过程和原始缺陷形态、缺陷形成能和迁移能及其后的演化过程。各种辐照技术的发展及微观观察手段与性能测试的进步,也可以帮助分析 14 MeV 强流中子的辐照损伤及其影响因素,以设计材料的组分,寻求低活化、耐辐照的材料。

带电粒子能够在相当短的时间内即可达到中子辐照几年甚至几十年所产生的损伤量,使用带电粒子来模拟中子辐照损伤受到了相对的重视。目前正在发展的现代快中子增殖堆,从核动力的经济性上来考虑,要求核燃料和堆芯结构材料运行到中子剂量超过 10^{23} n·cm^{-2},在堆内使用前所选用材料必须参考可靠的辐照效应实验数据。但是现有的高通量中子实验堆,即使找到中子通量高达 10^{15} n·cm^{-2} 的实验装置,要达到所要求的中子剂量值,辐照实验也要持续 3 年,如果在一般的中子通量为 10^{14} n·cm^{-2} 的装置进行实验,则需要花费 30 年,实际评价很难操作[9]。目前很难找到能满足要求的实验装置提供聚变中子进行实地辐照实验,而重离子的高损伤速率和电子辐照能达到的高通量使得对聚变堆材料进行辐照模拟研究成为可能,且已被证明是一种从辐照时间尺度上考虑能缩短几个数量级的有效手段。

5.2 钨材料的辐照损伤行为

5.2.1 氢同位素辐照钨材料损伤及滞留

在低能大束流的氘等离子辐照下,钨中会产生大量的辐照损伤,单晶或多晶钨在氢等离子体辐照下材料表面都会发生起泡,甚至在低能粒子辐照条件下,材料表面仍然起泡[10]。氢泡的形成会降低晶界的结合能力,导致材料脆性增大,从而严重影响材料的服役性能和氚滞留,不利于反应堆的长期稳定运行。主要原因在于:① 缺陷自身对入射粒子而言属于捕获源,从而使材料内部滞留燃料成分增加;② 因辐照而形成的严重缺陷能够形成元素迅速流失通道,使得诸多珍贵核燃料经由上述通道迅速流失。针对这一问题,已对氢同位素在钨缺陷处的滞留和聚集开展了大量的研究。由于氚的处理价格昂贵,并且对人体有一定的辐射,使得氚在材料中的行为研究存在一定的困难。氕和氘作为氢的同位素原子电子结构相同,化学性质相似,用氢或氘模拟氚的研究具有可行性和安全性。

由于移动能力强,扩散速度快的特点,氢能够被钨中的缺陷(本征缺陷和辐照缺陷)捕获,包括空位、杂质、位错和晶界,与缺陷结合形成缺陷团簇或氢泡。研究发现,在低能大束流不同温度氘等离子体辐照下,钨表面起泡形状各异[11],如图5-1所示,高注入剂量导致材料表面产生两种气泡:① 大气泡,数十个微米大小;② 小气泡,几个微米大小。同时伴有气泡爆裂的情况发生。爆裂方式有三类:① 气泡边缘破裂,小尾巴状;② 气泡顶端部分破裂;③ 气泡完全爆裂。随着辐照温度升高,钨表面出现熔化和裂纹[12](图5-2)。氘滞留和起泡现象与等离子体温度、束流大小、钨表面形貌和内部结构等都有很大的关系。Jia等[13]研究发现,钨的晶粒取向会影响氘泡的形成,在[111]取向上起泡明显,而[001]取向则会抑制氘泡的形成。

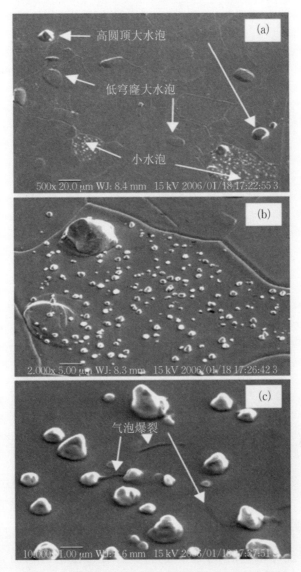

图中标注：
高圆顶大水泡
低穹窿大水泡
小水泡
气泡爆裂

图5-1 氘等离子体辐照后纯钨表面起泡的SEM图[11]
（氘离子能量为 38 eV、剂量为 1.0×10^{26} D·m^{-2}、表面温度为 520 K）

第5章　聚变堆钨基材料的辐照损伤

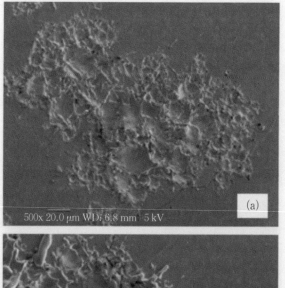

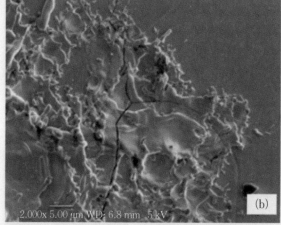

图5-2　氘等离子体辐照后纯钨表面熔化、开裂SEM图[12]

（氘离子能量为38 eV、剂量为1.0×10^{26} D·m^{-2}、表面温度为618 K）

Liu 等[14]提出了空位内部最佳电荷密度等值面的观点，来揭示氢泡的具体形成过程。当单个空位内部的氢原子达到一定数量时，中心的氢原子会结合并形成一个氢分子，如图5-3所示。起初，氢原子被空位捕获并依次占据空位内表面；当空位内的氢原子数量达到临界密度时，空位内部将不存在多余的等值面以容纳更多的氢原子，从而达到饱和状态；随后加入的氢原子不得已在空位中间形成氢分子，氢泡由此产生。氢泡的长大包括两个阶段：① 众多的氢原子在气泡内部聚集产生内压力，GPa级别[15]，但氢泡尺寸保持不变；② 当气泡内部压力达到阈值时，氢泡环向外推挤周边间隙原子扩展，使氢泡尺寸增大。氢泡的长大与氢泡内部压力和间隙环向外推挤有关，当泡内压力达到极限时，氢泡停止长大。目前，钨中单空位最多可容纳氢原子数量并未得到统一定论。Heinola 等[16]认为至多为5个，Johnson[17]则认为至少6个，

面向核聚变等离子体钨基材料

Liu[14]等认为是 10 个，You[18]和 Guerrero[19]等认为有 12 个，而 Ohsawa[20]等则认为是 14 个。

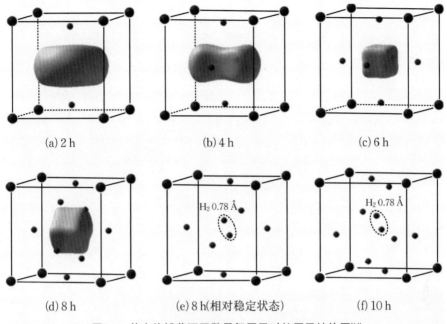

(a) 2 h   (b) 4 h   (c) 6 h

(d) 8 h   (e) 8 h(相对稳定状态)   (f) 10 h

图 5-3 单空位捕获不同数量氢原子时的原子结构图[14]

计算表明，钨材料中氢离子能够产生位移损伤的阈能为 2 keV[21]，Hu 等[22]采用 6.67 keV 的氢离子束（H^+）对不同实验温度（室温、350 ℃、500 ℃、600 ℃及 800 ℃）纯钨的氢泡形成和长大过程进行了相关研究，如图 5-4 所示。研究发现，相较于未辐照试样，室温下 H^+ 注入量为 2.25×10^{21} m^{-2} 时，材料表面产生许多尺寸为 2～6 nm 的位错环，但并无起泡现象。氢原子在室温下的移动性能差，扩散系数只有 $D_H = 4.1 \times 10^{-7}\exp(-0.39\ eV \cdot kT^{-1})$ $m^2 \cdot s^{-1}$[23]，空位的移动只能在高于 200 ℃才发生[18]。当温度达到 350 ℃时，钨中有少量氢泡显现，此时材料内空位开始移动且氢原子的流动性能增强。600 ℃时氢泡平均尺寸为 2.4 nm，密度达到峰值。随着温度升高，氢泡移动能力增强并结合成更大尺寸的气泡，当温度过高时，部分氢泡会向材料表面迁移并消失，导致氢泡数量骤降。在 800 ℃时，氢泡开始聚集，密度剧烈减少，但尺寸明显增大。Shu 等[24]研究了低能量（38 eV）、高注入剂量（约 10^{27} $D^+ \cdot m^{-2}$）条件下氢辐照在钨材料中的行为表现。研究表明，即使注入粒子的能量远低于位错损伤所需的能量，钨中依旧会有氢泡产生。

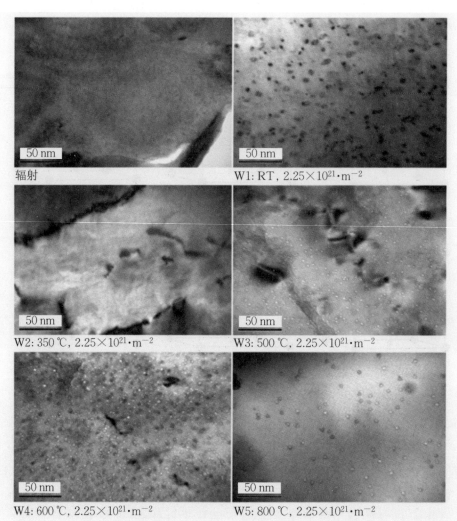

辐射

W1: RT, $2.25 \times 10^{21} \cdot m^{-2}$

W2: 350 ℃, $2.25 \times 10^{21} \cdot m^{-2}$

W3: 500 ℃, $2.25 \times 10^{21} \cdot m^{-2}$

W4: 600 ℃, $2.25 \times 10^{21} \cdot m^{-2}$

W5: 800 ℃, $2.25 \times 10^{21} \cdot m^{-2}$

图 5-4 相同氢离子束注入剂量、不同实验温度钨表面形貌[22]

材料中氢的同位素行为关系到确保核聚变堆安全性和经济性[25-29]。绝大多数情况下,大部分注入到钨材料中的氢的同位素会重新形成气体分子,从表面扩散释放出去,仅仅有一部分注入的氢同位素能扩散到更深处,然后被材料中的各种类型缺陷(空位、位错、杂质和晶界等)捕获,图 5-5 为多晶钨氢滞留的示意图[30]。热脱附谱(Thermal Desorption Spectroscopy,TDS)是用来研究材料表面在加热条件下,观察从表面脱附分子的一种重要技术手段。从能量角度研究吸附剂与吸附质的相互作用关系,TDS 实验结果包含多个峰,反映出脱附发生时不同温度的动力学行为。根据热脱附谱中出现的峰的数量和强度可以分析表面气体的吸附状态及分布规律,由热脱附曲线可以求出脱附的动力学参数,包括脱附激活能,脱附气体的化学形式,脱附速率、脱附级数和速率常数指前因子,还可通过分析热脱附谱计算脱附气体量(滞留量)。图 5-6 展示了典型

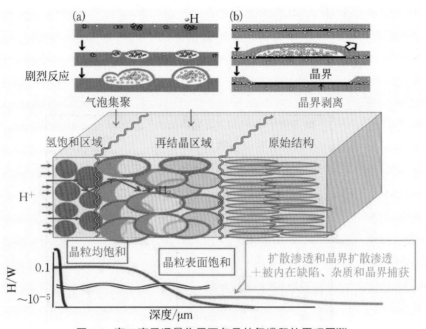

图5-5 高H离子通量作用下多晶钨氢滞留的原理图[30]

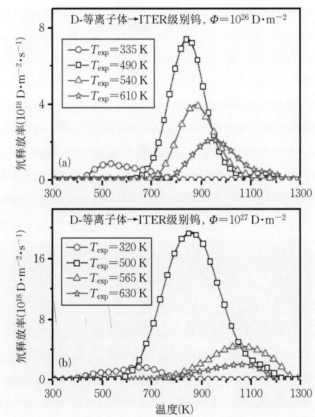

图5-6 ITER级别钨在38 eV氘等离子体注入后随温度、辐照剂量变化的TDS曲线[31]

的 ITER-W 在 D⁺ 轰击下 TDS 图谱随辐照温度、剂量的变化[31]。值得注意的是,通过 TDS 测得的氘滞留数值总是比通过离子束分析和核反应分析(Nuclear Reaction Analysis,NRA)获得的大,暗示了氢在钨中的扩散距离很深[30]。从图5-7可以看出,在高温时氘滞留量降低,因为高温下脱附速率高于捕获速率[31]。

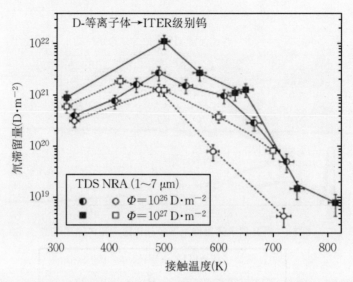

图5-7　ITER 级别钨在能量为 38 eV、通量为 10^{22} D⁺·m⁻²·s⁻¹ 的氘等离子体
轰击下氘滞留量随温度的变化曲线[31]

　　关于钨的 TDS 脱附峰的本质、数量以及峰值的位置到目前都没有统一的结论。因为钨中的氘滞留受材料的微观结构、加工过程和处理工艺等一系列因素的影响[32]。可以通过不同的制备方法,如粉末冶金法获得钨材料,在制备和加工的过程中不可避免地会引入一些杂质,以及产生不同类型的点阵缺陷,这些缺陷会捕获注入的氢同位素,从而影响材料的氘滞留。相同纯度(99.96%)但是晶体结构不同的钨材料氢的滞留量相差几倍[33]。纯钨的 TDS 图谱中的低温脱附峰主要是由材料的本征缺陷(晶界和位错等)释放氘引起的,在钨所有的缺陷类型中,位错表现出最低的陷阱能量,因此低温峰归功于位错;而 TDS 图谱中的高温峰(或者是肩膀)主要是由离子辐照产生的缺陷(空位和孔洞等)或者材料中原本存在高脱附能的位置释放氘贡献的[34]。从图5-8可以看出,氘滞留量随着辐照剂量的增加而增大,大致遵循着滞留量和辐照时间的平方根成正比,说明氘滞留是一个扩散主导的过程[35]。最新发现,即使氘等离子体的剂量在 10^{28} m⁻² 时,依然滞留量遵循着简单的平方根关系[36],氘滞留量没有饱和的趋势。国际上只有少量关于长时间氘等离子体辐照的滞留研究,国内尚无长时间高束流 H/He 等离子体辐照方面工作。

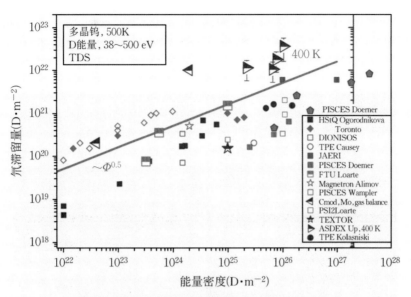

图5-8 多晶钨氘滞留量随辐照剂量的变化曲线[35]

目前国内外绝大部分研究都集中在纯钨材料,弥散相颗粒对钨辐照方面的影响研究因起步较晚而尚未成熟。Kurishita等[37]制备了TFGR(Toughened,Fine-Grained,Recrystallized)W-1.1%TiC样品,发现W-TiC样品在氘等离子体辐照下几乎不出现气泡及空洞现象(图5-9),氘滞留量比纯钨小两个数量级。张涛等[38]的研究表明碳化物掺杂钨表面气泡尺寸都明显小于纯钨,W-0.5%HfC和W-0.5%TiC表面气泡尺寸约1 μm,

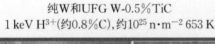

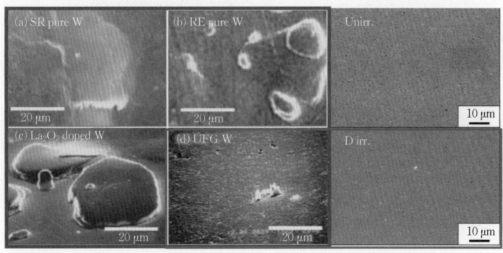

图5-9 PISCES-A装置不同钨材料氢同位素辐照后的表面形貌[37]

而 W-0.5％ZrC 表面气泡尺寸达到纳米级,如图5-10所示。Zhao等[39]研究发现,Y_2O_3掺杂颗粒可以抑制氘泡的形成,表面形成氘泡的尺寸和密度都明显减小(图5-11),且氘滞留没有明显增加(图5-12)。

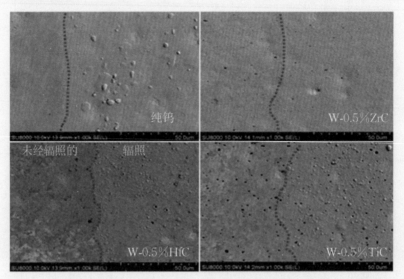

图5-10 不同钨基材料在通量为 $5×10^{21}$ ions·m^{-2}·s^{-1}、剂量为 $7.02×10^{25}$ ions·m^{-2}、能量为 90 eV D$^+$ 200 ℃下辐照后的表面形貌[38]

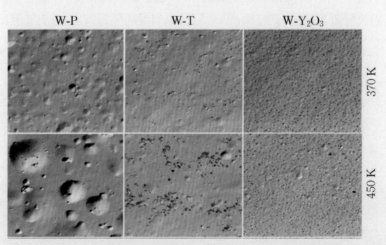

图5-11 W 与 W-Y_2O_3在剂量为 $6×10^{24}$ ions·m^{-2}、能量为 38 eV D$^+$ 450 K 下辐照后的表面形貌[39]

面向核聚变等离子体钨基材料

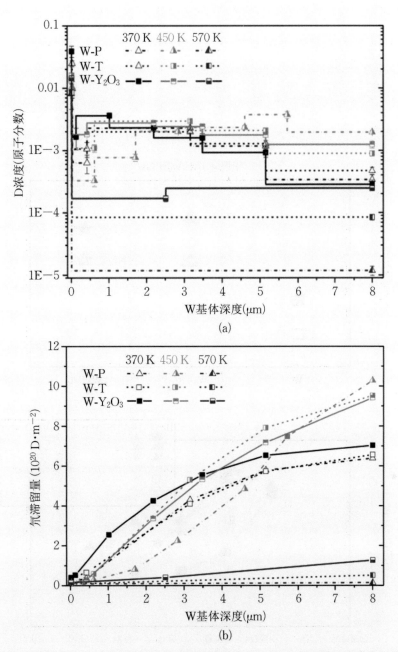

图 5-12 NRA 测得 W-Y₂O₃ 与两种纯钨氘浓度随深度的变化（a）和氘滞留量随深度变化曲线（b）[39]

第 5 章 聚变堆钨基材料的辐照损伤

但也有研究表明第二相颗粒增加了钨材料的氚滞留，Oya 等[40]通过 JAEA 和 HiFIT 装置辐照后测得 W、W-TiC 和 W-TaC 的氚滞留量（图5-13）。结果发现高温下碳化物掺杂钨的氚滞留量明显高于纯钨，可能由于 Ti、Ta 与 D 形成 TiD_2 和 TaD。Zibro 等[41]研究了能量为 30 eV、温度 300 K，不同剂量氚离子注入后 W、W-1.1％TiC 和 W-3.3％TaC 的氚滞留，发现了相同的结果（图5-14）。TiC 和 TaC 掺杂钨的氚滞留不同主要归功于碳化物不同的化学计量比。Zhao 等[42]也发现氧化物掺杂钨滞留量也高于纯钨，可能是 Y_2O_3 掺杂引入了高脱附能的缺陷（图5-15）。

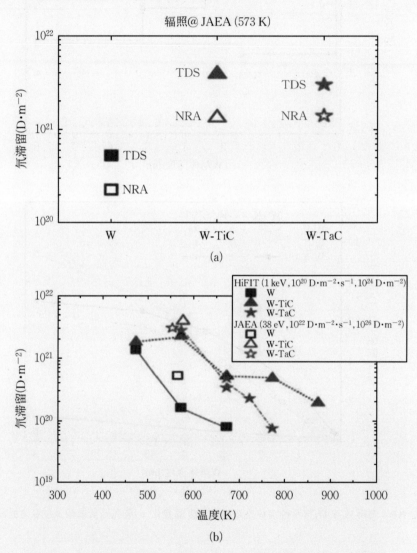

图5-13 在 JAEA 和 HiFIT 上辐照后 W、W-TiC 和 W-TaC 的总氚滞留[40]

面向核聚变等离子体钨基材料

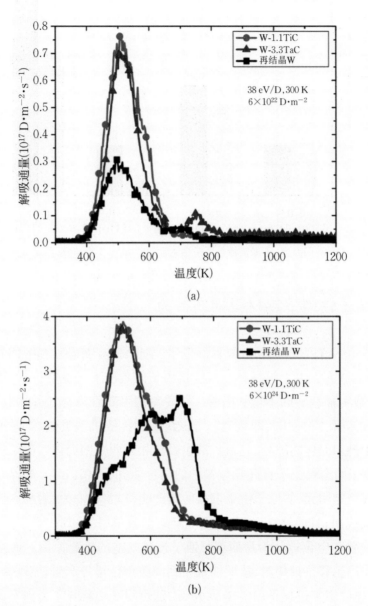

(a)

(b)

图 5-14　能量为 30 eV、温度 300 K，不同剂量氘离子注入后 W、W-TiC 和 W-TaC 的 TDS 图谱[41]

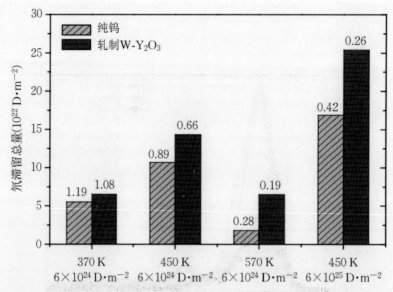

图5-15 不同温度、不同剂量氘离子注入后纯钨和W-Y$_2$O$_3$的氘滞留总量[42]

5.2.2 氦离子辐照下钨材料损伤行为

氦在晶体中溶解度低,极易在材料的位错、空位、晶界及颗粒和基体界面等缺陷处聚集,最后形成氦泡。由于钨材料在载能氦离子的轰击下形成空位、位错以及杂质等晶格缺陷,会成为捕获氦的不饱和陷阱。随着氦的不断聚集与迁移扩散,小的缺陷逐渐聚集形成纳米尺寸的缺陷,即氦泡。与氢溶解和扩散机理类似,氦原子同样倾向于滞留在材料中的四面体间隙处,且氦扩散主要与相邻两个四面体间隙结构之间的跃迁有关[43]。相较于两个氢原子在间隙位置的低结合能(低于0.1 eV),难以自发地在间隙位置聚集形成稳定团簇,氦原子由于较高的结合能(1 eV左右)更容易在四面体间隙位置直接自聚集成团,且能够在(110)晶面上聚集形成单层的团簇[44-45]。一般情况下,材料中的间隙位置和空位被认为是捕获氦原子形成气泡的主要原因。而当氦离子能量不足以在钨中产生移位损伤时,依旧能观察到间隙型位错环产生,该现象与He小板的形成有关,具体的聚集过程见图5-16所示[46]。这也很好地解释了为何实验过程中能够观察到大量氦聚集的情况。

ITER偏滤器部位将承受$10^{22}\sim10^{24}$ m$^{-2}\cdot$s^{-1}的He离子辐照。He离子主要是D-T聚变反应产生,能量为3.5 MeV,这部分能量用作等离子体自持加热,维持等离子体燃烧,自持加热后能量降至$10\sim10^6$ eV,通过磁场引导至偏滤器,避免He离子浓度过大导致D、T等离子体密度稀释。因为He在金属中溶解度极低,在核反应堆材料中很容易

面向核聚变等离子体钨基材料

聚集成长为He泡,所以几乎所有的面向等离子体材料都要面临He在材料内部起泡的问题。截至目前,国内外对钨在氦辐照下的损伤行为进行了大量的研究。对比氢辐照,氦辐照对材料的辐照损伤也更严重,且会产生纳米丝状结构(Fuzz),影响材料的物理化学性质,如热导率、力学性能等。在低能氦辐照(几百个eV)下,材料本身的杂质原子、空位和孔隙则会捕获氦原子,形成氦泡和间隙型位错环。纳米级气泡和位错环的尺寸、密度和分布情况与氦辐照的能量、注入剂量以及钨表面温度有关。研究钨中氦泡的形成机制常用的He注入方式,有自然氚衰变、中子诱发核反应和通过离子加速器进行He离子注入等。前两种方法具有放射性,可以实现的资源有限且不易操控。加速器He离子注入可以实现,也存在He分布不均匀、高含量He引入不易和实验周期长等缺点,需要进一步改进。

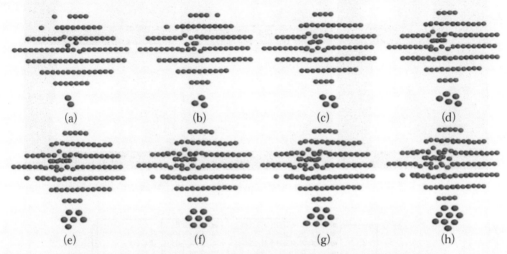

图5-16　钨中{110}晶面处氦原子聚集形成间隙氦原子层状结构的示意图[46]

Baldwin等[47]通过PISCES-B线性等离子体装置对聚变工程相关九种不同钨材料下的氦辐照行为进行了研究,结果表明氦辐照会造成钨材料表面的辐照损伤,产生明显的"Fuzz",如图5-17所示。图5-18显示了大量实验结果总结出的钨材料表面形成"Fuzz"的条件:离子入射能>20 eV,1000 K<T<2000 K[48-50]。Kajita等[50]研究表明"Fuzz"的形成是由于亚表面氦泡的生成、长大和聚集合并而产生的。A.M. Ito[51]等也发现钨纳米丝的形成,与氦泡的融合长大和迁移相关。研究人员通过结合分子动力学和蒙特卡洛法理论,混合模拟并列出了三种具体的纳米丝状结构的生长过程:①氦原子聚集成氦泡并顶出形成凸面;②氦原子聚集并破裂形成凹面;③氦原子进一步在钨中滞留加剧上述两种辐照损伤的程度,如图5-19所示。

第5章　聚变堆钨基材料的辐照损伤

图5-17　聚变工程相关9种不同钨材料经1120 K、40 eV氦离子辐照后的SEM截面图[47]

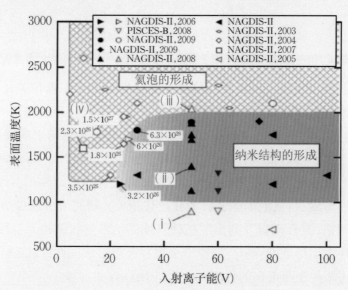

图5-18　聚变工程相关九种不同钨材料经1120 K、40 eV氦离子辐照后的SEM截面图

面向核聚变等离子体钨基材料

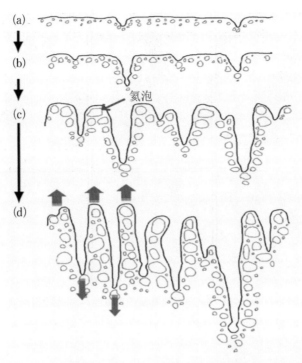

图5-19 "Fuzz"的形成过程示意图[50]

注入氦使材料内形成大量点缺陷,如空位、间隙原子、Frenkel缺陷对等,会阻碍位错运动,产生辐照硬化。氦泡聚集在空位、位错环里形成三维空洞,体积增大,产生辐照肿胀。辐照条件下,钨中自间隙原子数量会不断增加并形成大量的位错环。因为间隙原子相比空位原子迁移能更低,更加容易扩散和聚集,所以位错环对间隙原子的吸引力通常都远超对空位的吸引力,位错环吸收的间隙原子总是比空位多。基于同类位错环吸收同类缺陷长大的理论,间隙型位错环吸收间隙原子后不断长大,因此可以判断注氦产生的位错环为间隙型位错环。Watanabe等[52]研究了氦离子能量为8 keV及氦注入剂量从$1.0×10^{18}$ He$^+$·m^{-2}到$2.0×10^{21}$ He$^+$·m^{-2}实验条件下,钨材料表面形貌的变化过程,发现材料表面最先出现的是间隙环,且密度和尺寸随着注入剂量的增大而增加。当密度达到饱和时,部分间隙环堆积在一起形成位错缠结。当注入剂量继续增大时会有明显的氦泡产生,如图5-20所示。

Miyamoto等[53]研究发现,对于60 eV He等离子体辐照,氦泡层的深度(>30 nm)由于扩散过程远大于离子注入深度几个nm,氦泡随着温度升高尺寸增大,973 K时达到约10 nm(图5-21)。不论样品温度,60 eV He等离子体剂量在$5×10^{23}$ m^{-2},氦泡密度达到饱和,比3 keV He$^+$的饱和剂量10^{22} m^{-2}大(图5-22示)。El-Atwani等[54]发现纳米晶(NC)W比超细晶(UFG)W表现出更好的抗He$^+$辐照能力,如图5-23所示。

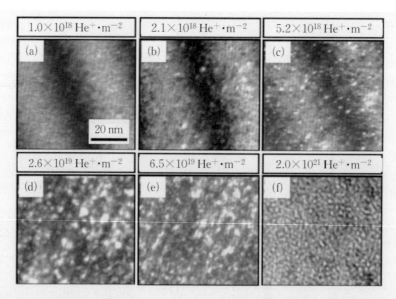

图 5-20 300 K、8 keV、$2.0×10^{21}$ $He^+·m^{-2}$ 的氦离子束辐照后 W 表面形貌变化的 TEM 图[52]

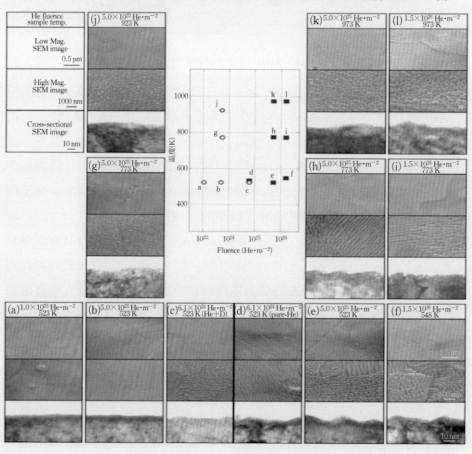

图 5-21 PISCES-A 装置 60 eV He 等离子体辐照下钨的组织演变[53]

面向核聚变等离子体钨基材料

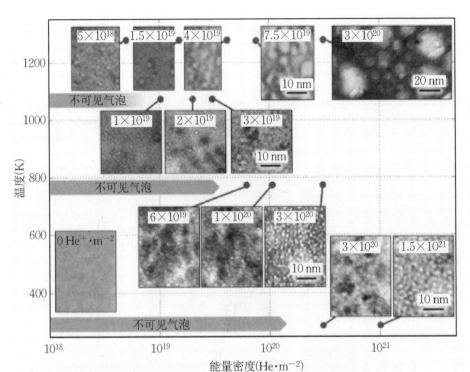

图 5-22 不同温度下 3 keV He⁺辐照钨的组织演变[53]

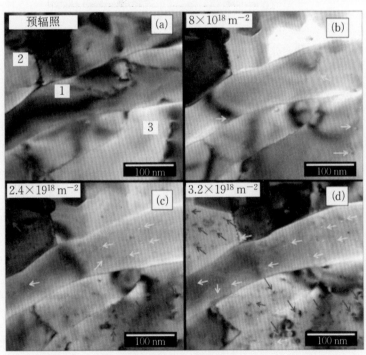

图 5-23 950 ℃、2 keV He⁺辐照钨的微观组织 TEM 图[54]

（1 为 NC W，2 和 3 为 UFG W）

钨在通常情况下氘滞留量很低,但在聚变服役条件下,钨不仅要受到氘离子辐照,还要受到高通量氦等离子体辐照。因此作为聚变材料,氦离子的辐照效率必须考虑进去,研究氦离子辐照对钨材料氘滞留的影响就非常有必要[55,56]。大部分研究表明,氦离子预辐照会增加钨的氘滞留,但是TDS峰的位置并不总是向高温偏移,如图5-24所示。对于低剂量注入,TDS峰向高温偏移或出现新的高温脱附峰(图5-24(a))[55],对于高剂量注入,TDS峰的偏移方向相反(图5-24(b))[57]。

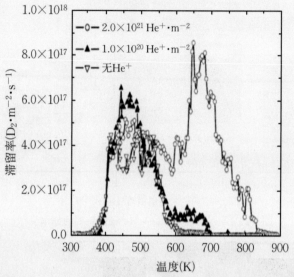

(a) 室温能量为8 keV、剂量为$1.0×10^{20}$ He$^+$·m^{-2}和$2.0×10^{21}$ He$^+$·m^{-2}
预辐照后$1.0×10^{21}$ D·m^{-2}注入的TDS图

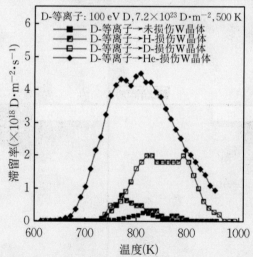

(b) 350 K室温能量为12 keV、剂量为$0.5×10^{22}$ He$^+$·m^{-2}预辐照后
$7.2×10^{23}$ D·m^{-2}注入的TDS图

图5-24 He$^+$预辐照对钨氘滞留的影响[55,57]

面向核聚变等离子体钨基材料

5.2.3 中子辐照下钨材料损伤行为

由于试验运行周期长、费用高，且辐照后样品带有放射性等问题，目前国内外针对中子辐照的研究有限。大多数研究中，实验条件均控制在注入剂量1.5 dpa(Displacements Per Atom)以下，以及温度范围为400～800 ℃，发现材料的缺陷形成过程与辐照剂量和温度密切相关[58]。Hasegawa[59-60]等大量研究了辐照剂量和温度对钨材料中子辐照的影响，并列出了不同辐照装置、不同辐照损伤程度和不同温度下钨中损伤缺陷的类型，如图5-25所示，中子辐照主要产生的缺陷为位错环和空洞。低dpa损伤下，位错环能清晰地观察到，但其与空洞的数量密度比例为(1/10)～(1/100)，数量上远不及空洞。HFIR装置中子辐照下，当损伤程度接近1 dpa，温度由500 ℃升至800 ℃时，位错环消失并伴随有少量的空洞和大量的针状沉淀物产生，沉淀物成分为ReW或Re₃W相。400～800 ℃中子辐照下钨中显微组织演变过程和原理[61]，如图5-26所示。可以看出随着辐照剂量的增加，钨中依次产生位错环和空洞；之后位错环消失，空洞数量和尺

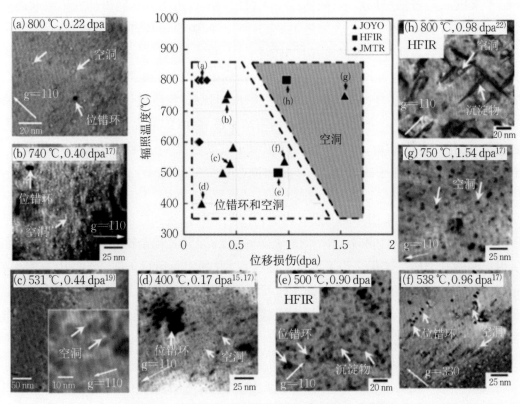

图5-25 纯钨在不同辐照条件下的组织缺陷TEM图[59]

寸均减小并伴随着针状沉淀物的产生,且材料中Re的含量增加。中子辐照引起的材料辐照硬化还与辐照损伤程度、温度以及材料中Re含量有关,且主要由辐照损伤后材料中产生的位错环、空洞及沉淀物引起。Fukuda[62]和Hu[63]等也得出了类似的结论,当辐照损伤程度较低时(<0.16 dpa),位错环和空洞是导致材料辐照硬化的主要原因;而当辐照损伤程度超过0.6 dpa时,析出的金属间第二相沉淀物则是导致材料硬化的起因。

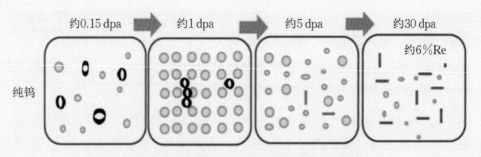

图5-26　快中子辐照下钨中显微组织演变原理图[61]

(圆圈代表空洞,黑色环代表间隙位错环,红色条代表针状Re相沉淀物)

Tokamak滤器辐照环境下,载能粒子入射到面向等离子体材料内部发生级联碰撞会产生缺陷及缺陷团簇,未复合的各类缺陷(空位、间隙原子和He原子等)在后续演化过程中会根据各自属性优先聚集在自由体积较大或能量较低的sinks处,如界面、晶界及位错线/位错环等,使得缺陷在sinks处湮灭。为了提高材料的抗辐照损伤性能,延缓辐照肿胀的发生,主要通过积极引入高密度析出相颗粒,弥散氧化物颗粒、增大位错密度及细化晶粒等方式来增大比表面积,利用高密度界面(如晶界、相界、层间界和自由表面等)的优先吸附作用,增加空位与间隙原子的复合概率,降低过饱和的空位浓度,增大触发引起辐照肿胀的剂量阈值,进而减小辐照肿胀速率,达到改善辐照性能的目的。

大多数研究人员采用不同的途径(如合金化、晶粒细化和弥散强化等)来提高钨基PFMs的抗辐照性能。Fukuda等[64,65]系统研究了La以及K掺杂钨材料,经过中子辐照所引起的微观结构的变化。为了尽可能接近ITER的实际运行条件(200~1000 ℃、0.7 dpa),辐照实验是在快速反应堆Joyo上进行的,选择的辐照温度为531~756 ℃,中子辐照剂量为0.42~0.47 dpa。图5-27为中子辐照后纯钨、La掺杂钨和K掺杂钨的组织形貌图,可以看出,经过中子辐照后,纯钨、La掺杂钨以及K掺杂钨材料内部都形成了大量的缺陷,如空洞、黑斑以及位错环等。

Fukuda等[65]还研究了1029 K、0.42 dpa中子辐照,对超细W-0.5%TiC/H的微观组织和性能的影响,几种材料表现出的辐照损伤都很相似(图5-28)。Kurishita等[66]研究

面向核聚变等离子体钨基材料

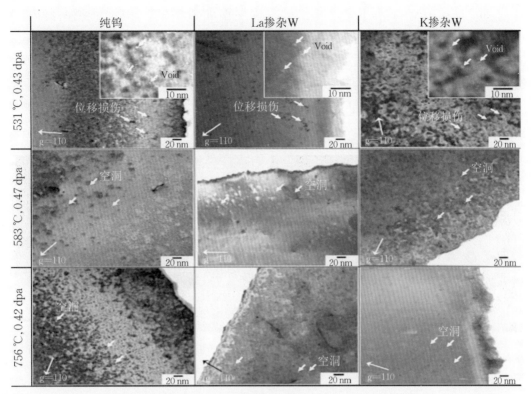

图 5-27　纯钨、La 掺杂钨和 K 掺杂钨经中子辐照后的微观结构[64]

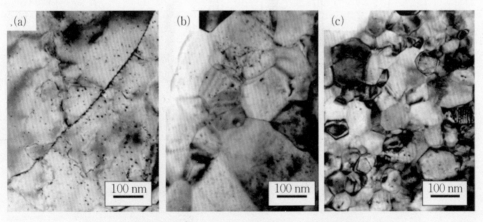

图 5-28　JMTR 反应堆上 873 K、2×10²⁴ n·m⁻² 中子辐照后纯钨、
W-0.5％TiC-H 和 W-0.5％TiC-Ar 的 TEM 明场相[65]

第 5 章　聚变堆钨基材料的辐照损伤

了中子辐照对超细W-0.5%TiC复合材料组织和性能的影响,实验是在JMTR(Japan Materials Test Reactor)反应堆上进行的,辐照温度为600 ℃,中子辐照剂量为2×10^{24} n·m^{-1}。中子辐照后纯钨、W-0.5%TiC-H2和W-0.5%TiC-Ar的微观组织形貌如图5-29所示,可以看出,经过中子辐照三种材料晶粒内部都出现了如小黑斑或I型位错环等缺陷,但是W-TiC的缺陷数量密度明显比纯钨低。几种材料的辐照硬化值(ΔHV)如图5-30所示,超细W-TiC复合材料比其他增强相材料的辐照硬化抗力更强。

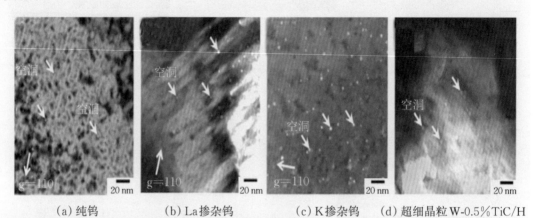

(a) 纯钨   (b) La掺杂钨   (c) K掺杂钨   (d) 超细晶粒 W-0.5%TiC/H

图5-29　Joyo反应堆上1029 K、0.42 dpa中子辐照后热处理去应力样品中空洞的形成[66]

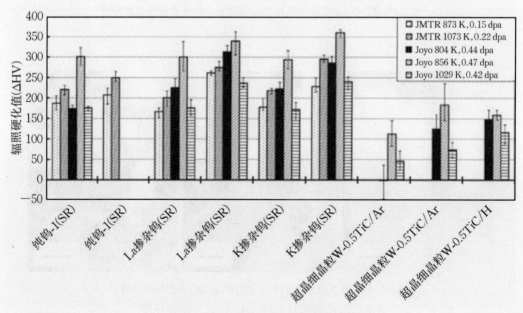

图5-30　中子辐照后样品的辐照硬化[66]

面向核聚变等离子体钨基材料

5.2.4　重离子辐照下钨材料损伤行为

核聚变反应堆中产生氘氚聚变反应,会释放出具有 14 MeV 能量的中子,对材料造成严重的辐照损伤。辐射损伤会使材料性能弱化,在辐照累积到一定剂量后,材料性会严重恶化,如材料的延性损失(低温辐照脆化、高温氦脆)和空洞肿胀,最终导致材料失效。材料的辐照损伤是个复杂的多因素过程,包括多种类型缺陷的产生、扩散、复合和聚集。了解钨高剂量辐照损伤及其随辐照剂量的变化,对研究开发核聚变堆结构材料十分重要,反应堆结构材料的中子辐照实验评价在工程应用上不可欠缺。目前中子源的强度都太低,很难找到能满足要求的实验装置,开展聚变服役条件下所遇到的高剂量的辐照效应研究,且中子辐照实验周期长,费用昂贵,辐照样品具有放射性难以处理,不能进行大范围的全体系的测试评价,给材料性能退化机制研究和材料的改进造成极大的限制。因而重离子的高损伤速率和电子辐照能达到的高通量,使得对聚变堆材料进行替代辐照模拟评估应用[67-75]。从 20 世纪六七十年代起,重离子辐照就开始用于模拟快中子增殖反应堆中的中子辐照损伤[76]。随着核聚变堆建设与研究的飞速发展,离子辐照也用来模拟核聚变反应堆中的中子损伤,以反映核聚变堆中结构材料的辐照损伤程度。

高能重离子辐照往往会在材料近表面造成高密度的离位损伤,包括位错、空位、空位簇等[77]。位错环作为辐照材料中最常见的微观组织,与空洞、层错四面体、气泡和间隙原子团簇等辐照缺陷一起对材料辐照过程中性能的退化起着重要的影响。其中最引人注意的现象是形成"Loop Rafting"(位错环排列成平行线)[78]。"Rafting"最早出现在经过中子和重离子辐照的钨和其他 bcc 金属中(包括薄膜和块体)[79-82],其形成机制仍在讨论中,阐明"Rafting"对辐照硬化和脆化的影响规律对于评价材料的服役行为非常有必要。Brimhall 等[83]在中子辐照 Mo 中发现了"Rafting",其出现温度在 400 ℃以上,主要归功于位错环滑移和攀移。Sikka 等[84]在 430 ℃和 580 ℃中子辐照 W 样品中观察到"Rafting",并发现 raft 里的位错环有着相同的柏氏矢量(Burgers Vector),即〈111〉。Zinkle 等[80]在中子辐照 Fe 样品中发现当剂量超过 0.3 dpa 时出现 Raft,厚的薄膜样品里的 Raft 数量高于薄的薄膜样品。Barnes 等[85]认为是位错环通过调整位置和取向形成一个低能量状态,从而形成"Rafting"。大部分研究发现"Rafting"总是在高温辐照条件下产生,但 El-Atwani 等[78]研究在室温和高温(1050 K)3 MeV Cu⁺辐照 W 样品中都观察到"Rafting",在辐照剂量低至 0.2~0.25 dpa 时也观测到"Rafting",且"Rafting"的厚度随着剂量的增加而增大,如图 5-31 所示[86]。这和 Wen 等[81]通过动力学蒙特卡罗(Kinetic Monte Carlo,KMC)模拟得出的形成机制一致,Raft 可以通过位错环滑移和自间隙团

217

簇(Self-interstitial Clusters)柏氏矢量的旋转形成,没必要通过位错攀移。因此,"Rafting"的形成可以发生在室温条件下。

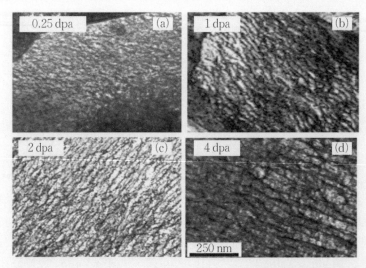

图 5-31　室温、3 MeV、不同 dpa Cu$^+$辐照 W 组织 TEM 图,dap 速率为 0.000167 dpa/s[86]

图 5-32 展示了钨在不同温度 6.4 MeV Fe^{3+} 和 1 MeV He$^+$ 辐照后位错分布[87]。处在辐照表面和缺陷密度急剧变化的深度之间,位错密度均匀分布的区域称为前区(Front Zone,FZ);高位错密度区(High Dislocation Density Zone,HDDZ)处在深度 1800~2000 nm 之间,此区域位错环易形成沿着固定方向的针状聚合物,可能与晶体的特定取向有关。通常情况下,300 ℃时损伤区域可以分为两个区域:FZ 和 HDDZ,扩散区(Diffusion Zone,DZ)在此温度可以忽略。500 ℃时 HDDZ 消失,取而代之的是 DZ,开始于深度 2000 nm,DZ 内位错环形成"Rafting"。低位错密度区(Low Dislocation Density Zone,LDDZ)在 500 ℃及更高温度出现,宽度只有 100 nm,将 FZ 和 DZ 分开。可以看出,随着辐照温度的升高,前区分界线 A 向表面方向移动,500 ℃位于 1.8 μm、700 ℃位于 1.7 μm、1000 ℃位于 1 μm。低位错密度区分界线 B 位置保持不变,保持在 2 μm,扩散区分界线 C 向样品深处移动,说明缺陷的分布受辐照温度的影响。另外缺陷的分布也受晶界的影响,因为晶界可以充当辐照缺陷的 Sink,所以沿着晶界会出现一个位错环的无缺陷区(Denuded Zone),如图 5-33 所示。从图 5-33(a)可以看出晶界附近形成一个宽度为 20 nm 的无缺陷区,晶界处氦泡的密度相比基体更低(图 5-33(b))。El-Atwani 等[86]还研究了在相同辐照条件下晶界密度对纳米晶和超细晶 W 样品"Rafting"的影响。高的晶界密度能增加间隙原子的吸收,促使缺陷湮灭,限制了 Raft 形成。从图 5-34(a)和图 5-34(b)可以看出,在室温 0.25 dpa Cu$^+$辐照后纳米晶 W(NCW)相比粗晶 W(CGW)表现出更少的 Rafts。在高温下,两种晶粒度 W 都出现了

面向核聚变等离子体钨基材料

Rafts,但NCW内的Rafts长度更短,密度更低,如图5-34(c)和图5-34(d)所示。

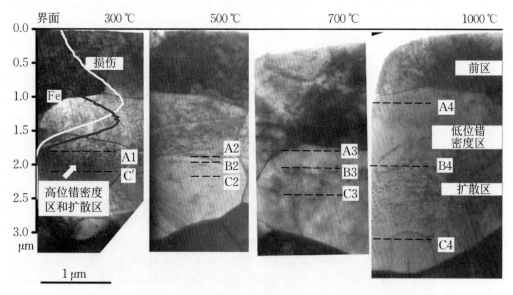

图 5-32 W 在不同温度、**6.4 MeV Fe³⁺和 1 MeV He⁺**辐照后位错分布的整体图,虚线代表不同区域的边界[87]

(边界线 A,前区的末端;边界线 B,低位错密度区的末端;边界线 C,扩散区的末端)

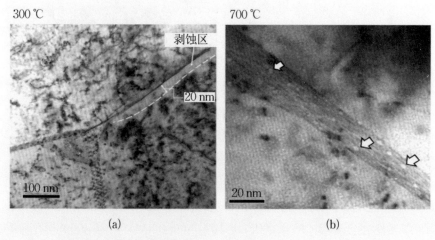

图 5-33 晶界对位错的影响(一个宽度为 20 nm 的无缺陷区)(**a**)和
氦泡的影响(晶界处的氦泡相比基体密度更小,尺寸更大)(**b**)[57]

  核聚变反应堆中钨材料要承受高热负荷,可见聚变堆中钨材料是在高温下(500～1200 ℃)受到离子辐照。因此,研究高温下钨中辐照缺陷的演化行为,观察典型辐照样品中产生的位错环以何种途径演化,位错环在多少温度以及能否经过退火彻底除去,具有重要意义[88-90]。为了实现这个目的,大量的文献采用电阻率测试来研究辐照后辐照诱导缺陷的回复(recovery)过程[91-96]。基于快中子辐照钨(≥1 MeV)的研究[97],退火过程可以分为五个阶段:阶段一(20～100 K):自由自间隙原子(Self-interstitial Atoms, SIAs)的迁移及间隙原子-空位对(Frenkel Pairs)的复合;阶段二(100～700 K):SIAs从位错和杂质原子中释放出来;阶段三(700～920 K)空位迁移;阶段四(920～1270 K):空位团簇和空位杂质复合体的迁移;阶段五(1270～1800 K):空位团簇和间隙团簇热离解。电阻率测试可以获得回复阶段的温度区间及激活能,但是不能直接观察到缺陷及其本征特性,以及不同退火条件下的演变规律。最新的研究利用TEM原位观察不同温度退火材料辐照产生缺陷的回复过程,不仅可以立即对辐照产生的缺陷进行定量分析,还可以观察到回复随温度和时间的变化过程,有助于获得辐照缺陷的回复机制。

图5-34 3 MeV、0.25 dpa Cu⁺辐照粗晶与纳米晶钨组织TEM图[86]

Ferroni等[88]利用TEM原位观察自离子辐照(2 MeV W⁺、500 ℃ 10^{14} W⁺·cm^{-2})钨样品高温退火过程中的微观结构及缺陷演变,如图5-35所示。可以看出随着退火温度的升高,位错环的密度降低,尺寸增大(尤其是在800～950 ℃)。在950 ℃和1100 ℃出现了位错线和位错网,1400 ℃退火1 h间隙型位错环基本完全消除。虽然TEM是表征间隙位错环和空洞(voids)演变的一种强有力的工具,但是只能观察到尺寸大于1 nm (TEM的分辨率)的缺陷,因此对于TEM观察不到的缺陷尤其是小的空位团簇,其在辐照后退火过程中的演变机制仍不清楚。从图5-36可以看出,800 ℃退火TEM能够观测到voids,1400 ℃时长大到4 nm,密度降低。

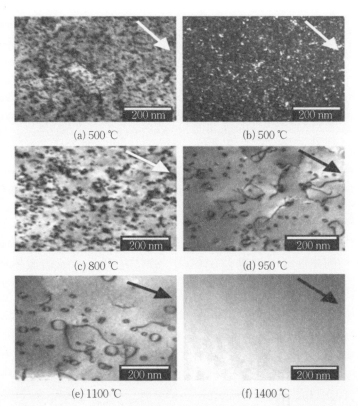

(a) 500 ℃   (b) 500 ℃

(c) 800 ℃   (d) 950 ℃

(e) 1100 ℃   (f) 1400 ℃

图 5-35　2 MeV、1.5 dpa W⁺辐照钨在不同温度下退火 1 h 微观组织 TEM 图[88]

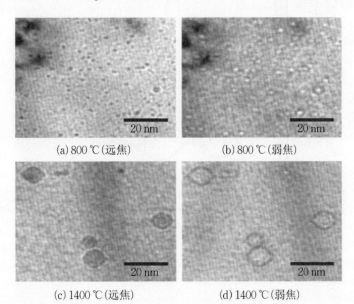

(a) 800 ℃ (远焦)   (b) 800 ℃ (弱焦)

(c) 1400 ℃ (远焦)   (d) 1400 ℃ (弱焦)

图 5-36　自离子辐照（2 MeV W⁺、500 ℃、10^{14} W⁺·cm⁻²）W 在不同温度下退火后空洞的 TEM 图[88]

Liu 等[98]利用兰州重离子加速器研究122 MeV Ne^{7+}离子对钨箔的辐照损伤及氘滞留的影响,研究发现,在0.3 dpa的辐照剂量下,钨中的氘滞留量显著增大且氘的热脱附温度区间变大(730~1173 K),这是由于重离子辐照缺陷作用的结果。Watanabe 等[99]研究了2.4 MeV Cu^{2+}离子辐照对纯钨中氘滞留的影响,发现即使在室温下低剂量的重离子辐照也会在钨材料中造成高密度的位错环和空位簇等现象,这些辐照缺陷会成为强的氘捕获陷阱、增大氘滞留。Shimada 等[100]研究了2.8 MeV Fe^{2+}离子辐照对纯钨中氘滞留的影响,发现当辐照剂量从0.027 dpa增加到0.3 dpa时,脱附峰强度增加但曲线形状基本相同;辐照剂量从0.3 dpa增加到3 dpa,强度明显增加,脱附峰位置移向更高温度,可能是由于重离子辐照在钨材料中产生高密度的位错环,成为强的氘捕获陷阱,增大氘滞留量,如图5-37所示。Tyburska 等[101]研究了5.5 MeV不同dpa的W^{2+}预辐照对钨氘滞留的影响,研究表明自离子辐照下钨在辐照剂量约0.3 dpa处氘滞留有明显的饱和趋势,再增加W^{2+}的辐照剂量也不会增加氘滞留,如图5-38所示。这个结果与Ogorodnikova[102]的实验结果相吻合。但也有研究发现,钨在Fe^{2+}辐照下剂量达到3 dpa的氘滞留量还没达到饱和[103](图5-39),具体原因尚不明确。

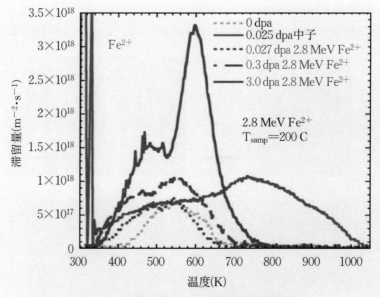

图5-37 不同剂量Fe^{2+}注入钨的TDS图谱[100]

面向核聚变等离子体钨基材料

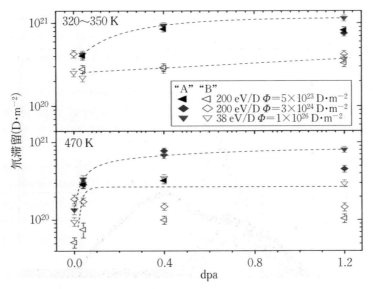

图 5-38　5.5 MeV 不同 dpa 的 W^{2+} 预辐照钨的氘滞留[101]

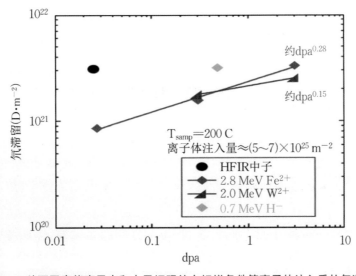

图 5-39　三种不同高能离子束和中子辐照钨在相似条件等离子体注入后的氘滞留[103]

Hatano 等[104]利用美国橡树林国家实验室(ORNL)的高通量同位素反应堆(HFIR)对比研究了中子辐照与重离子辐照(20 MeV 钨离子自辐照)对纯钨中氘滞留的影响,研究表明,中子辐照与钨重离子自辐照均会显著增大氘在材料中的滞留量。在中子辐照剂量为 0.3 dpa、样品温度为 473 K、氘等离子体轰击后,钨中的氘浓度会高达 0.8 at.%,这是由于辐照缺陷的作用且缺陷具有一定的热稳定性。Oya 等[105]对比了重离子辐照(2.8 MeV Fe^{2+})与中子辐照对钨脱附峰的影响,发现经过 Fe^{2+} 辐照后,钨的 TDS 曲线包含两个脱附峰,分别在 450 K 和 550 K,而中子辐照钨出现了第三个独有的高温脱附峰(750 K),说明重离子辐照不能完全模拟中子辐照氚滞留(图5-40)。

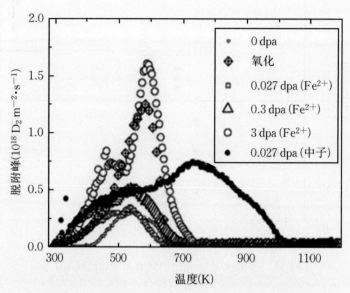

图5-40　2.8 MeV Fe²⁺辐照和中子辐照后 W 的 TDS 图谱[105]

本 章 小 结

国际热核聚变实验堆ITER的设计运行目标是实现稳态长脉冲的氘氚聚变等离子体放电,很大程度上取决于面向等离子体材料。聚变堆面向等离子体代表性材料,如铍合金、C_f/C_f复合材料、纯钨和钨合金材料等、低活化结构材料(低活化马氏体钢、SiC_f/SiC复合材料)等,除了对它们力学、高温等性能的要求外,辐照考验是应用筛选的试金石,辐照性能将直接决定这些材料的取舍。

第一壁材料承受三高环境考验,如高的 H/He 等离子体通量($10^{20} \sim 10^{24}\ m^{-2} \cdot s^{-1}$)、高的热流密度($10 \sim 20\ MW \cdot m^{-2}$)和高能量的中子辐照(14 MeV),损伤剂量高于核电站原件包壳材料的10^4倍。改变钨材料的组成成分与显微结构,调整其服役的综合性能,确定了聚变堆达到什么样的性能状态水平。在辐照场下材料的性能及其变化至关重要,直接关系到聚变反应堆的安全和可靠,核技术的进展都与材料辐照性能及抗辐照能力改进密不可分。

参考文献

[1] Linsmeier C, Rieth M, Aktaa J, et al. Development of advanced high heat flux and plasma-facing materials[J]. Nuclear Fusion, 2017, 57(9):1.

[2] Pitts R A, Carpentier S, Escourbiac F, et al. Physics basis and design of the ITER plasma-facing components[J]. Journal of Nuclear Materials, 2011, 415(1):957-964.

[3] Raffray A R, Nygren R, Whyte D G, et al. High heat flux components-readiness to proceed from near term fusion systems to power plants[J]. Fusion Engineering and Design, 2010, 85 (1):93-108.

[4] Knaster J, Moeslang A, Muroga T. Materials research for fusion[J]. Nature Physics, 2016, 12:424-434.

[5] Duffy D M. Modeling plasma facing materials for fusion power[J]. Materials Today, 2009, 12(11):38-44.

[6] Gilbert M R, Sublet J C. Neutron-induced transmutation effects in W and W-alloys in a fusion environment[J]. Nuclear Fusion, 2011, 51(4):43005.

[7] Alimov V K, Tyburska-Püschel B, Hatano Y, et al. The effect of displacement damage on deuterium retention in ITER-grade tungsten exposed to low-energy, high-flux pure and helium-seeded deuterium plasmas[J]. Journal of Nuclear Materials, 2012, 420(1-3):370-373.

[8] Yang X, Hassanein A. Molecular dynamics simulation of deuterium trapping and bubble formation in tungsten[J]. Journal of Nuclear Materials, 2013, 434(1-3):1-6.

[9] 郁金南. 材料辐照效应[M]. 北京:化学工业出版社,2007.

[10] Shu W M, Kawasuso A, Yamanishi T. Recent findings on blistering and deuterium retention in tungsten exposed to high-fluence deuterium plasma[J]. Journal of Nuclear Materials, 2009, 386-388(C):356-359.

[11] Shu W M, Wakai E, Yamanishi T. Blister bursting and deuterium bursting release from tungsten exposed to high fluences of high flux and low energy deuterium plasma [J]. Nuclear Fusion, 2007, 47(3):201-209.

[12] Shu W M, Nakamichi M, Alimov V K, et al. Deuterium retention, blistering and local melting at tungsten exposed to high-fluence deuterium plasma[J]. Journal of Nuclear Materials, 2009, 390-391(1):1017-1021.

[13] Jia Y Z, Liu W, Xu B, et al. Temmerman Mechanism for orientation dependence of blisters on W surface exposed to D plasma at low temperature[J]. Journal of Nuclear Materials, 2016, 477(3):165-171.

[14] Liu Y L, Zhang Y, Zhou H B, et al. Vacancy trapping mechanism for hydrogen bubble formation in metal[J]. Physical Review B, 2009, 79(17):172103.

225

[15] Veen A V, Filius H A, Vries J D, et al. Hydrogen exchange with voids in tungsten observed with TDS and PA [J]. Journal of Nuclear Materials, 1988, 155(2):1113-1117.

[16] Heinola K, Ahlgren T, Nordlund K, et al. Hydrogen interaction with point defects in tungsten[J]. Physical Review B, 2010, 82(9):94102.

[17] Johnson D F, Carter E A. Hydrogen in tungsten: absorption, diffusion, vacancy trapping, and decohesion[J]. Journal of Materials Research, 2010, 25(2):315-327.

[18] You Y W, Kong X S, Wu X B, et al. Dissolving, trapping and detrapping mechanisms of hydrogen in bcc and fcc transition metals[J]. AIP Advances, 2013, 3(1):12118.

[19] Guerrero C, González C, Iglesias R, et al. First principles study of the behavior of hydrogen atoms in W monovacancy[J]. Journal of Materials Science, 2016, 51(3):1445-1455.

[20] Ohsawa K, Eguchi K, Watanab H, et al. Configuration and binding energy of multiple hydrogen atoms trapped in monovacancy in bcc transition metals[J]. Physical Review B, 2012, 85(9):94102.

[21] Sakamoto R, Muroga T, Yoshida N, et al. Microstructural evolution induced by low energy hydrogen ion irradiation in tungsten[J]. Journal of Nuclear Materials, 1995, 220-222:819-822.

[22] Hu W H, Luo F F, Shen Z Y, et al. Hydrogen bubble formation and evolution in tungsten under different hydrogen irradiation conditions[J]. Fusion Engineering and Design, 2015, 90:23-28.

[23] Frauenfelder R. Solution and diffusion of hydrogen in tungsten[J]. Journal of Vacuum Science and Technology, 1969, 6(3):388-397.

[24] Shu W M, Wakai E, Yamanishi T. Blister bursting and deuterium bursting release from tungsten exposed to high fluences of high flux and low energy deuterium plasma[J]. Nuclear Fusion, 2007, 47(3):201-209.

[25] Zayachuk Y, Hoen M H, Van Emmichoven P A Z, et al. Deuterium retention in tungsten and tungsten-tantalum alloys exposed to high-flux deuterium plasmas[J]. Nuclear Fusion, 2012, 52(10):103021.

[26] Tyburska-Püschel B, Alimov V K. On the reduction of deuterium retention in damaged Re-doped W[J]. Nuclear Fusion, 2013, 53(12):123021.

[27] Zibrov M, Mayer M, Gao L, et al. Deuterium retention in TiC and TaC doped tungsten at high temperatures[J]. Journal of Nuclear Materials, 2015, 463:1045-1048.

[28] Zibrov M, Mayer M, Markina E, et al. Deuterium retention in TiC and TaC doped tungsten under low-energy ion irradiation[J]. Physica Scripta, 2014, T159(159):14050-14055.

[29] Hoen M H, Tyburska-Püschel B, Ertl K, et al. Saturation of deuterium retention in self-

damaged tungsten exposed to high-flux plasmas[J]. Nuclear Fusion, 2012, 52(2):23008.

[30] Tanabe T. Review of hydrogen retention in tungsten[J]. Physica Scripta, 2014, T159(159): 14044-14055.

[31] Alimov V K, Tyburska-Püschel B, Lindig S, et al. Temperature dependence of surface morphology and deuterium retention in polycrystalline ITER-grade tungsten exposed to low-energy, high-flux D plasma[J]. Journal of Nuclear Materials, 2012, 420(1-3):519-524.

[32] Tokunaga K, Baldwin M J, Doerner R P, et al. Blister formation and deuterium retention on tungsten exposed to low energy and high flux deuterium plasma[J]. Journal of Nuclear Materials, 2005, 337-339(1-3):887-891.

[33] Golubeva A V, Mayer M, Roth J, et al. Deuterium retention in rhenium-doped tungsten[J]. Journal of Nuclear Materials, 2008, 363-365(1-3):893-897.

[34] Ogorodnikova O V, Roth J, Mayer M. Ion-driven deuterium retention in tungsten[J]. Journal of Applied Physics, 2008, 103(3):34902.

[35] Ueda Y, Schmid K, Balden M, et al. Baseline high heat flux and plasma facing materials for fusion[J]. Nuclear Fusion, 2017, 57(9):92006.

[36] Doerner R P, Baldwin M J, Lynch T C et al. Retention in tungsten resulting from extremely high fluence plasma exposure[J]. Nuclear Materials and Energy, 2016, 9:89-92.

[37] Kurishita H, Arakawa H, Matsuo S, et al. Development of nanostructured tungsten based materials resistant to recrystallization and/or radiation induced embrittlement[J]. Materials Transactions, 2013, 54(4):456-465.

[38] 张涛, 严玮, 谢卓明, 等. 碳化物/氧化物弥散强化钨基材料研究进展[J]. 金属学报, 2018, 54(6):831-843.

[39] Zhao M, Jacob W, Manhard A, et al. Deuterium implantation into Y_2O_3-doped and pure tungsten:deuterium retention and blistering behavior[J]. Journal of Nuclear Materials, 2017, 487:75-83.

[40] Oya M, Lee H T, Ohtsuka Y, et al. Deuterium retention in various toughened, fine-grained recrystallized tungsten materials under different irradiation conditions[J]. Physica Scripta, 2014, 2014(T159):14048.

[41] Zibrov M, Mayer M, Markina E, et al. Deuterium retention in TiC and TaC doped tungsten under low-energy ion irradiation[J]. Physica Scripta, 2014, T159(159):14050-14055.

[42] Zhao M, Jacob W, Gao L, et al. Deuterium retention behavior of pure and Y_2O_3-doped tungsten investigated by nuclear reaction analysis and thermal desorption spectroscopy[J]. Nuclear Materials and Energy, 2018, 15:32-42.

[43] Becquart C S, Domain C. A density functional theory assessment of the clustering behaviour of He and H in tungsten[J]. Journal of Nuclear Materials, 2009, 386-388(C):109-111.

[44] Becquart C S, Domain C. Migration Energy of He in W Revisited by Ab Initio Calculations [J]. Physical Review Letters, 2006, 97(19):196402.

[45] Henriksson K O, Nordlund K, Krasheninnikov A, et al. Difference in formation of hydrogen and helium clusters in tungsten[J]. Applied Physics Letters, 2005, 87(16):163113.

[46] You Y W, Li D D, Kong X S, et al. Clustering of H and He, and their effects on vacancy evolution in tungsten in a fusion environment[J]. Nuclear Fusion, 2014, 54(10):103007.

[47] Baldwin M J, Doerner R P. Formation of helium induced nanostructure 'fuzz' on various tungsten grades[J]. Journal of Nuclear Materials, 2010, 404(3):165-173.

[48] Ueda Y, Peng H, Lee H, et al. Helium effects on tungsten surface morphology and deuterium retention [J]. Journal of Nuclear Materials, 2013, 442(1):S267-S272.

[49] Gao E, Nadvornick W, Doerner R, et al. The influence of low-energy helium plasma on bubble formation in micro-engineered tungsten[J]. Journal of Nuclear Materials, 2018, 501:319-328.

[50] Kajita S, Sakaguchi W, Ohno N, et al. Formation process of tungsten nanostructure by the exposure to helium plasma under fusion relevant plasma conditions[J]. Nuclear Fusion, 2009, 49(9):95005.

[51] Ito A M, Takayama A, Oda Y, et al. Molecular dynamics and Monte Carlo hybrid simulation for fuzzy tungsten nanostructure formation[J]. Nuclear Fusion, 2015, 55(7):73013.

[52] Watanabe Y, Iwakiri H, Yoshida N, et al. Formation of interstitial loops in tungsten under helium ion irradiation: rate theory modeling and experiment[J]. Nuclear Instruments and Methods in Physics Research B, 2007, 255(1):32-36.

[53] Miyamoto M, Mikami S, Nagashima H, et al. Systematic investigation of the formation behavior of helium bubbles in tungsten[J]. Journal of Nuclear Materials, 2015, 463:333-336.

[54] El-Atwani O, Hinks J A, Greaves G, et al. In-situ TEM observation of the response of ultrafine-and nanocrystalline-grained tungsten to extreme irradiation environments[J]. Scientific Report, 2014, 4:4716.

[55] Iwakiri H, Morishita K, Yoshida N. Effects of helium bombardment on the deuterium behavior in tungsten[J]. Journal of Nuclear Materials, 2002, 307(1 Suppl): 1351-38.

[56] Nobuta Y, Hatano Y, Matsuyama M, et al. Helium irradiation effects on tritium retention and long-term tritium release properties in polycrystalline tungsten[J]. Journal of Nuclear Materials, 2015, 463:993-996.

[57] Arkhipov I I, Kanashenko S L, Sharapov V M, et al. Deuterium trapping in ion-damaged tungsten single crystal[J]. Journal of Nuclear Materials, 2007, 363-365(0):1168-1172.

[58] Klimenkov M, Jäntsch U, Rieth M, et al. Effect of neutron irradiation on the microstructure of tungsten[J]. Nuclear Materials and Energy, 2016, 9:480-483.

[59] Hasegawa A, Fukuda M, Nogami S, et al. Neutron irradiation effects on tungsten materials [J]. Fusion Engineering and Design, 2014, 89(7-8):1568-1572.

[60] Hasegawa A, Fukuda M, Tanno T, et al. Neutron irradiation behavior of tungsten[J]. Materials Transactions, 2013, 54(4):466-471.

[61] Marian J, Becquart C S, Domain C, et al. Recent advances in modeling and simulation of the exposure and response of tungsten to fusion energy conditions[J]. Nuclear Fusion, 2017, 57(9):92008.

[62] Fukuda M, Kumar N A, Koyanagi T, et al. Neutron energy spectrum influence on irradiation hardening and microstructural development of tungsten[J]. Journal of Nuclear Materials, 2016, 479:249-254.

[63] Hu X X, Koyanagi T, Fukuda M, et al. Irradiation hardening of pure tungsten exposed to neutron irradiation[J]. Journal of Nuclear Materials, 2016, 480:235-243.

[64] Fukuda M, Hasegawa A, Nogami S, et al. Microstructure development of dispersion-strengthened tungsten due to neutron irradiation[J]. Journal of Nuclear Materials, 2014, 449 (1-3):213-218.

[65] Fukuda M, Hasegawa A, Tanno T, et al. Property change of advanced tungsten alloys due to neutron irradiation[J]. Journal of Nuclear Materials, 2013, 442 (1-3):S273-S276.

[66] Kurishita H, Kobayashi S, Nakai K, et al. Development of ultra-fine grained W-(0. 25-0. 8) wt. %TiC and its superior resistance to neutron and 3 MeV He-ion irradiations [J]. Journal of Nuclear Materials, 2008, 377 (1):34-40.

[67] Zhu S, Xu Y, Wang Z, et al. Positron annihilation lifetime spectroscopy on heavy ion irradiated stainless steels and tungsten[J]. Journal of Nuclear Materials, 2005, 343(1-3): 330-332.

[68] Zhu S, Zheng Y, Ahmat P, et al. Temperature and dose dependences of radiation damage in modified stainless steel[J]. Journal of Nuclear Materials, 2005, 343(1-3):325-329.

[69] Yi X, Jenkins M L, Briceno M, et al. In situ study of self-ion irradiation damage in W and W-5Re at 500 ℃ [J]. Philosophical Magazine, 2013, 93(14):1715-1738.

[70] Yi X, Jenkins M L, Kirk M A, et al. In-situ TEM studies of 150 keV W$^+$ ion irradiated W and W-alloys:damage production and microstructural evolution[J]. Acta Materialia, 2016, 112:105-120.

[71] Mason D R, Yi X, Kirk M A, et al. Elastic trapping of dislocation loopsin cascades in ion-irradiated tungsten foils[J]. Journal of Physics-Condensed Matter, 2014, 26(37):375701.

[72] Ogorodnikova O V, Gann V. Simulation of neutron-induced damage in tungsten by irradiation with energetic self-ions[J]. Journal of Nuclear Materials, 2015, 460:60-71.

[73] Yi X, Jenkins M L, Hattar K, et al. Characterisation of radiation damage in W and W-based

alloys from 2 MeV self-ion near-bulk implantations[J]. Acta Materialia, 2015, 92:163-177.

[74] Häussermann F. A study of the radiation damage produced by energetic gold ions in molybdenum and tungsten[J]. Philosophical Magazine, 1972, 25:583-598.

[75] Häussermann F. Analysis of dislocation loops in tungsten produced by 60 keV ion irradiation [J]. Philosophical Magazine, 1972, 25:561-581.

[76] Abromeit C. Aspect of simulation of neutron damage by ion irradiation[J]. Journal of Nuclear Materials, 1994, 216:78-96.

[77] Schwarz-Selinger T. Deuterium retention in MeV self-implanted tungsten: influence of damaging dose rate[J]. Nuclear Materials and Energy, 2017, 12:683-688.

[78] El-Atwani O, Esquivel E, Efe M, et al. Loop and void damage during heavy ion irradiation on nanocrystalline and coarse grained tungsten: microstructure, effect of dpa rate, temperature, and grain size[J]. Acta Materialia, 2018, 149(1):206-219.

[79] Dudarev S, Arakawa K. Yi X, et al. Spatial ordering of nano-dislocation loops in ion-irradiated materials[J]. Journal of Nuclear Materials, 2014, 455(1):16-20.

[80] Zinkle S J, Singh B N. Microstructure of neutron-irradiated iron before and after tensile deformation[J]. Journal of Nuclear Materials, 2006, 351(1):269-284.

[81] Wen M, Ghoniem N M, Singh B N. Dislocation decoration and raft formation in irradiated materials[J]. Philosophical Magazine, 2005, 85(22):2561-2580.

[82] Eldrup M, Singh B, Zinkle S, et al. Dose dependence of defect accumulation in neutron irradiated copper and iron[J]. Journal of Nuclear Materials, 2002, 307(2):912-917.

[83] Brimhall J, MastelB. Neutron irradiated molybdenum-relationship of microstructure to irradiation temperature[J]. Radiation Effects, 1970, 3 (2):203-215.

[84] Sikka V, Moteff J. "Rafting" in neutron irradiated tungsten[J]. Journal of Nuclear Materials, 1973, 46(2):217-219.

[85] Barnes R, Mazey D. Stress-generated prismatic dislocation loops in quenched copper[J]. Acta Materialia, 1963, 11 (4):281-286.

[86] El-Atwani O, Aydogan E, Esquivel E, et al. Detailed transmission electron microscopy study on the mechanism of dislocation loop rafting in tungsten[J]. Acta Materialia, 2018, 147 (1):277-283.

[87] Zhang Z, Yabuuchi K, Kimura A. Defect distribution in ion-irradiated pure tungsten at different temperatures[J]. Journal of Nuclear Materials, 2016, 480(16):207-215.

[88] Ferroni F, Yi X, Arakawa K, et al. High temperature annealing of ion irradiated tungsten [J]. Acta Materialia, 2015, 90(1):380-393.

[89] Bowkett K M, Ralph B. The annealing of radiation damage in tungsten investigated by field-ion microscopy[J]. Proceedings of the Royal Society A, 1969, 312(312):51-63.

[90] Keys L K, Moteff J. Neutron irradiation and defect recovery of tungsten[J]. Journal of Nuclear Materials, 1970, 34(3):260-280.

[91] Keys L, Smith J, Moteff J. Stage III recovery in neutron irradiated tungsten[J]. Scripta Metallurgica, 1967, 1(2):71-72.

[92] Keys L, Smith J, Moteff J. High-temperature recovery of tungsten after neutron irradiation [J]. Physics Review, 1968, 176(3):851-856.

[93] Keys L. Comparison of the recovery of damage in W and Mo after neutron irradiation[J]. Journal of Applied Physics, 1969, 40(9):3866.

[94] Keys L, Moteff J. Neutron irradiation and defect recovery of tungsten[J]. Journal of Nuclear Materials, 1970, 34(3):260-280.

[95] Kim Y W, Galligan J M. Radiation damage and stage III defect annealing in thermal neutron irradiated tungsten[J]. Acta Materialia, 1978, 26(3):379-390.

[96] Anand M S, Pande B M, Agarwala R P. Recovery in neutron irradiated tungsten [J]. Radiation Effects, 1978, 39(3-4):149-155.

[97] Bowkett K M, Ralph B. The annealing of radiation damage in tungsten investigated by field-ion microscopy[J]. Proceedings of the Royal Society A, 1969, 312(312):51-63.

[98] Liu F, Xu Y, Zhou H, et al. Defect production and deuterium retention in quasi-homogeneously damaged tungsten[J]. Nuclear Instruments and Methods in Physics Research Section B:Beam Interactions with Materials and Atoms, 2015, 351(15):23-26.

[99] Watanabe H, Futagami N, Naitou S, et al. Microstructure and thermal desorption of deuterium in heavy-ion-irradiated pure tungsten[J]. Journal of Nuclear Materials, 2014, 455 (1-3):51-55.

[100] Shimada M, Hatano Y, Oya Y, et al. Overview of the US-Japan collaborative investigation on hydrogen isotope retention in neutron-irradiated and ion-damaged tungsten[J]. Fusion Engineering and Design, 2012, 87(7-8):1166-1170.

[101] Tyburska B, Alimov V K, Ogorodnikova O V, et al. Deuterium retention in self-damaged tungsten[J]. Journal of Nuclear Materials, 2009, 395(1-3):150-155.

[102] Ogorodnikova O V, Tyburska B, Alimov V K, et al. The influence of radiation damage on the plasma-induced deuterium retention in self-implanted tungsten[J]. Journal of Nuclear Materials, 2011, 415(1):S661-S666.

[103] Shimada M, Hatano Y, Oya Y, et al. Overview of the US-Japan collaborative investigation on hydrogen isotope retention in neutron-irradiated and ion-damaged tungsten [J]. Fusion Engineering and Design, 2012, 87(7-8):1166-1170.

[104] Hatano Y, Shimada M, Otsuka T, et al. Deuterium trapping at defects created with neutron and ion irradiations in tungsten[J]. Nuclear Fusion, 2013, 53(7):73006.

第6章 聚变堆钨基材料瞬态热冲击行为与损伤

6.1 引言

在稳态运行的聚变反应装置中,芯部高温等离子体携带了巨大的能量和热量,通过高热辐射和粒子撞击的形式,将巨大能量直接投递到 PFMs 表面。由于热辐射所沉积的能量均匀地分布在 PFMs 的表面,产生的热负荷大约在数十至数百千万瓦之间,对壁材料不会产生严重的损伤。由于偏滤器部位的 PFMs 与磁力线相交,造成大量的高能粒子沿着磁力线方向直接撞击到材料表面,巨大的能量沉积在靶板上,为此承受很高的热负荷。典型的 ITER 稳态运行时,预计表面最大的热通量为 $5\sim10$ MW·m^{-2},且稳态热负荷作用时间长,循环次数多。除了稳态热负荷外,还存在一种热负荷,其持续时间达到数秒级,这是一种慢瞬态热负荷,大小可达到 20 MW·m^{-2}。虽然相对于稳态的热负荷来说,慢瞬态的热负荷持续时间较短,但是其热负荷量远大于稳态热负荷,其对 PFMs 的损伤也远远大于稳态热负荷。在 ITER 的偏滤器认证项目与内容中,应考虑到慢瞬态热负荷辐照的影响。

此外,由于在等离子体运行过程中,会经常出现某些不可控的电磁扰动,加上等离子体固有的不稳定性,两者在正反馈的作用下愈演愈烈,最终导致不同类型的强流瞬态热负荷降落在 PFMs 上。瞬态热负荷主要有三种类型,即等离子体破裂(Plasma Disruptions)、边界局域模(Edge Localized Modes,EELM)和垂直位移模式(Vertical Displacement Event,VDE),会引起材料破坏,如钨材料发生表面塑性变形、开裂、熔化等。三种类型都会产生巨大的热负荷,等离子体破裂会在短时间内(0.1~3 ms)使偏滤器内外靶板的表面热负荷分别达到 $7\sim40\,MJ\cdot m^{-2}$ 和 $7\sim40\,MJ\cdot m^{-2}$；VDEs 的发生会使大量的等离子体直接与 PFMs 接触，会使外壁包层模块的表面热负荷在 $0.1\sim0.3\,\mu s$ 内增加到 $20\sim30\,MJ\cdot m^{-2}$ 和 $7\sim40\,MJ\cdot m^{-2}$；ELMs 会引起边缘等离子体能量的损失，在偏滤器靶板的部位瞬间产生大量的热负荷。ELMs 如果能得到控制，会对偏滤器内外靶板的表面分别施加 $0.5\,MJ\cdot m^{-2}$ 和 $0.3\,MJ\cdot m^{-2}$ 的热负荷。ELMs 不可控将会使偏滤器内外靶板的表面热负荷在 $0.25\sim0.5\,\mu s$ 内分别达到 $10\,MJ\cdot m^{-2}$ 和 $6\,MJ\cdot m^{-2}$[1,2]。ITER 中典型的热负荷工况见表6-1[3]。当材料在热负荷下出现缺陷时，缺陷会使得材料的导热性能极大地降低，材料表面的温度会急剧上升，进而产生新的缺陷。

表6-1 **ITER** 中典型的热负荷条件[3]

事件	偏滤器	第一壁
稳态运行		
表面最大热流($MW\cdot m^{-2}$)	5~10(W/CFC)	0.5(Be)
时间(s)	≤450	≤450
循环次数	3000	30000
慢瞬态		
表面最大热流($MW\cdot m^{-2}$)	20(CFC)	——
时间(s)	10	——
频率(%)	10	——
破裂		
表面最大热流($MW\cdot m^{-2}$)	10~30	1
时间(ms)	0.1~0.3	0.1~0.3
频率(%)	10	10
垂直位移事件		
表面最大热流($MW\cdot m^{-2}$)	60	——
时间(ms)	100~300	——
频率(%)	1	——
边界局域模		
表面最大热流($MJ\cdot m^{-2}$)	1	——
时间(ms)	0.1~0.5	0.1~0.5
频率(Hz)	1	——

　　长时间的稳态或瞬态热负荷作用使钨强度和韧性降低，抗热冲击能力下降。同时由于采用脉冲运行模式，热载荷将呈周期性变化，还容易使连接界面产生热疲劳。相

比而言,瞬态热冲击对材料的损伤尤为严重[4],在ITER服役期间材料要承受大约10^6次ELMs的冲击[5,6],爆发频率高达到1 Hz。材料表面在瞬态热冲击作用下,发生短时间内迅速升温和降温,会形成高的温度梯度并产生高热应力,伴随着材料出现表面开裂、熔蚀、溅射、突出结构、再结晶和晶粒长大等现象。因此,研究和掌握钨在瞬态热冲击下的热学和辐照行为,有利于今后的偏滤器部件的设计和制造。

6.2 钨及钨合金的瞬态热负荷实验

6.2.1 瞬态热负荷实验模拟装置

目前材料的瞬态热负荷测试主要是利用实验装置来模拟进行,然后对其结果进行理论分析并做出评估。目前,由于Tokamak装置实验资源有限,等离子体参数范围较窄,且这些大型装置还要承担聚变工程相关的其他研究,对于类ELMs瞬态热冲击下材料性能的模拟实验研究,主要采用相关实验资源丰富的电子束、激光及等离子体这几类能量源代替[7-9]。表6-2所示为目前能够满足ITER部件热冲击实验需求且正在服役的设备装置及参数[10]。

可以发现,这些装置从参数到离子种类差别较大,虽模拟实验规格不一,但各有侧重。德国余利希研究中心的JUDITH-1和JUDITH-2电子束设备[11],能够同时模拟稳态等离子体运行下功率通量及ELMs对材料的影响,国内外还建成了一些电子束装置来模拟ITER稳态热负荷疲劳及瞬态热冲击实验,如俄罗斯Efremov的TSEFFY[12]、法国CEA的FE200[13]及中国核工业集团公司西南物理研究院(SWIP)的EMS-60。德国马普等离子体物理研究所的GLADIS离子束设备[14,15],能够模拟偏滤器在等离子体下的辐照损伤状况;俄罗斯的类稳态等离子体加速装置QSPA-T[16]束流参数与ITER瞬态热负荷接近,可以模拟材料在瞬态热负荷下的烧蚀机制,以及俄罗斯的脉冲等离子体枪装置MK200UG[17]能够测量钨的熔化和沸腾能量阈值;日本名古屋的直线等离子体装置NAGDIS-Ⅱ能够进行低能氦离子辐照对W的辐照损伤实验[18,19],将激光装置联合起来[20],可以用来考察氦等离子体和瞬态热负荷的协同作用机制,如图6-1所示。此外现有的Tokamak装置如JET、EAST承担一部分研究任务,还有在建的ITER装置也会在聚变材料研究与开发方面提供科学和技术支持[21]。

表6-2　不同热源的仪器参数[10]

热源	设备	功率 [kW]	最大功率密度 [GW·m⁻²]	脉冲持续时间 [s]	最大装载面积 [m²]	冲击能量 [keV]	机构,国家
电子束	JUDITH	60	15	0.001-CW	0.01	150(e)	FZ Juelich,德国
电子束	JEBIS	400	2	0.0001-CW	0.18	100(e)	JAERI,日本
电子束	FE200	200	60	0.001~6000	1	200(e)	CEA Le Cresout,法国
电子束	EB1200	1200	10.6	0.0005-CW	0.27	40(e)	Sandia,美国
电子束	EBTS	30	9.5	0.002-CW	0.01	30(e)	Sandia,美国
电子束	TSEFFY	60	0.2	0.01-CW	0.25	30(e)	Efremov inst. 俄罗斯
电子束	ACT	50	1	CW	0.04	30(e)	NIFS,日本
电子束	Electron beam	60	3	0.3-CW	2.5×10^{-5}	60(e)	SWIP,中国
电子束	EBTH	3	0.35	0.1-CW	5×10^{-5}	20(e)	Kyushu Univ., 日本
粒子束	PBEF	1500	60/10	0.01~1000	0.1	50(H,He)	JAERI,日本
粒子束	JET NBTB	7500	0.25	0.005~20	0.08	130(D)	JET.,英国
红外线加热器	CEF 1-2 EDA-BETA	100	8×10^{-4}	约300	$<0.11 \times 0.08$	红外线	Brasimone, 意大利
等离子体枪	MK200UG	10^6	300	5×10^{-5}	$<3.9 \times 10^{-5}$	1~3(ion)	TRINIRI, 俄罗斯
等离子体枪	QSPA-T	3.5×10^{-5}	125	$2 \times 10^{-4} \sim 5 \times 10^{-4}$	$<2.8 \times 10^{-5}$	0.1(ion)	TRINIRI, 俄罗斯

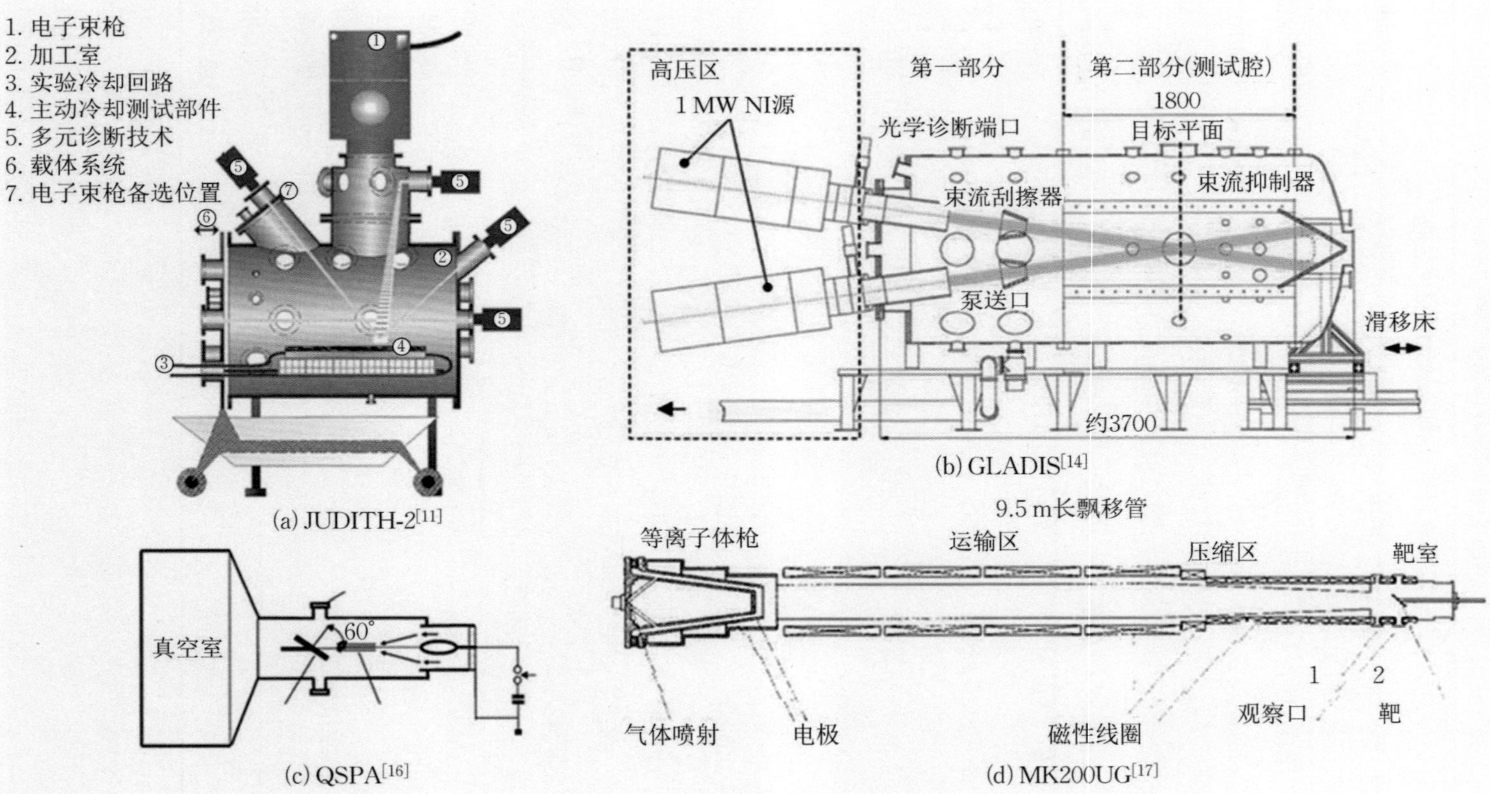
1. 电子束枪
2. 加工室
3. 实验冷却回路
4. 主动冷却测试部件
5. 多元诊断技术
6. 载体系统
7. 电子束枪备选位置
(a) JUDITH-2[11]
高压区
1 MW NI源
第一部分
第二部分(测试腔)
1800
光学诊断端口
目标平面
束流刮擦器
束流抑制器
泵送口
滑移床
约3700
(b) GLADIS[14]
真空室
60°
(c) QSPA[16]
9.5 m长飘移管
等离子体枪
运输区
压缩区
靶室
1
2
观察口
靶
气体喷射
电极
磁性线圈
(d) MK200UG[17]

图 6-1　各种热负荷模拟装置示意图

6.2.2　商用钨的瞬态热负荷损伤行为

在瞬态热负荷(Transient heat loads,THL)冲击下,钨表面出现再结晶、晶粒长大、开裂、熔化和刻蚀等诸多问题,研讨钨在瞬态热冲击下的辐照行为有助于筛选先进钨材料、改善材料的制备工艺;另外了解瞬态热负荷实验中钨材料的响应机制可以促进对等离子约束的掌控,来尽量减弱乃至消除 Tokamak 中的瞬态热负荷。ELMs瞬态热负荷轰击会导致钨表面产生裂纹而失效破坏,材料的服役温度、热负载参数、材料种类及制备工艺都对具体裂纹行为产生作用。从图6-2中可以看出,偏滤器从热沉材料界面到面向等离子体表面覆盖一个很宽泛的服役温度区间,高热负荷、瞬态热负荷联合作用,偏滤器部件材料可能发生再结晶[22],带来材料强度下降也是宏观裂纹萌生的主要原因之一。ELM 瞬态热负荷对钨基材料/部件造成的组织典型损伤如图6-3所示,可以看出,无论是等轴晶还是拉长晶,裂纹总是产生于晶界,并沿着晶界扩展[23],裂纹深度在几十到几百微米之间。

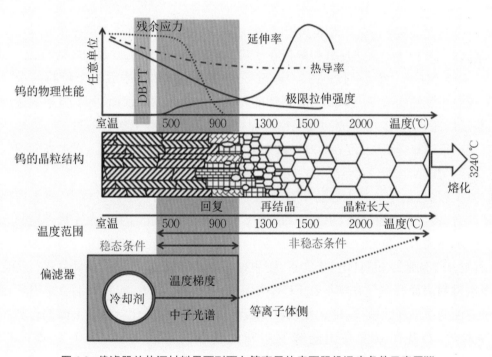

图6-2 偏滤器从热沉材料界面到面向等离子体表面服役温度条件示意图[22]

237

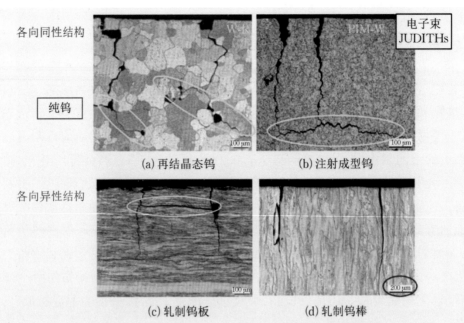

<table>
<tr><td>各向同性结构</td><td></td><td>电子束 JUDITHs</td></tr>
</table>

各向同性结构

纯钨

(a) 再结晶态钨　　　　　　(b) 注射成型钨

各向异性结构

(c) 轧制钨板　　　　　　(d) 轧制钨棒

图6-3　在模拟ELM热负荷条件的电子辐照下钨材料产生裂纹[23]

单次或少量热冲击会导致表面裂纹，但是不会造成热疲劳的。钨(99.97wt.%，锻造态)室温100次(1 ms)下热流开裂阈值在$0.19\sim0.38$ MJ·m^{-2}(F_{HF}＝$6\sim12$ MW·m^{-1}·s$^{0.5}$)和$0.5\sim0.6$ MJ·m^{-2}(F_{HF}＝$16\sim19$ MW·m^{-1}·s$^{0.5}$)之间，具体大小取决于材料的微观组织和成分。裂纹的宽度($1\sim10$ μm)通常随着热冲击次数的增加而增大，但很快达到饱和，裂纹的距离/密度在形成裂纹网络后保持不变。当热冲击次数超过10^3，热疲劳现象就变得很明显，基体温度在200 ℃和700 ℃热冲击次数为10^6时产生宏观表面损伤的阈值降到0.13 MJ/m^2(F_{HF}＝6 MW·m^{-1}·s$^{0.5}$)[22]。

图6-4可以揭示热冲击经历中裂纹的形成过程及机制。加热过程中，钨表面温度迅速升高，表面温度超过其DBTT(约400 ℃)，处于韧性状态。另外由于局部的瞬态加热产生了很大的热应力，一旦超过其屈服强度，材料就会产生塑性变形；当热冲击消失时，材料非常快地冷却到DBTT之下，则表现为脆性特征，这种形变及反复进行将会直接导致材料表面开裂。在第一次ELM类似的热负荷冲击下，如果并不总是出现应力通过塑性变形来释放裂纹，那么此刻材料表面将会出现粗糙化。这在不同钨材料经受热冲击时，当基体温度高到能够发生塑性变形时($T_{base}>100\sim300$ ℃)都能被观察到[24,25]。

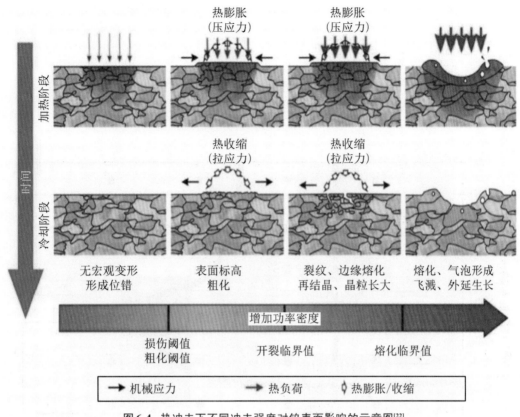

图6-4 热冲击下不同冲击强度对钨表面影响的示意图[22]

6.2.2.1 电子束热冲击

在瞬态电子束热冲击下,材料不可避免地会产生裂纹、熔蚀、突出结构、再结晶和晶粒长大等过程,最为典型的产生裂纹。为了模拟瞬态热冲击,采用电子束和激光作为模拟方式已有超过20多年的历史[22,26]。现有的电子束装置产生的电子在钨中的扩散深度只有几微米左右,不会影响钨材料的热负荷响应。Hirai[27]等对不同能量密度和基体温度5 ms单次热冲击下钨材料表面形貌进行了相关研究。结果发现,电子束辐照后钨表面出现了裂纹,主要包括两种类型:主裂纹和次级裂纹。随着辐照脉冲次数的增加,表面出现了分散的主裂纹,接着分散的裂纹开始连接起来,形成密度较大的网状裂纹,当辐照脉冲次数继续增加,主裂纹之间开始出现尺寸更小的裂纹。

主裂纹产生的原因是室温下钨的脆性造成的,裂纹深度一般较深,沿晶界开始发生断裂,裂纹的产生释放了一部分应力。当达到一定的辐照脉冲次数时,表面晶界几乎全部开裂,应力释放完毕,随后主裂纹密度几乎不发生改变。次级裂纹是由于热应力引发,深度较浅。在瞬态热负荷作用下,材料表面在短时间内经历快速升温和降温,形成高的温度梯度导致高热应力,当应力超过材料的抗压和抗拉强度时,裂纹自然就产生了。此外,当服役温度低于DBTT时,材料脆性增大,再结晶区域会出现密集裂纹,温度高于DBTT时裂纹消失。图6-5所示的表面形貌反映出裂纹情况,影响材料寿命的还并非开裂而是熔化造成的材料刻蚀,Linke等[28,29]也证实了这个结论。充分说明钨的低温脆性是裂纹萌生的主导因素,提高钨材料的工作温度和降低钨材料的DBTT,将是今后钨在聚变环境中关注和深入研究的关键。

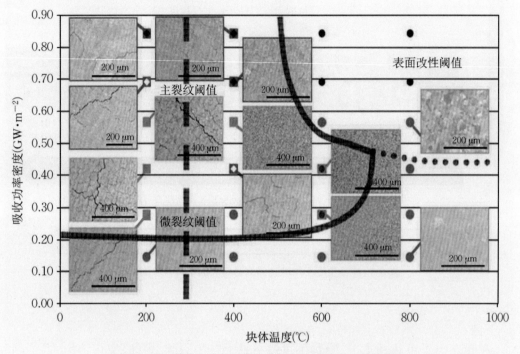

图6-5 不同基体温度与能量密度下钨表面的微观结构图[27]

Wang等[30]研究了不同功率和冲击次数对再结晶钨电子束热冲击下表面形貌的影响,热载荷功率从24 MW·m^{-2}提高至48 MW·m^{-2},冲击次数为100~1000次,材料表面变糙及产生台阶状的突出结构,与热疲劳产生的塑性变形相关。随着冲击次数的增加,晶内剪切带的密度增大且方向不一,晶界隆起现象变得明显。剪切带与晶向平行,导致突出结构,如图6-6所示。随着热冲击功率的增大,表面损伤程度也会加剧,主要与滑移塑性变形相关。瞬态条件下材料表面温度的快速升降,致使内部产生压应力与拉应力,不同晶粒的取向会导致其滑移面不一样,进而引入剪切应力。当剪切应力达到临界值时,反复滑移便随之产生,最终晶体滑移面的塑性变形导致产生了表面突起和塌陷结构。

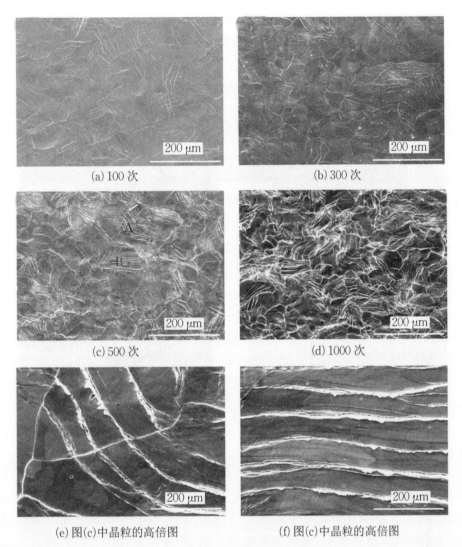

(a) 100 次   (b) 300 次

(c) 500 次   (d) 1000 次

(e) 图(c)中晶粒的高倍图   (f) 图(c)中晶粒的高倍图

图 6-6　吸收功率 48 MW·m⁻²时不同冲击次数下再结晶钨的表面形貌 SEM 图[30]

Loewenhoff 等[31]利用 JUDITH 2 装置,在更高温度(1200 ℃、1500 ℃)和更高能(0.2 GW·m⁻²、0.6 GW·m⁻²)条件下,对钨进行了电子束热冲击实验,并引入了平均粗糙度(Ra)来评估不同条件下材料的抗热冲击性能。冲击次数为 18000~100000 次、间隔 0.48 ms,材料热冲击损伤程度变化趋势基本与前述结果相似,且高温下的热冲击损伤更为严重。冲击为 100000 次、实验温度为 1500 ℃ 及能量密度为 0.6 GW·m⁻²情况下,钨表面粗糙度最为严重,达 119 μm,如图 6-7 所示。温度越高,钨的屈服强度越低,同样条件下塑性变形也越严重。此外在钨的电子束热冲击模拟方面,Pestchanyi[32,33]、You[34]、Li[35]和 Arakcheev[36]等利用不同的有限元分析手段,对 PFMs 的裂纹行为机理进行研究,得出的结论与实验结果基本一致。

241

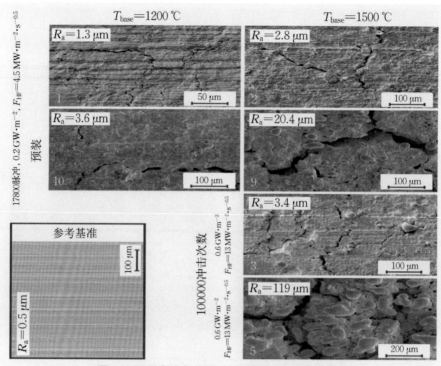

图6-7 不同实验条件下材料表面形貌的SEM图[31]

（左下为未热冲击的参考图，*R*a为平均粗糙度）

6.2.2.2 激光热冲击

激光能够实现高能量瞬间局部高速加热，可用于材料瞬态热冲击下模拟抗冲击评价。Dai[37]等开展了相关利用激光束热冲击实验，并与ABAQUS有限元模拟的结果进行对比，讨论了径向应力和圆周应力的分布情况。由图6-8可知，激光束的能量呈高斯分布，束斑越小，能量越集中，能量密度越大。图6-9为激光冲击实验后钨试样的表面形貌图，冲击区域发生明显的熔融且伴随着大裂纹贯穿整个区域。在冲击过程中，材料的径向应力和圆周应力呈压应力状态；冷却时呈拉应力状态，且达到材料最大拉伸强度并导致裂纹的产生。

Farid等[38]研究了高能激光脉冲作用下钨的表面形貌变化及溅射行为，用以模拟第一壁钨材料在ELMs爆发时的情况。实验发现，在50次束流密度为0.46 MJ/m²的激光脉冲下，钨表面有部分区域熔化并伴有再结晶现象的发生，钨表面出现宽度为150~500 nm的裂纹，如图6-10所示。钨表面裂纹的产生是由于热疲劳载荷下产生的疲劳热应力以及钨的高DBTT综合作用的结果。此外，由于熔化的钨表面以及裂纹处新生的钨颗粒与基体的结合力较弱，在高能瞬态激光脉冲下与基体脱离，出现溅射现象，类似的熔化和溅射现象也会出现。

面向核聚变等离子体钨基材料

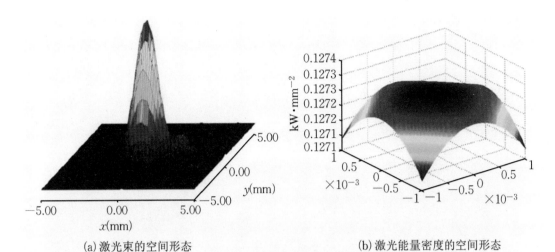

(a) 激光束的空间形态 (b) 激光能量密度的空间形态

图6-8 激光冲击模拟结果图[37]

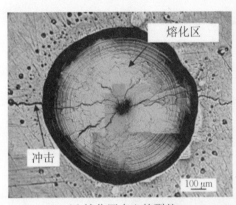

(a) 熔化区中心的裂纹

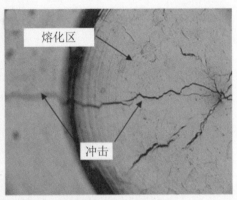

(b) 熔化区边缘的裂纹

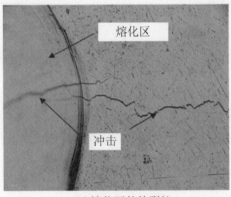

(c) 熔化区外的裂蚊

图6-9 激光冲击实验后钨试样表面的SEM图

（激光能量P_0＝2 kW、激光束半径r_0＝0.539 mm、时长t_0＝1 s）

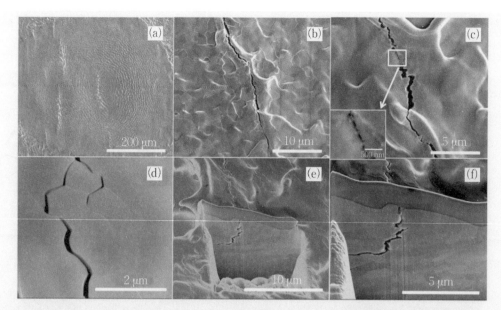

图6-10 50次0.46 MJ·m^{-2}的激光脉冲下钨的表面形貌(a)、熔化区域附近产生的裂纹,裂纹宽度为
150～500 nm(b)、再结晶区域产生的裂纹(c)(d)和再结晶区域裂纹的FIB截面图(e)(f)[38]

Wirtz等[39]在电子束和脉冲激光束下,研究超高纯单锻钨(表面面积为12 mm×
12 mm,厚度为5 mm)的热负荷损伤行为。其中脉冲持续时间均为1 ms,施加的脉
冲数均为100,施加的功率密度分别为0.19 GW·m^{-2}、0.38 GW·m^{-2}、0.76 GW·m^{-2}、
1.14 GW·m^{-2}、1.51 GW·m^{-2}。图6-11为热负荷试验后的表面形貌,可以看出钨材料损
伤阈值均为0.19～0.38 GW·m^{-2}。但两种方法产生裂纹分布情况有所差别,这可能与
加载区域大小及承载的能量因素有关。聚焦电子束的加载区域为4 mm×4 mm,而脉

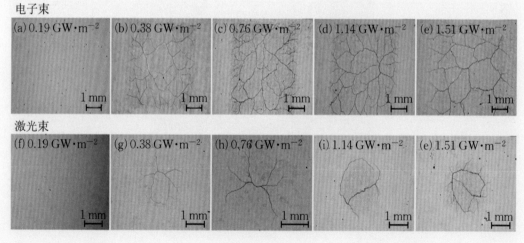

图6-11 电子束和激光束模拟ELMs热冲击后加载表面的SEM图[39]

面向核聚变等离子体钨基材料

冲激光束的直径为2 mm的圆形,由于激光光导纤维传输时的损失和样品的反射,脉冲激光束仅有27%的激光能量可被样品吸收。

除对裂纹参数进行分析外,Wirtz等对于裂纹扩展模式也进行了分析,相同功率密度下激光束和电子束加载后样品截面形貌如图6-12所示。在两种加载方式下,裂纹开始时均垂直于材料样品的表面传播,到一定深度时,裂纹终止,并随之在材料内部平行于表面传播,裂纹的形成是由于材料加工过程中产生的平行于材料表面的细长晶粒结构导致的。相比电子束,激光束加载区域较小,材料内部的裂纹更细小,进而导致热应力的分布状况,如温度梯度的分布和最大应力出现的区域发生改变。

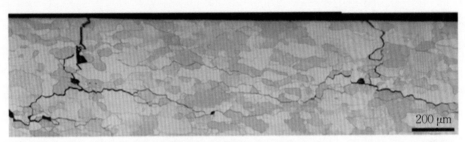

(a) 电子束,室温,1.51 GW·m^{-2}

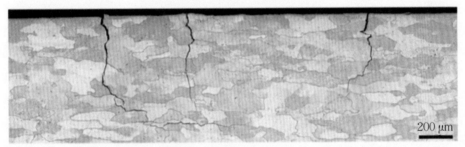

(b) 激光束,室温,1.51 GW·m^{-2}

图6-12　样品在1.51 GW·m^{-2}电子束和激光束加载后截面形貌[39]

6.2.2.3　等离子体热冲击

Budaev等[40]使用氘等离子体束对轧制商用钨(样品表面积为100 mm×10 mm,厚度为2 mm)进行模拟热负荷试验,在热通量为2 MJ·m^{-2}下施加0.5 ms,对应的热流因子为90 MJ·m^{-2}·m^2·s$^{-0.5}$),超过了材料的熔化阈值。施加两个脉冲情况下,钨截面的扫描图像如图6-13所示,由此可以看出,表面存在着大的柱状晶结构,表面再凝固层的厚度约为50 μm,由于断裂造成的脆性破坏,会在再凝固层产生亚微米尺度的微粒。

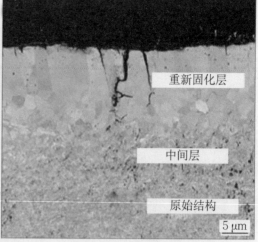

重新固化层	重新固化层
中间层	中间层
原始结构 10 μm	原始结构 5 μm

(a)　　　　　　　　　　　　　　(b)

图6-13　QSPA–T装置上能量密度2 MJ·m⁻²,F_HF≈90 MJ·m⁻²·s⁻⁰·⁵

氚等离子体冲击后W表面的金相截面图[40]

（冲击次数$N=2$,时长$\Delta t=0.5$ ms）

　　与施加脉冲数为2时情况不同,当施加脉冲数大于50时,相应的图像如图6-14所示。从箭头1可看出,裂纹在表面的再凝固层产生,并沿着表面与中间层的界面扩展,如箭头2所指,在基体内部（距表面约为300 μm）存在着大尺寸裂纹。由于脉冲间隙材料的快速凝固,导致在热负荷脉冲下再凝固层的纵向开裂,经过一定数目脉冲可使得样品产生进一步的破坏,进而在再凝固层与中间层间产生明显的横向裂纹。而且,由

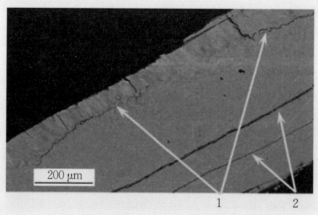

图6-14　QSPA-T装置上能量密度2 MJ·m⁻²,F_HF≈90 MJ·m⁻²·s⁻⁰·⁵

氚等离子体冲击后钨表面的金相截面图[40]

（冲击次数$N>50$,时长$\Delta t=0.5$ ms）

于位错在应力作用下产生运动,使得位错呈线型排列,进而在基体内部产生明显的横向开裂。

6.2.2.3 等离子体/激光协同热冲击

和单纯的电子束和激光热冲击相比,将背景等离子体与激光结合起来模拟瞬态热负荷,更接近聚变装置真实的服役环境。由于等离子体枪不能提供一个稳态的背景等离子体,线性等离子体装置和激光连接起来可以模拟ELMs瞬态热负荷,如PISCES、PSI-2,或者升级装置获得脉冲等离子体源,如Magnum-PSI,Pilot-PSI[41-45]。另一种方法就是通过顺序加载等离子体和瞬态热流(如有必要,在不同的装置上实现)来研究两者之间的协同作用效应[46-50]。

Huber等[51]利用PSI-2装置(图6-15),在激光束和氘等离子体同时和交替施加作用下,研究纯度为99.5%的商用钨(样品表面积为12 mm×12 mm,厚度为5 mm)的表面形貌变化。由于材料通过锻轧成型,晶粒在加工过程中发生择优取向,垂直于载荷表面方向晶粒长度约为110 μm、宽度40 μm。根据Zhang等[52]的分析,在一定热负荷下,开裂行为往往垂直于晶粒取向发生。图6-16所示为施加1000次脉冲、脉冲持续时间为1 ms、功率密度为0.3 GW·m^{-2}激光束和持续2000 s的6.0×10^{21} m^2·s^{-1}氘离子流后,商用钨样品的表面形貌,左图显示依次施加激光束和氘等离子体后表面没有裂纹产生;中图与右图反映氘等离子体和激光束共同施加于在预先施加氘等离子体后,进行激光束加载的表面形貌变化的情况,均促进裂纹的形成和表面粗糙化,原因是预先施

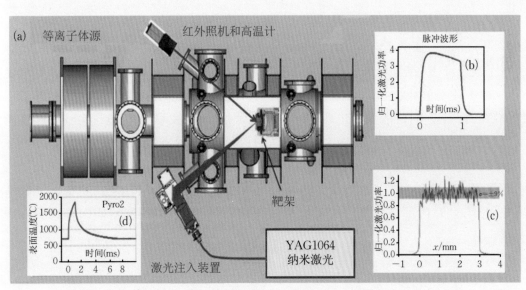

图6-15 FZJ的PSI-2激光辐照与等离子体源连接来模拟ELM的装置示意图[51]

加的氘等离子体扩散进钨的晶格中。在晶格缺陷如空位、位错、晶界处被钉轧,导致晶格畸变,在材料中产生应力,这些附加的应力,使得裂纹形成和传播的临界应力降低。

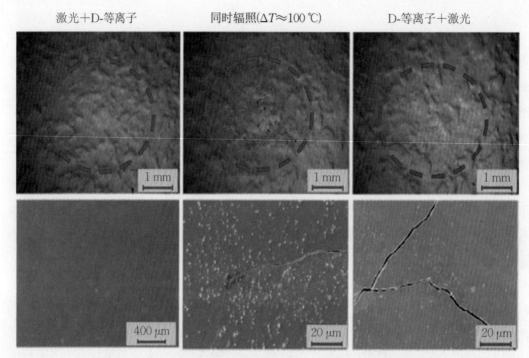

图6-16　激光与等离子体不同辐照顺序及同时辐照钨的表面形貌[51]

6.2.2.4　等离子体/电子束协同热冲击

　　Tamura等[53]研究了高纯钨在氢等离子体束与电子束相互作用下的损伤行为,相对于电子束负荷下,在氢等离子体负荷下的样品,其开裂以及粗糙化等损伤行为更为显著,如图6-17所示。经过100次脉冲辐照,两种样品表面都没有观察到明显的损伤,250次辐照后氢束轰击样品,表面出现了一条长度为4 mm的大裂纹,但电子束辐照样品表面仅出现一个长度50 μm的细裂纹。除了进行相关的物理实验之外,Pestchanyi等[54]运用PEGASUS-3D的热机械模块,模拟了辐照后在再凝固表面层,由于热应力的出现,引起钨表面开裂行为。实验和模拟的裂纹扩展轮廓形貌定性一致,均由明显的主裂纹网络组成,并且内部被更细小的二次裂纹网络所填充,具体的情形如图6-18和6-19所示。

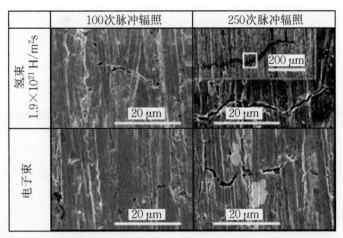

图6-17　氢束与电子束循环热负荷作用下钨的表面形貌[53]

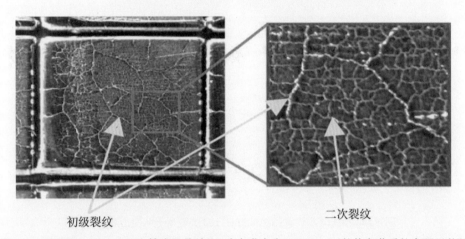

初级裂纹　　　　　　　　　　　　　二次裂纹

图6-18　钨瓦经0.5 ms、100次等离子体冲击、功率密度为0.9 MJ·m⁻²的热负荷后的表面形貌[54]

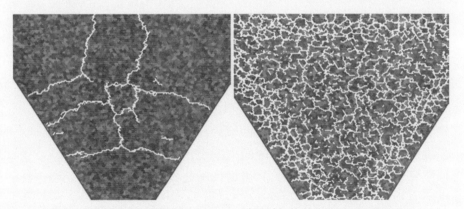

图6-19　模拟预先辐照钨样品经0.5 ms持续时间热负荷后裂纹扩展形貌[54]

Pestchanyi等还分析材料在垂直截面上的裂纹分布情况,钨瓦实验后截面形貌如图6-20(a)所示,主裂纹的特征深度约为500 μm,裂纹之间平均距离为1~2 mm;如图6-20(b)所示,二次裂纹的平均深度约为50 μm,裂纹之间的平均距离为100~200 μm;图6-20(c)所示为模拟的结果,充分再现了截面的裂纹分布特征。

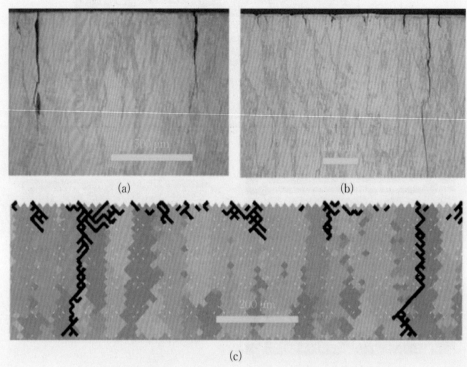

(a)　　　　　　　　　　　　　(b)

(c)

图6-20　预先辐照钨样品经0.5 ms、100次等离子体冲击热负荷后
（功率密度为0.9 MJ·m⁻²）的截面形貌[54]

6.2.2.5　激光/高磁场协同热冲击

考虑到在实际聚变反应堆中,PFMs需要在高磁场的环境中工作,Qu等[55]在激光冲击实验中加入了高磁场的干扰,条件为能量密度为3.4 GW·m⁻²,冲击次数1200次,每次3 ms,频率为10 Hz,磁场强度参数分别选择了0 T、4 T和8 T。激光冲击后除观察到试样表面的熔融区和裂纹之外,不同磁场强度下,熔融区的深度和形状不同。随着磁场强度的增大,其边缘深度和熔融面积减小,如图6-21和图6-22所示。强磁场的存在会抑制材料水平方向的热量传递,温度场随之发生了改变,进一步影响材料的应力场和热扩散。

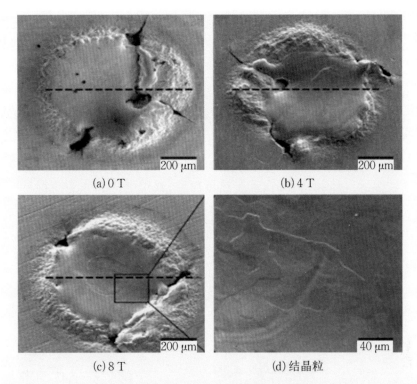

(a) 0 T

(b) 4 T

(c) 8 T

(d) 结晶粒

图 6-21 不同磁场强度下材料熔融区的表面图[55]

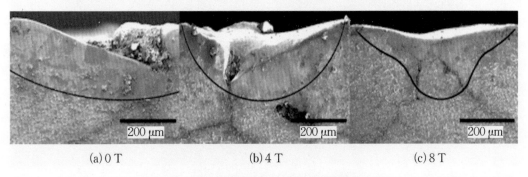

(a) 0 T

(b) 4 T

(c) 8 T

图 6-22 不同磁场强度下材料熔融区的截面图[55]

6.2.3 超细晶钨的瞬态热负荷损伤行为

提出超细晶钨,目的是改善钨的抗辐照性能。Ackland[56]提出纳米材料对辐照损伤的自修复机制,对于研究钨的辐照损伤提供了参考。聚变堆在运行的过程中,PFMs面临的工况是复杂且变化的,不能一味地强调提高抗辐照性能,而忽略其他因素的影响,因此超细晶钨的热负荷行为需要深入研究。

Zhou 等[57]采用超高压通电烧结方法,制备出超细晶粒钨样品,平均晶粒度分别为 0.2 μm、1 μm 和 10 μm,并研究了不同晶粒度钨样品抵抗热负荷的能力。热负荷条件有:样品尺寸为 15 mm×5 mm,施加单次脉冲,脉冲持续时间为 5 ms,光斑大小为 4 mm×4 mm。随着钨晶粒尺寸的减少,显微硬度、抗弯强度均有着显著的增加,但热导率和密度却呈现出下降的趋势。与商用钨相比,超细晶粒钨在相同的功率密度下,其发生开裂现象更为严重[58,59]。从图 6-23 可看出,W02 和 W10 相对于 W100 来说,在相同的功率密度下开裂更为显著,表面明显出现了液滴飞溅。其原因在于超细晶粒钨中残留着数量较多的气体和杂质,在承受热负荷后,残留气体膨胀会使得材料内部产生非常高的应力,杂质在烧结后会富集在晶界上,从而降低晶界的熔点,这些都能使材料抵抗热负荷的能力下降,进而引起局部的过热,造成表面热通量在低于熔化阈值的情况下,产生表面熔化和液滴飞溅现象。

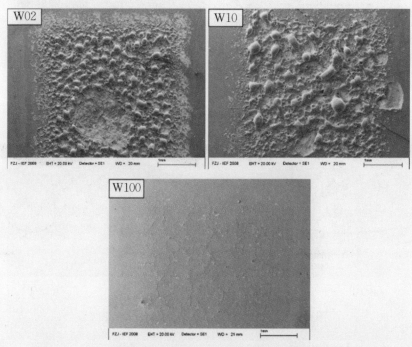

图 6-23　不同晶粒度钨经 0.55 GW·m⁻² 热负荷后加载表面 SEM 像[57]

Zhang 等[60]研究了在高热负荷下两种晶粒度烧结纯钨(PW_1 和 PW_2)的表面开裂现象。PW_1 比 PW_2 晶粒尺寸更大,晶粒尺寸呈双峰分布,分别为 1.85 μm 和 0.47 μm,PW_2 平均晶粒尺寸为 0.33 μm。从图 6-24 可以看出,只有 PW_2 样品表面形成了微裂纹,PW_2 样品主裂纹处晶粒分离增加了裂纹宽度,PW_1 相比 PW_2 表现出更小的裂纹宽度。小尺寸晶粒材料 PW_2 经热负荷实验后,表面损伤更为严重,这与图 6-25 的结果一致。

面向核聚变等离子体钨基材料

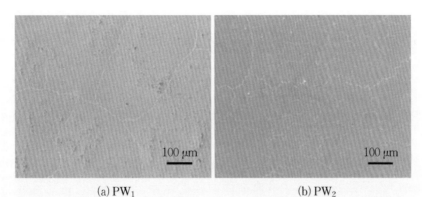

(a) PW₁   (b) PW₂

图6-24 室温经5 ms、1次0.22 GW·m⁻²电子束热冲击后低倍表面形貌图[60]

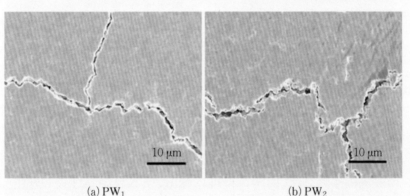

(a) PW₁   (b) PW₂

图6-25 室温经5 ms、1次0.22 GW·m⁻²电子束热冲击后高倍表面形貌图[60]

除了通过实验方式进行研究以外,Du等[61]使ANSYS软件的瞬态热模拟模块,对不同晶粒尺寸的钨进行了分析。材料的疲劳寿命,也就是材料能承受相应瞬态热负荷、不产生表面开裂的周期次数,如表6-3所示,这是基于相关性能假设得到的纯计算结果,显示出随着晶粒度增大材料的疲劳寿命下降,也就是说材料抵抗瞬态热负荷的能力下降,与实验现象是相反。但随着预热温度的升高,相应的疲劳寿命呈现上升趋势,也就是说随着温度上升,材料抵抗瞬态热负荷的能力上升,这和Wirtz等[62]的研究结果较为一致。

表6-3 不同类别钨施加1.14 GW·m⁻²热负荷后疲劳寿命的预测[61]

	RT	400℃
轧制钨	928	1141
50 μm 钨	736	913
100μm 钨	182	260

由此可以得出,超细晶粒纯钨表现出的抗热负荷性能欠佳,现阶段的软件模拟与实验结论相悖,相应模型的建立以及相关参数的选择还不够周全。另外,模拟及其建立模型是否能解决实际问题,仍需研究讨论。

6.2.4 合金化钨的瞬态热负荷损伤行为

在钨中添加一定量的合金元素,进行合金化可获得强化作用,可提高材料的密度、强韧性和热稳定性,并且改善其辐照性能等。高热负荷冲击钨表层,产生强烈的温度场导致严重的热应力,使表层迅速出现开裂。如果受热负荷作用时,温度低于钨的DBTT,这种开裂现象将变得更加严重。钨具有高的DBTT,当等离子体运行时,极易产生强的热应力导致开裂,其中非常有效改善的途径,是合金化,将其他熔点高、韧性好以及活化性低元素原子与钨固溶。下面选取几个代表性的元素组分,论述对合金化钨材料的热负荷性能影响。

6.2.4.1 W-K合金

钾掺杂钨具有优异的抗蠕变性能、抗松弛性能,可提高钨的强度和高温韧性,这是由于在掺杂钨材料中形成钾泡。钾泡与钨晶格缺陷可以发生相互作用,并且钉轧位错阻碍晶界和亚晶界的移动[63]。因此钨钾材料有希望作为未来聚变堆PFMs选择。Linke等[64]对15~40 ppm钾含量的W-K合金,进行了100次脉冲ELMs模拟实验,超高纯钨(W-UHP)和锻造钨作为对比,由图6-26可以看出,W-K合金和纯钨表现出相同的粗糙

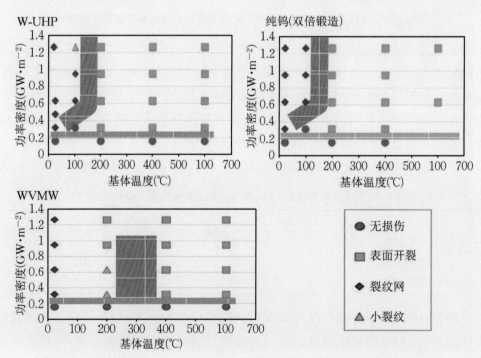

图6-26 JUDITH1设备上W-K合金不同基体温度100次电子束热冲击后表面损伤[64]

面向核聚变等离子体钨基材料

化阈值0.2 GW·m⁻²（绿色的条）。Pintsuk等[65]对1800℃退火2 h的完全再结晶的W-K合金（钾的含量小于22 ppm），进行高热负荷测试，在施加功率密度为0.32 GW·m⁻²的100次脉冲条件下，没有发现材料的损伤，但在施加1000次脉冲后材料出现开裂，到10000次裂纹密度基本保持稳定，如图6-27所示。Zhang等[66]运用锻造和轧制的方法，制备了W-K合金（钾含量为70~75 ppm），在室温下对W-K样品施加1次脉冲，W-K合金开裂阈值为0.44~0.66 GW·m⁻²。开裂阈值的不同与变化应是由于材料的加工工艺导致。

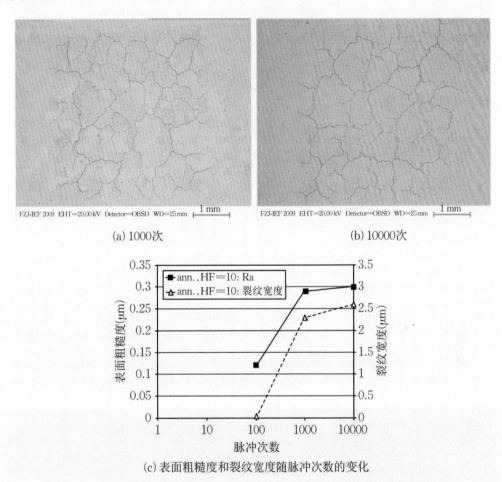

(a) 1000次　　　　　　　　　　　　(b) 10000次

(c) 表面粗糙度和裂纹宽度随脉冲次数的变化

图6-27　功率密度为0.32 GW·m⁻²，脉冲时间1 ms的电子束热冲击后的SEM图[65]

Huang等[67]研究传统烧结和SPS烧结制备出不同成分W-K合金的热负荷性能。通过传统烧结，钾含量为37~82 ppm的W-K合金，在功率密度为0.37 GW·m⁻²、脉冲持续时间5 ms的单次脉冲实验，样品尺寸为15 mm×2 mm，光斑大小为4 mm×4 mm。随着钾含量增加，裂纹的深度和宽度随之减小，如图6-28所示。尽管钾的掺杂不能显著提升钨的开裂阈值,但随着钾掺杂量的增加,热冲击后的损伤会变得更小。这表明,钾泡对钨在热负荷下的损伤有一定的妨碍,但并不能完全阻止热负荷下材料开裂。

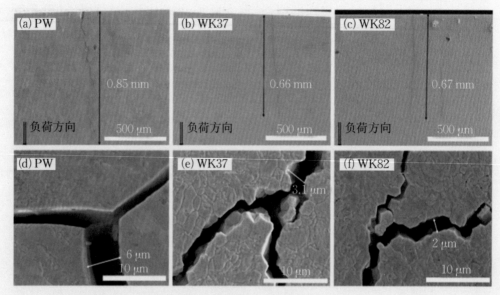

图6-28 传统 W-K 合金在 $0.37\,GW\cdot m^{-2}$、脉冲持续时间 5 ms 的单次脉冲冲击后的横截面和开裂表面形貌[67]

为与传统烧结对比,通过 SPS 烧结制备了钾含量为 60 ppm 的 W-K 合金,并在相同实验参数下进行了热负荷测试。SPS 烧结 W-K 合金的断口形貌及 $0.37\,GW\cdot m^{-2}$ 热冲击后的表面形貌如图 6-29 所示。图 6-29(a) 中黑线标记区域为明显的穿晶断裂,图 6-29(b) 可看到钾泡在晶粒内部分布,这与传统烧结不同,因为传统烧结由于烧结保持时间长,使得钾泡迁移到晶界处,导致很难在晶内观察到钾泡的存在[68]。图 6-29(c) 为热负荷实验后的表面形貌,可看出样品表面无明显变化,反映材料表面开裂阈值有所提高。可见,SPS 烧结相对于传统烧结制备的 W-K 合金,对热负荷的抵抗能力有所提高,这对未来寻找改善 W-K 合金的热负荷性能方法具有参考价值。

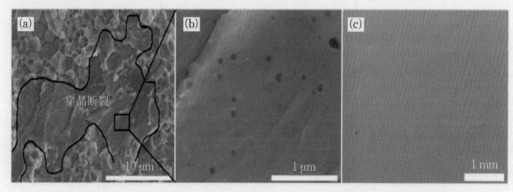

图6-29 SPS 烧结 W-K 合金的断口形貌及 $0.37\,GW\cdot m^{-2}$ 热冲击后的表面形貌图[67]

6.2.4.2 W-Ta合金

钽(Ta)元素的塑性好、活化性低,辐照抗力高,且辐照过程不容易生成脆性相。添加少量的Ta,就可以显著提高钨材料的韧性,使得W-Ta合金极有可能应用于未来聚变装置偏滤器中。

Linke等[64]对不同Ta含量的W-Ta合金进行了100次脉冲ELMs模拟实验,结果如图6-30所示。其中WTa1和WTa5表示Ta的质量分数分别为1%和5%。可以看出,WTa1和W-K合金表现出相同的粗糙化阈值0.2 GW·m^{-2},但是随着Ta含量的增加,WTa5样品的抗瞬态热冲击的能力得到显著提升,粗糙化阈值大于0.4 GW·m^{-2},开裂阈值大于0.6 GW·m^{-2}。Wirtz等[69]研究了超高纯W(W-UHP),WTa1和WTa5室温热冲击后的裂纹参数和类型,如图6-31所示。从图6-31(a)和6-31(b)可以看出,所有材料的裂纹间距和深度都随功率密度的增加而增大,W-UHP和WTa1的裂纹参数基本相同,但WTa5在各个功率密度裂纹间距和深度都明显很小。从图6-31(c)可以看出,1.27 GW·m^{-2}热冲击实验后W-UHP和WTa5的裂纹均沿垂直于热负荷加载面方向扩展,然后截至在一定深度,开始沿着平行于热加载面方向扩展,如图6-32所示。裂纹扩展取决于晶粒尺寸,W-UHP晶粒尺寸较大,主要特征是晶界裂纹沿着晶界扩展,WTa5晶粒尺寸较小,主要是穿晶裂纹。

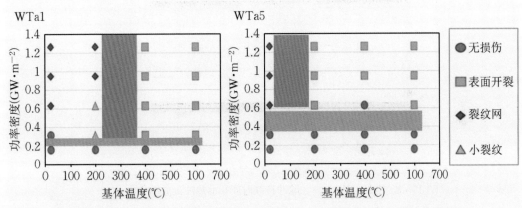

图6-30 JUDITH1设备上W-Ta合金不同基体温度100次电子束热冲击后表面损伤[64]

Wirtz等认为是材料的热性能和机械性能影响了钨合金的热冲击行为。一方面,合金化提高了材料的抗压和抗拉强度,进而提高了材料热冲击过程中的损伤阈值。随着功率密度的增加,每次热冲击过程样品的表面温度和应变速率也会增加,材料的断裂韧度提高可以抵消部分热应力。另一方面,材料的热扩散系数降低,导致表面产生极高的温度梯度,热应力在热冲击过程中不能渗透到很深的距离,因此裂纹扩展深度降低。

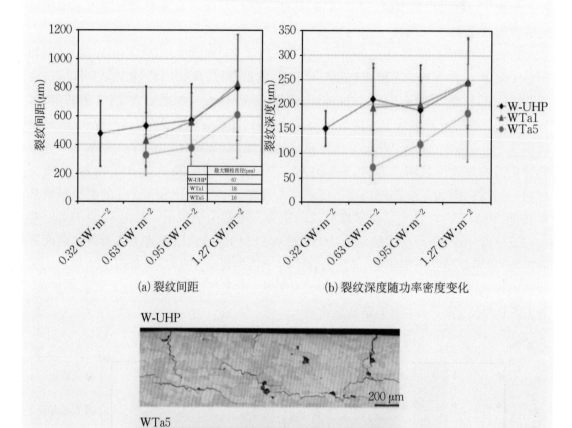

（a）裂纹间距

（b）裂纹深度随功率密度变化

W-UHP

200 μm

WTa5

200 μm

（c）100次、1.27 GW·m⁻²、脉冲持续时间1 ms热冲击后的截面

图6-31 超高纯钨（**W-UHP**）、**WTa1**和**WTa5**室温热冲击后的裂纹参数和类型[69]

面向核聚变等离子体钨基材料

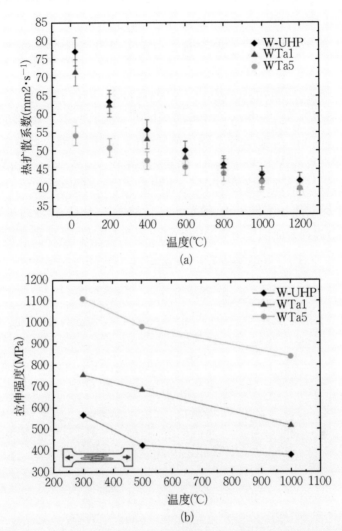

图 6-32　W-UHP、WTa1 和 WTa5 热扩散系数和拉伸强度随温度的变化曲线[69]

6.2.4.3　W-V合金

钨中掺杂钒,能很大地改善材料性能,如钨基体的显微结构、增加致密度和机械性能。随着钒含量的增加,W-V合金的断裂韧性逐渐增加。钨材料在高温时(特别是高于再结晶温度),机械性能有着显著的退化。钒的添加对改善钨材料的热稳定性来说是有益的[69]。

Arshad等[70]研究了W-V合金的热负荷损伤行为,钒掺杂量分别为1%、5%、10%(质量分数),样品尺寸为12 mm×2 mm,施加脉冲持续时间为5 ms的单次脉冲,光斑大小为4 mm×4 mm,W-V合金经瞬态热负荷后表面开裂的相关参数如表6-4所示。由表6-4可看出,W-5V、W-10V相对于W-1V来说,开裂阈值更高;W-5V和W-10V产生的裂纹宽度相当,但W-5V的裂纹密度更小,这表明W-5V相对于W-10V来说对开裂的抵抗能力更高。由于钒的热导率低于钨,随着钒含量的增加,W-V合金的热导率呈现下降趋势,热导率直接影响到表面温度分布,W-10V的表面温度最高,导致其损伤更为严重。

表6-4　W-V合金表面经高瞬态热负荷后的开裂情况[70]

型号	功率密度 ($MW \cdot m^{-2}$)	平均裂缝宽度 (μm)	平均距离 (μm)	裂纹密度 (cracks/mm^2)
W-1V	155	0.6	90.9	127
	207	1.0	89.3	131
	311	2.7	101.5	110
W-5V	159	无脉冲	无脉冲	无脉冲
	212	1.3	571.4	18
	317	2.9	589.2	8
W-10V	162	无脉冲	无脉冲	无脉冲
	216	1.0	112.7	59
	324	2.5	197.1	23

6.2.5　弥散强化钨复合材料的瞬态热负荷损伤行为

钨的弥散强化,是指向钨中添加第二相颗粒,在材料中形成弥散相,对晶界和位错起到钉扎作用,阻碍晶界和位错的移动,从而抑制晶粒的长大,使钨基体的变形抗力提高,起到强化材料的作用。目前,向钨中添加的第二相颗粒有很多,主要有碳化物和稀土氧化物。

6.2.5.1 氧化物弥散强化钨基材料

将少量纳米氧化物作为强化相,均匀弥散分布于基体,最早出现在Fe基材料中,制备出了氧化物弥散强化(Oxide Strengthened Steel,ODS)钢,大幅提高了合金钢的强度及抗辐照性能。将这种方法引入到钨基材料中,制备出ODS-W合金,期望利用弥散的超细氧化物阻碍晶界、位错的运动,从而提高钨基材料在高温下的力学性能以及抗辐照性能。

WL10(W-1wt.%La$_2$O$_3$)作为已经可以生产的钨合金是研究的热点。Zhang等[71]研究了轧制态WL10合金在电子束下的热负荷损伤行为,在施加单次脉冲情况下,功率密度在0.22～0.88 GW·m^{-2}时样品表面出现环状裂纹,功率密度为1.1 GW·m^{-2}时表面裂纹完全消失,如图6-33所示。但在其截面存在裂纹并沿着电子束加载方向扩展,表明材料的开裂阈值为0.22 GW·m^{-2}以下。

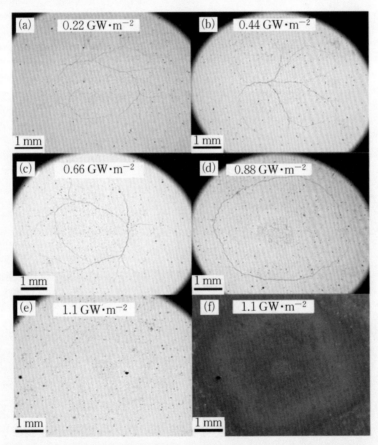

图6-33 轧制态WL10合金在单次脉冲电子束热冲击下的表面形貌图[71]

Lian等[72]采用化学方法制备出W-0.7vol.%Y$_2$O$_3$粉体,随后采用快速锻压制备了直径为6.5 cm的W-Y$_2$O$_3$块体,室温下100次热疲劳开裂阈值为0.22～0.33 GW·m^{-2}。从

图 6-34(a)可以看出,在损伤阈值以下,样品表面没有发现裂纹形成;室温加载至 0.33 GW·m⁻²热流表面出现了裂纹网,如图 6-34(b)所示;随着热流强度的增加,裂纹宽度增大,如图 6-34(c)所示;当基体温度高于开裂温度,裂纹的形成受到抑制,表面仅出现严重的塑性变形,如图 34(d)~(f)所示。对材料的机械性能进行测试,W-Y₂O₃在室温下是脆性材料,拉伸强度较低,因此表现出低的裂纹阈值。W-Y₂O₃在 100 ℃会发生塑性变形,说明开裂阈值温度低于 100 ℃,当温度高于开裂阈值温度,热应力可以通过塑性变形释放。

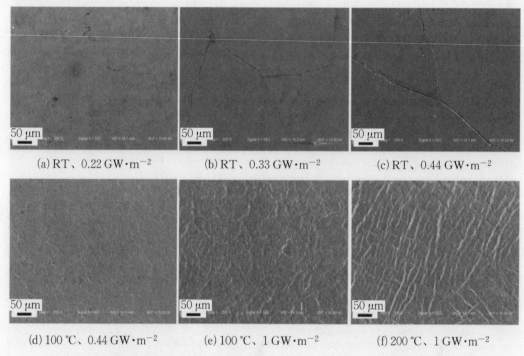

(a) RT、0.22 GW·m⁻²　　　(b) RT、0.33 GW·m⁻²　　　(c) RT、0.44 GW·m⁻²

(d) 100 ℃、0.44 GW·m⁻²　　(e) 100 ℃、1 GW·m⁻²　　(f) 200 ℃、1 GW·m⁻²

图 6-34　在模拟 ELMs 热负荷条件的 100 次电子束热冲击下 W-Y₂O₃锻压面的表面形貌[72]

Zhao 等[73]研究了通过湿化学法和放电等离子体烧结(SPS)技术制备的 W-Y₂O₃复合材料在激光热冲击下的行为表现,如图 6-35 所示。结果发现,高能脉冲激光冲击下 W-Y₂O₃表面会产生热裂纹且裂纹沿晶间扩展,热影响区内钨发生再结晶现象,形成柱状晶。Pintsuk 等[74]研究了不同 Y₂O₃含量掺杂对钨抗热冲击性能的影响,结果表明体积分数 1％的 Y₂O₃掺杂抗热冲击性能最为优异,如图 6-36 所示。可以看出 W-1vol.％Y₂O₃表面经过室温功率密度为 1.13 GW·m⁻²电子束热冲击后表面没有出现裂纹,仅仅出现表面粗糙化(图 36b),而 W-5vol.％Y₂O₃和纯钨表面都有明显的裂纹出现。这与机械性能的结果相反,夏比冲击实验表明 Y₂O₃掺杂使 W 的 DBTT 升高。对上述情况的具体原因还不清楚,Pintsuk 等认为是材料的微观组织,如晶粒尺寸和颗粒分布等综合因素造成的。

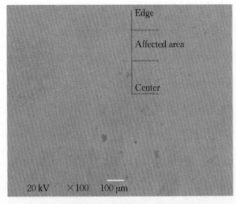

(a) F1＝0.45 MW·m^{-2}·s$^{-0.5}$

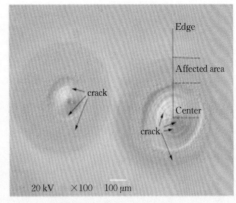

(b) F2＝0.59 MW·m^{-2}·s$^{-0.5}$

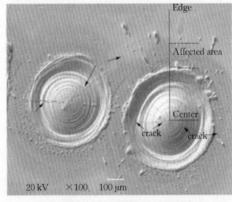

(c) F3＝0.75 MW·m^{-2}·s$^{-0.5}$

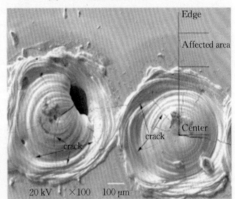

(d) F4＝0.90 MW·m^{-2}·s$^{-0.5}$

图6-35 不同热流因子激光热冲击下 W-0.5wt.％Y$_2$O$_3$ 的表面 SEM[73]:

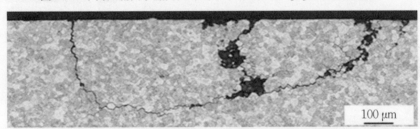

(a) 纯钨、0.38 GW·m^{-2}

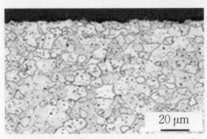

(b) W-1vol.％Y2O3、1.13 GW·m^{-2}

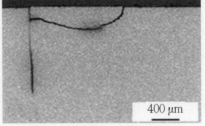

(c) W-5vol.％Y2O3、1.13 GW·m^{-2}

图6-36 JUDITH I 上室温 1000 次电子束热冲击后裂纹形成及表面粗糙化[74]

6.2.5.2 碳化物弥散强化钨基材料

碳化物相比氧化物具有更高的熔点,热稳定性更高,高温烧结时不容易聚集长大,可以保持纳米结构,所以也受到广泛关注。

Kurishita等[75]制备出W-1.1％TiC,其DBTT低于室温,处于235 K,电子束轰击后表面没有裂纹产生,说明钨表面裂纹的产生是由于热疲劳载荷下产生的疲劳热应力以及纯钨的高DBTT综合作用的结果(图6-37)。Fan等[76]对通过微纳复合技术制备的W-1％wt.TiC与W-3％wt.ZrC进行了瞬态热负荷测试,结果表明两种材料均可承受住200 MW·m^{-2}(5 ms)的高热流,相对于传统烧结纯钨来说热负荷抵抗能力提升了1倍多。从图6-38(a)和6-38(b)可以看出,在功率密度为100～200 MW·m^{-2}时,没有裂纹产生,当增加到300 MW·m^{-2}时开始出现小裂纹(图6-38(c))。随着功率密度的增加到400 MW·m^{-2}(图6-38(d)),裂纹不断扩展,宽度增大,当功率密度达到600 MW·m^{-2},局部出现熔化(图6-38(e)和(f))。

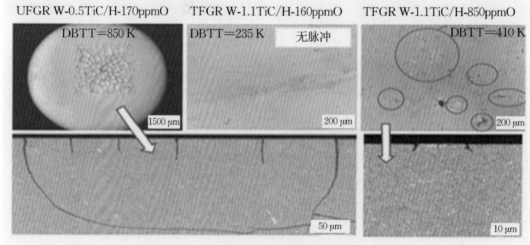

图6-37 W-TiC瞬态电子束轰击后表面形貌图[75]

Tan等[77]通过湿化学法和SPS烧结制备出纯钨,W-1％TaC和W-1％TiC(质量分数)材料,研究了第二相对钨基材料抵抗热负荷能力的影响,条件为:直径约1 mm的10 keV、8 kW的电子束在室温下加热2 s,总脉冲用时9.5 s,施加脉冲数为100,图6-39为热负荷加载后材料表面形貌。可以看出,纯钨的热负荷区域表面发现剧烈的开裂和塑性变形,W-1％TaC的表面发现很少的裂纹和轻微的塑性变形,而W-1％TiC的表面仅发现塑性变形;TiC和TaC均有效提高材料对热负荷的抵抗能力,W-1％TiC表现更为优异。由于第二相纳米颗粒分散在晶界,TaC和TiC可增强晶界的强度及阻止裂纹的形成;在相同掺杂质量分数下,TiC的体积分数要比掺杂TaC的高,表明TiC颗粒的

核聚变科学出版工程

面向核聚变等离子体钨基材料

尺寸更小,进而能够更有效的增强晶界,提高裂纹形成的阻力。而且,第二相粒子在晶粒内部的塑性变形会阻碍热负荷后的晶界破坏,即高的温度梯度产生的热应力可通过塑性变形来释放。因此,掺杂第二相粒子 TiC 和 TaC,对于改善钨基材料的热负荷性能均有着有益的影响,均可考虑作为聚变反应堆 PFMs 的候选体系。

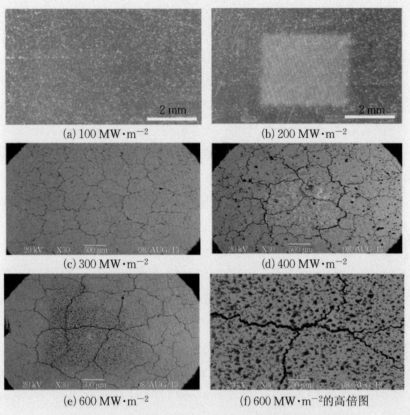

(a) 100 MW·m⁻²   (b) 200 MW·m⁻²

(c) 300 MW·m⁻²   (d) 400 MW·m⁻²

(e) 600 MW·m⁻²   (f) 600 MW·m⁻²的高倍图

图 6-38　W-3wt.%ZrC 在不同热流强度作用下表面形貌[76]

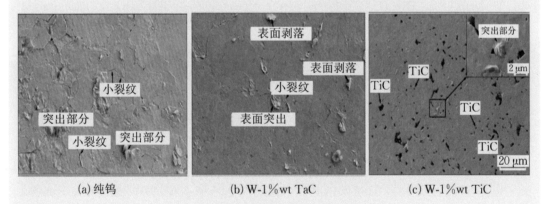

(a) 纯钨   (b) W-1%wt TaC   (c) W-1%wt TiC

图 6-39　热负荷加载后样品表面 SEM 像[77]

本 章 小 结

　　偏滤器部位的PFMs在ITER稳态运行时表面最大的热通量为$5\sim10\,\mathrm{MW\cdot m^{-2}}$,还有慢瞬态的热负荷持续时间比较短,热负荷的大小可达到$20\,\mathrm{MW\cdot m^{-2}}$,这是一种慢瞬态热负荷。瞬态热负荷主要等离子体破裂、边界局域模和垂直位移模式,材料表面在瞬态热冲击作用下会在短时间内迅速升温和降温,该过程会形成高的温度梯度并产生高热应力,伴随着表面开裂、熔蚀、溅射、突出结构、再结晶、晶粒长大等现象。材料在热负荷下会出现缺陷,使得材料的导热性能极大地降低,又会引起材料表面的温度急剧上升,往复循环产生新的缺陷。

　　长时间的稳态或/和瞬态热负荷作用使钨抗热冲击能力减弱,强度和韧性降低。由于采用脉冲运行模式,热载荷将呈周期性变化,会使连接界面产生热疲劳。研究钨基材料在瞬态热冲击下发生表面塑性变形、开裂、熔化等热学和辐照行为,并且通过激光、电子束等热冲击手段模拟场景,理论得出与模拟实验较为一致的结果,都有益于今后的聚变堆特别是偏滤器部件的设计和制造。

参考文献

[1] Raffray A R, Nygren R, Whyte D G, et al. High heat flux components-Readiness to proceed from near term fusion systems to power plants[J]. Fusion Engineering and Design, 2010, 85(1):93-108.

[2] Waseem O A, Ryu H J. Tungsten-based composites for nuclear fusion applications [M]. Nuclear Material Performance, 2016.

[3] Linke J. Plasma facing materials and components for future fusion devices-development, characterization and performance under fusion specific loading conditions[J]. Physica Scripta, 2006, 2006(T123):45-53.

[4] 陈蕾,刘翔,练友运.高纯钨在瞬态热冲击下的损伤行为研究[J].核聚变与等离子体物理, 2014, 34(1):53-56.

[5] Riccardi B, Giniatulin R, Klimov N, et al. Preliminary results of the experimental study of PFCs exposure to ELMs-like transient loads followed by high heat flux thermal fatigue[J]. Fusion Engineering and Design, 2011, 86(9-11):1665-1668.

[6] Liu X, Lian Y, Chen L, et al. Experimental and numerical simulations of ELM-like

transient damage behaviors to different grade tungsten and tungsten alloys[J]. Journal of Nuclear Materials, 2015, 463:166-169.

[7] Huber A, Burdakov A, Zlobinski M, et al. Investigation of the impact on tungsten of transient heat loads induced by laser irradiation, electron beams and plasma guns[J]. Transactions of Fusion Science and Technology, 2013, 63(1T):197-200.

[8] Loewenhoff T, Linke J, Pintsuk G, et al. Tungsten and CFC degradation under combined high cycle transient and steady state heat loads[J]. Fusion Engineering and Design, 2012, 87 (7-8):1201-1205.

[9] Riccardi B, Gavila P, Gliniatulin R, et al. Effect of stationary high heat flux and transient ELMs-like heat loads on the divertor PFCs[J]. Fusion Engineering and Design, 2013, 88(9-10):1673-1676.

[10] Hirai T, Ezato K, Majerus P. ITER relevant high heat flux testing on plasma facing surfaces [J]. Materials Transactions, 2005, 46(3): 412-424.

[11] Majerus P, Duwe R, Hirai T, et al. The new electron beam test facility JUDITH II for high heat flux experiments on plasma facing components[J]. Fusion Engineering and Design, 2005, 75-79(1):365-369.

[12] Gervash A, Giniyatulin R, Komarov V, et al. Comparative thermal cyclic testing and strength investigation of different Be/Cu joints[J]. Fusion Engineering and Design, 1998, 39-40(1):543-549.

[13] Bobin-Vastra I, Escourbiac F, Merola M, et al. Activity of the European high heat flux test facility:FE200[J]. Fusion Engineering and Design, 2005, 75-79(1):357-363.

[14] Greuner H, Bolt H, Böswirth B, et al. Design, performance and construction of a 2 MW ion beam test facility for plasma facing components[J]. Fusion Engineering and Design, 2005, 75-79(Suppl):345-350.

[15] Greuner H, Boeswirth B, Boscary J, et al. High heat flux facility GLADIS:operational characteristics and results of W7-X pre-series target tests[J]. Journal of Nuclear Materials, 2007, 367-370(B):1444-1448.

[16] Zhitlukhin A, Klimov N, Landman I, et al. Effects of ELMs on ITER divertor armour materials[J]. Journal of Nuclear Materials, 2008, 363-365(1-3):301-307.

[17] Arkhipov N I, Bakhtin V P, Kurkin S M, et al. Material erosion and erosion products in disruption simulation experiments at the MK-200 UG facility[J]. Fusion Engineering and Design, 2000, 49-50:151-156.

[18] Ye M Y, Kanehara H, Fukuta S, et al. Takamura. Blister formation on tungsten surface under low energy and high flux hydrogen plasma irradiation in NAGDIS-I[J]. Journal of Nuclear Materials, 2003, 313(Suppl):72-76.

267

[19] Nishijima D, Ye M Y, Ohno N, et al. Formation mechanism of bubbles and holes on tungsten surface with low-energy and high-flux helium plasma irradiation in NAGDIS-II[J]. Journal of Nuclear Materials, 2004, 329-333(A):1029-1033.

[20] Kajita S, Takamura S, Ohno N, et al. Sub-ms laser pulse irradiation on tungsten target damaged by exposure to helium plasma[J]. Nuclear Fusion, 2007, 47(9):1358.

[21] 贺书凯.面向等离子体钨基材料在瞬态热负荷下的性能研究[D]. 北京:北京大学,2012.

[22] Ueda Y, Schmid K, Balden M, et al. Baseline high heat flux and plasma facing materials for fusion[J]. Nuclear Fusion, 2017, 57(9):92006.

[23] Kurishita H. Recent progress in toughening nanostructured W alloys through domestic and international research collaboration[J]. Charleston, SC, USA, 2011(10):17-21.

[24] Pintsuk G, Prokhodtseva A, Uytdenhouwen I. Thermal shock characterization of tungsten deformed in two orthogonal directions[J]. Journal of Nuclear Materials, 2011, 417(1-3): 481-486.

[25] Wirtz M, Linke J, Loewenhoff T, et al. Thermal shock tests to qualify different tungsten grades as plasma facing material[J]. Physica Scripta, 2016, 2016(T167):014015.

[26] Akiba M, Araki M, Suzuki S, et al. Performance of JAERI electron beam irradiation stand [J]. Plasma Devices and Operations, 1991, 1(2):205-212.

[27] Hirai T, Pintsuk G, Linke J, et al. Cracking failure study of ITER-reference tungsten grade under single pulse thermal shock loads at elevated temperatures[J]. Journal of Nuclear Materials, 2009, 390-391(1):751-754.

[28] Linke J, Duwe R, Gervash A. Material damage to beryllium, carbon, and tungsten under severe thermal shocks[J]. Journal of Nuclear Materials, 1998, 258-263(1):634-639.

[29] Linke J, Akiba M, Duwe R. Material degradation and particle formation under transient thermal loads[J]. Journal of Nuclear Materials, 2001, 290-293(3):1102-1106.

[30] Wang L, Wang B, Li S D, et al. Thermal fatigue mechanism of recrystallized tungsten under cyclic heat loads via electron beam facility[J]. International Journal of Refractory Metals and Hard Materials, 2016, 61:61-66.

[31] Loewenhoff T, Linke J, Pintsuk G, et al. ITER-W monoblocks under high pulse number transient heat loads at high temperature[J]. Journal of Nuclear Materials, 2015, 463:202-205.

[32] Pestchanyi S, Garkusha I, Landman I. Simulation of tungsten armour cracking due to small ELMs in ITER[J]. Fusion Engineering and Design, 2010, 85(7-9):1697-1701.

[33] Pestchanyi S, Garkusha I. Simulation of residual thermostress in tungsten after repetitive Elm-like heat loads[J]. Fusion Engineering and Design, 2011, 86(9-11):1681-1684.

[34] You J H. Damage and fatigue crack growth of Eurofer steel first wall mock-up under cyclic

heat flux loads. Part 2: finite element analysis of damage evolution[J]. Fusion Engineering and Design, 2014, 89(4):294-301.

[35] Li M Y, Werner E, You J H. Influence of heat flux loading patterns on the surface cracking features of tungsten armor under ELM-like thermal shocks[J]. Journal of Nuclear Materials, 2015, 457(14):256-265.

[36] Arakcheev A S, Skovorodin D I, Burdakov A V, et al. Calculation of cracking under pulsed heat loads in tungsten manufactured according to ITER specifications[J]. Journal of Nuclear Materials, 2015, 467(1):165-171.

[37] Dai Z J, Mutoh Y, Sujatanond S. Numerical and experimental study on the thermal shock strength of tungsten by laser irradiation[J]. Materials Science and Engineering A, 2008, 472 (1-2):26-34.

[38] Farid N, Harilal S S, El-Atwani O, et al. Experimental simulation of materials degradation of plasma-facing components using lasers[J]. Nuclear Fusion, 2014, 54(1):12002.

[39] Wirtz M, Linke J, Pintsuk G, et al. Comparison of thermal shock damages induced by different simulation methods on tungsten[J]. Journal of Nuclear Materials, 2013, 438 (Suppl):S833-S836.

[40] Budaev V P, Martynenko Y V, Karpov A V, et al. Tungsten recrystallization and cracking under ITER-relevant heat loads[J]. Journal of Nuclear Materials, 2015, 463:237-240.

[41] Yu J H, Baldwin M J, Doerner R P, et al. Transient heating effects on tungsten: Ablation of Be layers and enhanced fuzz growth[J]. Journal of Nuclear Materials, 2015, 463:299-302.

[42] Huber A, Arakcheev A, Sergienko G, et al. Investigation of the impact of transient heat loads applied by laser irradiation on ITER-grade tungsten[J]. Physica Scripta, 2014, 2014 (T159):14005-14009.

[43] De Temmerman G, Zielinski J J, van der Meiden H, et al. Production of high transient heat and particle fluxes in a linear plasma device[J]. Applied Physics Letters, 2010, 97(8): 81502.

[44] De Temmerman G, Zielinski J J, van Diepen S, et al. ELM simulation experiments on Pilot-PSI using simultaneous high flux plasma and transient heat/particle source[J]. Nuclear Fusion, 2011, 51(7):73008.

[45] De Temmerman G, Bystrov K, Doerner R P, et al. Helium effects on tungsten under fusionrelevant plasma loading conditions[J]. Journal of Nuclear Materials, 2013, 438:S78-S83.

[46] Wirtz M, Linke J, Pintsuk G, et al. Thermal shock behaviour of tungsten after high flux H-plasma loading[J]. Journal of Nuclear Materials, 2013, 443(1-3):497-501.

[47] Lemahieu N, Greuner H, Linke J, et al. Synergistic effects of ELMs and steady state H and

H/He irradiation on tungsten[J]. Fusion Engineering and Design, 2015, 98-99(0):2020-2024.

[48] Loewenhoff T, Bardin S, Greuner H, et al. Impact of combined transient plasma/heat loads on tungsten performance below and above recrystallization temperature[J]. Nuclear Fusion, 2015, 55(12):123004.

[49] Steudel I, Huber A, Kreter A, et al. Sequential and simultaneous thermal and particle exposure of tungsten[J]. Physica Scripta, 2016, 2016(T167):14053.

[50] De Temmerman G, Morgan T W, van Eden GG, et al. Effect of high-flux H/He plasma exposure on tungsten damage due to transient heat loads[J]. Journal of Nuclear Materials, 2015, 463:198-201.

[51] Huber A, Wirtz M, Sergienko G, et al. Combined impact of transient heat loads and steady-state plasma exposure on tungsten[J]. Fusion Engineering and Design, 2015, 98-99(0):1328-1332.

[52] Zhang X, Yan Q. The thermal crack characteristics of rolled tungsten in different orientations [J]. Journal of Nuclear Materials, 2014, 444(1-3):428-434.

[53] Tamura S, Tokunaga K, Yoshida N, et al. Damage process of high purity tungsten coatings by hydrogen beam heat loads[J]. Journal of Nuclear Materials, 2005, 337-339(1-3):1043-1047.

[54] Pestchanyi S E, Linke J.Simulation of cracks in tungsten under ITER specific transient heat loads[J]. Fusion Engineering and Design, 2007, 82(15-24):1657-1663.

[55] Qu S, Gao S, Yuan Y, et al. Effect of high magnetic field on the melting behavior of W-0.5wt.% La_2O_3 under high heat flux[J]. Journal of Nuclear Materials, 2015, 463:189-192.

[56] Ackland G. Materials science: controlling radiation damage[J]. Science, 2010, 327(5973):1587-1588.

[57] Zhou Z, Pintsuk G, Linke J, et al. Transient high heat load tests on pure ultra-fine grained tungsten fabricated by resistance sintering under ultra-high pressure[J]. Fusion Engineering and Design, 2010, 85(1):115-121.

[58] Uytdenhouwen I, Decréton M, Hirai T, et al. Influence of recrystallization on thermal shock resistance of various tungsten grades[J]. Journal of Nuclear Materials, 2008, 363-365(1-3):1099-1103.

[59] Pintsuk G, Kühnlein W, Linke J, et al. Investigation of tungsten and beryllium behavior under short transient events[J]. Fusion Engineering and Design, 2007, 82(15-24):1720-1729.

[60] Zhang X, Yan Q, Lang S, et al. Thermal Shock performance of sintered pure tungsten with various grain sizes under transient high heat flux test[J]. Journal of Fusion Energy, 2016,

35(4):666-672.

[61] Du J, Yuan Y, Wirtz M, et al. FEM study of recrystallized tungsten under ELM-like heat loads[J]. Journal of Nuclear Materials, 2015, 463:219-222.

[62] Wirtz M, Cempura G, Linke J, et al. Thermal shock response of deformed and recrystallised tungsten[J]. Fusion Engineering and Design, 2013, 88(9-10):1768-1772.

[63] Schade P. Potassium bubble growth in doped tungsten[J]. International Journal of Refractory Metals & Hard Materials, 1998, 16(1):77-87.

[64] Linke J, Loewenhoff T, Massaut V, et al. Performance of different tungsten grades under transient thermal loads[J]. Nuclear Fusion, 2011, 51(7):600-606.

[65] Pintsuk G, Uytdenhouwen I. Thermo-mechanical and thermal shock characterization of potassium doped tungsten[J]. International Journal of Refractory Metals and Hard Materials, 2010, 28(6):661-668.

[66] Zhang X, Yan Q, Lang S, et al. Basic thermal-mechanical properties and thermal shock, fatigue resistance of swaged+rolled potassium doped tungsten[J]. Journal of Nuclear Materials, 2014, 452(1-3):257-264.

[67] Huang B, Xiao Y, He B, et al. Effect of potassium doping on the thermal shock behavior of tungsten[J]. International Journal of Refractory Metals and Hard Materials, 2015, 51:19-24.

[68] Bewlay B P, Lewis N, Lou K A. Observations on the evolution of potassium bubbles in tungsten ingots during sintering[J]. Metallurgical and Materials Transactions A, 1992, 23(1):121-133.

[69] Wirtz M, Linke J, Pintsuk G, et al. Comparison of the thermal shock performance of different tungsten grades and the influence of microstructure on the damage behavior[J]. Physica Scripta, 2011, 2011(T145):14058.

[69] Arshad K, Zhao M Y, Yuan Y, et al. Thermal stability evaluation of microstructures and mechanical properties of tungsten vanadium alloys[J]. Modern Physics Letters B, 2014, 28(26):1450207.

[70] Arshad K, Ding D, Wang J, et al. Surface cracking of tungsten-vanadium alloys under transient heat loads[J]. Nuclear Materials and Energy, 2015, 3-4:32-36.

[71] Zhang X, Yan Q. Morphology evolution of La_2O_3 and crack characteristic in $W-La_2O_3$ alloy under transient heat loading[J]. Journal of Nuclear Materials, 2014, 451, (1-3):283-291

[72] Lian Y, Liu X, Feng F, et al. Mechanical properties and thermal shock performance of $W-Y_2O_3$ composite prepared by high-energy-rate forging[J]. Physica Scripta, 2017, 2017(T170):014044.

[73] Zhao M, Luo L, Lin J, et al. Thermal shock behavior of $W-0.5wt.\%Y_2O_3$ alloy prepared via a novel chemical method[J]. Journal of Nuclear Materials, 2016, 479:616-622.

[74] Pintsuk G, Blagoeva D, Opschoor J. Thermal shock behavior of tungsten based alloys manufactured via powder injection molding[J]. Journal of Nuclear Materials, 2013, 442(1-3):S282-S286.

[75] Kurishita H, Arakawa H, Matsuo S, et al. Development of nanostructured tungsten based materials resistant to recrystallization and/or radiation induced embrittlement[J]. Materials Transactions, 2013, 54(4):456-465.

[76] Fan J, Han Y, Li P, et al. Micro/nano composited tungsten material and its high thermal loading behavior[J]. Journal of Nuclear Materials, 2014, 455(1-3):717-723.

[77] Tan X, Li P, Luo L, et al. Effect of second-phase particles on the properties of W-based materials under high-heat loading[J]. Nuclear Materials and Energy, 2016, 9:399-404.

第7章 聚变堆偏滤器钨铜模块制造与评价

7.1 引言

磁约束核聚变堆的第一壁由许多包层模块拼连而成,是实验包层模块(TBM)直接面对等离子体的部件,需要能够承受较大的热负载。ITER第一壁的最外层是护甲材料,铍(Be)材料因为是低Z材料,无化学溅射和吸氧能力强被选作ITER第一壁区域的面向等离子体材料(PFMs);与护甲密切相关的是具有降(散)热功能的热沉(Heat Sink),材料可采用CuCrZr合金;而后所连接的是结构材料,如奥氏体不锈钢[1]。

偏滤器处于构成高温等离子体与材料直接接触的过渡区域,是现代磁约束核聚变堆实验装置一个非常重要的组成部分,主要承担两个重要作用:一是排除等离子体与第一壁相互作用产生的杂质和聚变反应产物——氦;二是承载来自等离子体的高热负荷,并将来自等离子体的能量驱散出Tokamak装置。偏滤器的一面是温度临近几亿度的等离子体,另一方面是普通的固体材料。随着磁约束核聚变堆实验装置的不断发展,偏滤器已从水冷型向氦冷型发展,相应的偏滤器材料也在不断变化和发展[2-4]。在ITER,氘、氚阶段极端等离子体运行情况下,第一壁工作时表面热流密度将达到$0.1\sim$ $1.0\ \mathrm{MW\cdot m^{-2}}$,而偏滤器的热流密度为$5\sim20\ \mathrm{MW\cdot m^{-2}}$,如EAST偏滤器的垂直靶板设计承受1000次$20\ \mathrm{MW\cdot m^{-2}}$热负荷的辐照[5]。因此,PFMs的另一面必须要给予强制冷却,与热沉材料组合集成为面向等离子体部件(PFC),PFMs与热沉材料、热沉材料与结构材料之间的连接,已经成为聚变装置发展的一个关键制造环节。因为钨具有高熔点、高热导率和低氚滞留等优异性能,所以被选作ITER中偏滤器部位的PFMs[6],也被

273

选作DEMO及未来聚变反应堆中偏滤器和第一壁上的备选材料。铜合金由于同时具有高的热导率和高的强度,以及很好的热稳定性和抗中子辐照活化性,已经被用作现代Tokamak装置及ITER的偏滤器热沉候选材料。了解钨铜连接部件在高热负荷下的损伤行为,采取针对性的预防与减缓措施,不仅关系到材料和部件本身的性能考验和使用寿命,还会直接影响到聚变反应的正常运行以及整个装置的安全可控性。

7.2 聚变堆用偏滤器

7.2.1 偏滤器的设计

聚变反应堆结构巨大,由无数的功能部件组成,其中偏滤器是重要的面向等离子体的关键部件之一。ITER偏滤器主要由内、外靶板(穿管结构)、穹顶(平板结构)、反射板(平板结构)支撑结构和Cassette Body(CB,54个)组成,如图7-1所示[7]。预期

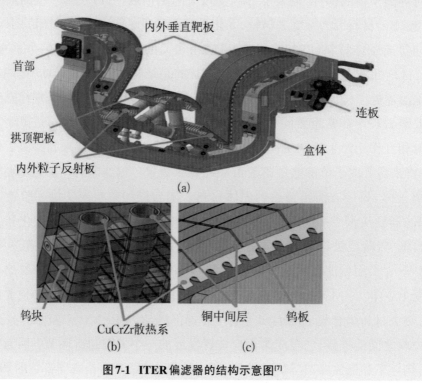

图7-1 ITER偏滤器的结构示意图[7]

ITER偏滤器穹顶(Dome)区域的稳态热流通量为5 MW·m^{-2},而内外靶板表面的稳态热流通量为10 MW·m^{-2}。ITER 偏滤器的每一个CB包含了一个内靶板部件和一个外靶板部件,每个垂直靶板部件包含两个相似但相互独立的PFCs,每个PFC又由很多长条形状的面向等离子体单元(PFU,Plasma-Facing Units)组成。ITER偏滤器外靶板部件由 22 个PFU和两个支撑组成,内靶板部件由 16 个PFU和两个支撑组成。2012年底,ITER的任务分配是:欧盟负责承担内靶板和Cassette Body建设[8],日本负责外靶板,俄罗斯则承担Dome 和粒子反射板[9,10],同时承担建设高热负荷设备(ITER Diver-tor Test Facility,IDTF)。IDTF 设计的主要目的,就是满足ITER的内靶板、外靶板和穹顶做高热负荷测试需要。在正式执行采购合同前,欧盟、日、俄三个承接方都必须制备出通过质量认证的原型件(Qualification Prototype,QP),再通过ITER组织(ITER Organization,IO)的认证。

PFC 的结构形式如图 7-2 所示,主要有平板型(Flat-type)和穿管型(Mono-block)两种[11]。通过纯铜中间层,平板型PFC通过PFMs与热沉CuCrZr合金直接相连的方式,其优点是结构简单,制作工艺方便,可以降低成本;穿管型PFC则是在PFMs中形

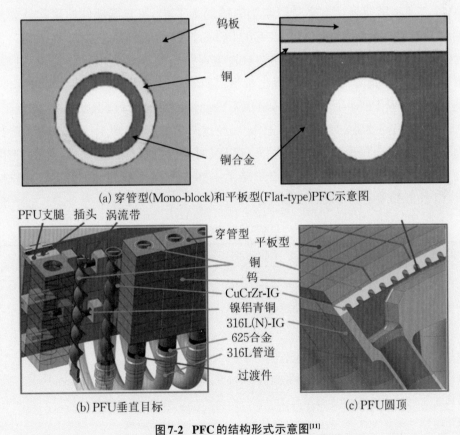

(a) 穿管型(Mono-block)和平板型(Flat-type)PFC示意图

(b) PFU垂直目标

(c) PFU圆顶

图7-2 PFC的结构形式示意图[11]

成冷却水管道,通过钎焊(Brazing)、热等静压(Hot Isostatic Press,HIP)和热环压(Hot Radial Press,HRP)等连接方式,把PFMs和热沉连接在一起[12,13]。HRP基本原理是在CuCrZr冷却管加入高压气体,同时对PFMs和CuCrZr管加热,利用铜管微小的塑性变形来达到CuCrZr管与PFMs的扩散焊接。与平板型PFC相比,穿管型PFC由于其特殊的对称结构和圆形的连接界面,能够减少热应力的集中并消除应力的歧义点,而且W/Cu界面距离冷却水较近,温度低,热应力较小,因此具有更好的抗热负荷承受能力[7]。但是其缺点就是存在加工困难、成本高和重量大等问题。相比较而言,穿管型PFC比较适合用在偏滤器的热负荷较高的部位,如偏滤器的垂直靶板部位等。

7.2.2 偏滤器部件材料的选择

1.面向等离子体材料

偏滤器部件主要包括PFMs、热沉和支持结构等组成,不同类型的偏滤器部件,其材料主要组分和结构形式有所不同。钨因其优异的性能被公认为是最有前景选择作为PFMs。ITER早期设计方案受限于当时的制造工艺,偏滤器部件的采购分为两期:第一期将偏滤器内、外靶板打击点附近的PFMs选择为碳纤维复合材料(CFC),挡板部位为钨。这是因为在ITER放电初期会发生很频繁的等离子体破裂,CFC对瞬态载荷冲击有很大忍耐能力(CFC不会熔化);第二期偏滤器采用全钨设计。随着部件研制工艺的成熟,全W-PFMs已经通过ASDEX Upgrade测试[14],ITER组织委员会在2011年11月开始全钨偏滤器的认证评估工作[15],经过两年的努力,最后于2013年11月通过了在ITER上使用全钨偏滤器的方案[16]。ITER对轧制钨板的性能要求(纯度、密度、硬度和晶粒度等)如表7-1所示。表7-2总结了不同生产商采购的偏滤器PFC钨材料的性能,可以看出都满足ITER的性能要求。

表7-1 ITER钨板材料检验规格[7]

审查	适用标准	验收标准
化学成分	与供应商达成一致	$W \geqslant 99.94\%$; $C \leqslant 0.01wt.\%$; $O \leqslant 0.01wt.\%$; $N \leqslant 0.01wt.\%$; $Fe \leqslant 0.01wt.\%$; $Ni \leqslant 0.01wt.\%$; $Si \leqslant 0.01wt.\%$;
密度	ASTM B311	$\geqslant 19.0 \text{ g} \cdot \text{cm}^{-3}$
硬度(Vickers HV30)	ASTM E92/EN ISO 6507-1	$\geqslant 410$
晶粒尺寸	ASTM E112	粒度3或更细
微观结构		柱状晶粒

面向核聚变等离子体钨基材料

表7-2　偏滤器采购的W产品[11]

供应商	类型	化学成分	密度	硬度HV30	晶粒度[a]	采购量[b]
Plansee	正方形板条(横截面积36×36 mm²)	根据需要	19.24~19.25	435~455	10~11.6	1536 kg (gross)
Polema	板条(厚度12 mm)	根据需要	19.1~19.15	437~446	8.0~8.5	712 kg (gross)
			19.0~19.14	419~450	8.0~8.5	3400 kg (gross)
ALMT	板条(厚度24 mm)	根据需要	19.14~19.20	443~470	9.5~12.5	376 kg (net)
AT&M	板条(厚度12 mm)	根据需要	19.2~19.28	435~468	4.5~7.0	90 kg (net)
XRTM	板条(厚度12 mm)	根据需要	19.13~19.28	415~495	6.5~7.0	181 kg (net)
TLWM	板条(厚度12 mm)	根据需要	19.2	420~450	7.0~8.0	18 kg (net)

注:a表示晶粒度符合ASTM E112。测试的面垂直于变形方向。b表示"gross"是钨材料的采购量,"net"是最终形状的重量。

2. 热沉材料

热沉材料需要满足高热导率、高温下具有高强度、良好的加工性、好的水密性及气密性、耐腐蚀性强等优点,其中,热导率是选择热沉材料的最重要的指标。常用的有CuCrZr和氧化铜弥散增强铜(ODS-Cu),其中CuCrZr已经成为ITER热沉材料的首选。CuCrZr合金具有时效硬化,优异的耐热性能和电/热输运性能,制备成本较低,在焊接和有色金属冶金、电工等领域应用广泛。ITER第一壁、偏滤器和加热系统中也采用CuCrZr合金。ITER对CuCrZr合金的化学成分的要求更加严格以减少材料性能的波动,确保材料在部件制备过程中达到设计要求。在ITER应用中,热沉CuCrZr材料的设计代号为CuCrZr-IG(ITER Grade)[17]。ITER工程设计阶段,因为在ITER中的应用不同,以及不同部件的制备工艺不同,CuCrZr-IG的热/塑性加工方式也不同,所以大量研究关于CuCrZr材料的相关性能材料。表7-3给出了CuCrZr-IG热处理后的拉伸性能,对比ITER对部件强度要求(屈服强度>175 MPa,抗拉强度>280 MPa),能够基本满足ITER要求。

氦冷偏滤器相比水冷偏滤器,具有更高的工作温度、更低的工作压力。随着聚变实验装置中工作温度不断提高,冷却系统由水冷型(图7-3)[18]向氦冷型发展(图7-4)[19],偏滤器的第一壁将承受10~15 MW·m⁻²的热流密度,大约占反应堆热功率的15%[20]。未来的DEMO装置工作温度有所提高,采用氦冷偏滤器设计成为主流方向。相应的热沉材料由EAST、ITER等装置中的铜及其合金材料发展到未来聚变示范电站(DEMO)中的低活化钢材料。DEMO及中国筹划建设的中国聚变工程实验堆

(CFETR)的工作温度和高能中子辐照剂量将进一步提高,因此需要进一步提高热沉材料的服役温度及抗辐照性能。目前常用的CuCrZr和ODS-Cu在300~400 ℃环境下长期工作时均会发生明显的热蠕变,而且高温条件下力学性能较差。因此,开发高温条件下具有高强度、高热导率、抗热蠕变及抗辐照的新型铜合金,才能满足未来核聚变堆建设对关键热沉材料的迫切要求。

表7-3 CuCrZr-IG热处理后的拉伸性能[11]

制造工艺	生产热循环之前的拉伸性能[屈服强度(0.2%,MPa),极限拉伸强度(MPa),延伸率(%)]		生产热循环之后的拉伸性能[屈服强度(0.2%,MPa),极限拉伸强度(MPa),延伸率(%)]	
	室温	250 ℃	室温	250 ℃
HIP(约100 MPa,550 ℃,6 h)	153,316,13	265,286,7	197,345,23	251,303,17
热径向挤压(60 MPa,580 ℃,2 h)	411,492,22	332,368,15	230,340,28	205,266,25
钎焊(980 ℃,60 min→气体淬火→480 ℃,3 h)	259,420,27	228,318,25	223,379,28	186,281,26
钎焊(970 ℃,45 min→气体淬火→480 ℃,2.5 h)	421,468,18	383,390,19	216,341,22	199,275,21

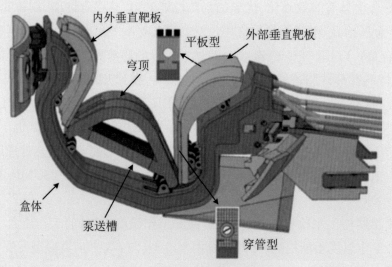

图7-3 水冷型偏滤器示意图[18]

面向核聚变等离子体钨基材料

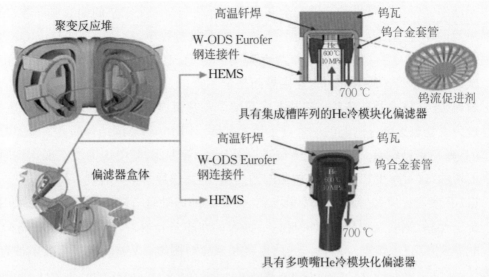

图7-4 氦冷型偏滤器示意图[19]

3. 结构材料

结构材料虽然不直接面对高温等离子体,但需要保证与PFMs、氚增殖剂、中子倍增剂和冷却剂等具有较好的兼容性。未来的聚变反应装置,会产生MeV高能中子,因此,结构材料的辐照损伤会非常严重。结构材料将由ITER实验堆中的316SS(奥氏体不锈钢)发展到DEMO和商用堆用的低活化材料,如低活化钢、ODS钢(Oxide Dispersion Strengthen Steel)、钒(V)合金和SiC/SiC复合材料。钒合金和SiC/SiC具有优异的高温性能,但其可靠性还需要进一步研究,所以低活化钢成为DEMO示范堆的首选材料。表7-4列举了几种典型低活化钢的成分。

表7-4 几种典型低活化钢的成分[21]

牌号	主要元素(%)						
	Fe	Cr	C	W	Ta	Mn	V
CLF-1	Bal.	8.5	0.11	1.5	0.1	0.5	0.3
Eurofer 97	Bal.	8.0~9.0	0.1~0.12	1.0~1.2	0.06~0.10	0.4~0.6	0.2~0.3
F82H	Bal.	8.0	0.10	2.0	0.04	0.50	0.20
CLAM	Bal.	9.0	0.10	1.5	0.15	0.45	0.20

7.2.3 钨偏滤器与热沉的连接

PFCs担负着主要任务,主要功能是将沉积在PFMs表面上的热能量,通过热沉带走以保证部件(材料)可靠和装置安全。要想设计与制造一个完整的偏滤器部件,关键材料单元的相互连接至关重要。部件在连接和服役过程中,会产生高的热应力,选择合适的连接技术与工艺来降低连接界面处的热应力,有利于提高偏滤器可靠与稳定性。被连接的材料性质差异对于连接界面是个考验,尤其是对于两种性质相差很大的异种材料,连接技术及工艺参数选择非常重要。与热沉、热沉与支持结构之间的连接,已经成为聚变装置部件制造的一个重要技术关键。PFMs与热沉结合的方式有螺栓连接(如石墨与铬锆铜合金)、焊接(钨与铬锆铜合金)等方式,其中焊接能实现达到原子级别的接触,这对减少PFMs与热沉之间的热阻、提高热导率十分有利。

ITER聚变反应装置采用水冷偏滤器,偏滤器的内外垂直靶的上部和挡板采用钨作为护甲材料,铜合金用作为热沉材料。钨与铜性能差异很大,热膨胀系数相差4倍,熔点相差3倍左右,如表7-5所示,因此连接起来相对困难。W/Cu连接有很多种有效的方法,如电子束焊接(Electron Beam Welding,EBW)、钎焊(Brazing)、铸造(Casting)、热等静压(Hot Isostatic Pressing,HIP)和真空等离子体喷涂(Vacuum Plasma Spray,VPS)等,更多的是几种工艺的组合使用。

表7-5 钨、铜和CLAM钢室温下的物理性质[21,22]

材料	密度 ($g \cdot cm^{-3}$)	熔点 (K)	热膨胀系数 ($10^{-6} K^{-1}$)	热导率 ($W \cdot m^{-1} \cdot K^{-1}$)	弹性模量 (GPa)
钨	19.3	3680	4.5	145	410
铜	8.9	1357	17	400	85
CLAM钢	7.8	1723	11.1	24.5	218

1. 电子束焊接

电子束焊接是指利用加速和聚焦的电子束轰击置于真空或非真空中的焊接面,使被焊工件熔化形成熔池达到冶金结合来实现连接,具有不用焊条、不易氧化、工艺重复性好、焊缝窄、焊缝热影响区小及热变形量小等优点而广泛应用于诸多领域。Roedig等[23]以无氧铜作为中间层,利用电子束焊接将W与CuCrZr焊接起来,发现其可以承受1000次、13.7 $MW \cdot m^{-2}$的高热负荷测试。Smid等[24]采用电子束焊接技术将W-1%La_2O_3与CuCrZr焊接起来,经过1000次16 $MW \cdot m^{-2}$的热负荷测试样品完好。其中WL10(W-1wt.%La_2O_3)作为已经作为商用的钨合金加以使用和受到关注。

2. 钎焊连接

钎焊连接是指将低于焊件熔点的钎料和焊件同时加热到钎料熔化温度后,利用液态钎料填充固态工件的缝隙,以使金属连接的焊接方法。钎焊对母材的物理化学性能

面向核聚变等离子体钨基材料

影响小、焊接应力和变形较小且接头光滑美观,适用于焊接精密、复杂和焊接性能差别较大的异种金属。在钎焊过程时以Ni-Cu-Mn作为焊料[25],无氧铜作为中间层,实现了W与CuCrZr的焊接。以Cu-Mn为钎料将W与热沉材料CuCrZr合金连接起来[26],热循环疲劳实验表明样品可以承受1000次16 MW·m^{-2}的热负荷。但钎料作为钎焊的必需材料,直接决定了钎焊的质量和可靠性,因此选择合适的钎料尤为重要。研究发现含Cu-Mn钎料的接头经过中子辐照后力学性能显著下降[27],所以研发适合偏滤器服役环境的新型焊接钎料也尤为迫切。

3. 铸造连接

将液态金属浇铸到与零件形状相适应的模型空腔中,待其冷却凝固后,获得相应尺寸的零件或毛坯。铸造法连接的钨/无氧铜界面结合强度高,是目前较为常用的方法。在真空条件下把样件加热到高于铜熔点温度,利用铜的润湿性在钨表面浇铸成一层无氧铜,当温度超过1350 ℃时,铜对于钨的润湿角接近零度,即完全润湿;温度超过1200 ℃钨会发生再结晶,为了保持钨的力学性能,连接过程温度不宜超过钨的再结晶温度。钨与铜的熔点相差很大,可以先通过铸造铜,将钨与铜连接起来,然后再用电子束焊接或钎焊,将铸造铜与热沉CuCrZr合金连接在一起[28]。但是该工艺复杂且成本高,很难大面积推广。

4. 热等静压连接

热等静压集热压和等静压的优点于一体,在稀有气体氛围下,通过压力、温度、时间的结合,向加工工件的各个维度上实施相等的向内挤压力,可有效消除金属、陶瓷及复合材料等材质中的内部孔隙及疏松,从而提高制件的致密性、均匀性和性能。由于采用高压可以使烧结温度大大降低,使得处理后的材料仍保持较细的组织和晶体结构。通过热等静压法[29]将钨与铜直接焊接在一起,但是界面处发生氧化,生成钨的氧化物,萌生裂纹,使得连接强度不高。研究发现加入一层厚度大于0.3 mm的无氧铜或者其他过渡层,能提高连接强度。法国原子能委员会(Atomic Energy Commission,CEA)采用两步热等静压技术,先用热等静压以Ni为过渡层将W-1⅟La$_2$O$_3$焊接到无氧铜上,然后利用热等静压与热沉CuCrZr合金产生连接,此模块可承受1000次9.6 MW·m^{-2}的电子束疲劳实验[23]。

5. 真空等离子体喷涂

真空等离子喷涂技术,主要是采用由直流电驱动的等离子电弧作为热源,将陶瓷、合金和金属等材料加热到熔融或半熔融状态,在真空(低于0.01 Pa)状态下高速喷向经过预处理的工件表面,而形成附着牢固的表面层。等离子体炬的温度高、速度快,并有气氛保护,是制备高质量厚钨涂层的最佳方法,也是聚变PFC的一个重要制备技术。发现VPS-W[30]可以承受超过4.7 MW·m⁻²、1000次疲劳实验。

但在制备等离子体第一壁复合材料时针对Tokamak装置所受热负荷区域的不同,通常采用不同的连接方法,因VPS连接方法工艺简单、成本低,故被用作低热负荷区域PFC的连接;在中、高热负荷区域需采用几种方法组合来增强传热效果,承受更高的热冲击。相比较而言,组合方法工艺复杂、成本高[31]。

未来DEMO装置的设计采用氦冷偏滤器,氦冷偏滤器的连接设计才刚刚起步,需要对结构、钎料、工艺等进行系统地研究。目前提出了两种结构氦冷偏滤器结构,即手指型[图7-5(a)]和T型[图7-5(b)]结构[18,32]。其中德国KIT提出的氦冷型多喷嘴模块偏滤器(He-cooled Modular Divertor with Multiple-jet Cooling, HEMJ),被认为是未来偏滤器设计参考标准,受到广泛认可[33]。该手指型结构中,5 mm厚的瓦状小钨块作为

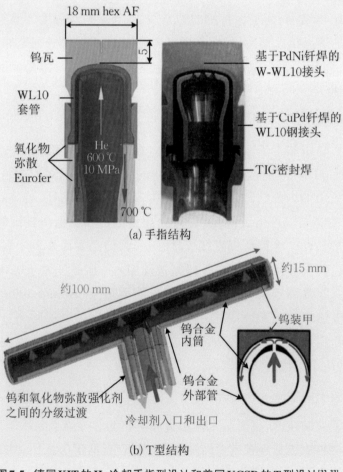

图7-5 德国KIT的He冷却手指型设计和美国UCSD的T型设计[32,33]

面向核聚变等离子体钨基材料

热屏蔽牺牲层焊接到钨合金(WL10)套筒中,构成一个冷却指单元,再连接到支撑结构的低活化钢上。未来的高温氦冷却偏滤器设计几乎都采用W-PFMs的方案,而低活化铁素体/马氏体钢(Reduced Activation Ferritic/Martensitic Steels,RAFM)则适宜用作其支撑结构材料,这两种偏滤器方案都要涉及钨及其合金与低活化钢、ODS钢的连接。钨与钢之间大的热膨胀系数差异,将导致在连接和部件服役过程中钨/钢接头界面区域产生高的热应力,从而引起接头失效,常规熔焊技术难以获得优质的钨/钢连接接头。目前关于钨钢的连接主要集中在扩散焊和钎焊上,钨与钢的高性能可靠连接,已经成为偏滤器发展的一个重要技术难题。

6. 真空钎焊

目前钨与低活化钢的连接主要是通过真空钎焊技术,钎焊时温度高于钎料液相线而低于母材固相线温度,熔化的钎料在母材表面润湿、流动、填充、铺展及凝固形成致密接头。钎焊技术具有工艺简单,对母材影响小,对焊件尺寸、形状要求低等特点,可用于W/RAFM钢的连接[34]。Chehtov等[34]用Ni基钎料成功实现了W-1‰La$_2$O$_3$合金与EUROFER97低活化钢的钎焊连接。刘文胜等[35]利用Ni基微晶箔带作为钎料实施了钨和钢的钎焊。Prado等[36]将Cu、Ti粉末压制成薄膜钎料,实现了钨基材料与EURO-FER钢的钎焊连接。

要提高钎焊部件的寿命,需要引入合理的中间过渡层,使其热膨胀系数和钨、低活化钢相匹配。大部分研究者主要集中于钎料的成分设计和接头结构设计上,Kalin等[37]采用Ni基箔带型非晶钎料,以0.5 mm厚的50Fe-50Ni合金作为中间过渡层,对多晶钨和EP450铁素体/马氏体钢进行钎焊连接,接头无孔洞和裂纹。但是经过100次热循环后出现裂纹,表明接头的抗热冲击性能较差。Kalin等[38]还采用Ti基和Fe基两种钎料,引入0.1 mm厚的Ta片作为中间层,对钨和ODS-EUROFER钢进行钎焊连接,实验发现经过30次热循环测试接头未产生裂纹,表明该结构具有高的抗热冲击性能。

采用钎焊技术进行钨/钢焊接时,钎料选择需要合适,主要是Fe基、Ti基和Ni基的非晶态高温钎料。快速凝固的非晶和微晶态箔带钎料是一种连接异种材料的有效方法。非晶合金箔带与晶态箔带相比,具有良好的成分和组织均匀性,液固相线范围窄,熔体流动铺展性好;有很好的韧性,能弯曲180°不发生断裂,因此适用于偏滤器这种复杂部件的焊接。Ni、Cu在中子辐照下,会产生氦聚集使焊接接头变脆,Fe基低活化钎料值得广泛关注。Oono等[39]利用Fe基非晶条带作为钎料,对W与ODS高Cr铁素体钢进行真空钎焊,焊缝质量良好。

目前钨与钢钎焊采用的温度较高,母材尤其是低活化钢晶粒发生长大,且钨向钢中扩散严重,因此研究母材组织的回复及避免钨向钢中的扩散,是今后值得关注的研究方向。

7. 真空扩散焊

真空扩散焊是一种在真空中进行的、焊件之间彼此贴合,在适当的温度、工件贴合压力和保持一段时间下,使接触面之间发生原子间的扩散,从而形成连接的焊接方法。扩散焊在金属不熔化的情况下,形成焊接接头,特别适合于熔焊和其他方法难以焊接的材料,如活性金属、耐热合金、陶瓷和复合材料等。异种金属加中间层,一般是为了防止接合处形成脆性中间金属,或减少两金属线膨胀系数的差异。钨/钢直接焊接反应生成FeW、Fe_2W等金属间化合物,使接头力学性能急剧恶化。Basuki等[40]在1050℃下对W与EUROFER97低活化钢直接进行扩散焊,焊接接头处存在很大的热应力,经过热处理后直接断裂。

为了获得高质量的钨/钢接头,通常采用添加中间层材料来缓解残余应力,抑制脆性金属间化合物的形成。中间层材料的选择原则,是与母材物理化学性能差异小、不与母材反应产生硬脆相和共晶相,易发生塑性变形。国内外尝试了多种材料作为中间层,如Nb[41]、Ni[42,43]、V[44,45]、Ti[46]和复合层V/Ni[47]、V/Cu[48]等。Nb的热膨胀系数在钨与钢之间,V和Ti的线性膨胀系数介于钨和钢之间,具有优异的高温力学性能,且钨/钢都能形成连续固溶体,不仅能缓解接头的残余应力,还能避免脆性相的生成;Ni塑性好,屈服强度低,有助于缓解应力,Ni和Fe在高温时能形成连续固溶体,且能阻止钢中的碳向钨中扩散[49];Cu是一种非碳化物形成元素,与钢不会形成脆性相,既阻止钢中碳原子向V中扩散,又能缓解由于母材热膨胀系数差异带来的热应力。

为了解决钨/钢直接焊接时的热应力问题,Basuki等分别引入Nb片[41]、V[44,45]片作为中间层,对W与EUROFER97低活化钢进行扩散焊接。在Zhong等分别以Ti[46]、Ni[42,43]作为中间过渡层,将W与F82H、W与Fe-17Cr铁素体钢连接在一起。针对仅引入单层V片,V/钢界面易出现脆性相,Cai等[47,48]采用V/Ni、V/Cu复合中间层对W与高Cr铁素体钢(Fe-17%Cr-0.1%C)进行了扩散焊接。焊接接头的抗拉强度,主要受钨与中间层热膨胀系数差异影响,以及中间层界面形成脆性金属间化合物的作用。

钨/钢扩散焊所用到的中间层大多含有高中子活性元素,如Nb、Ni、Cu等,它们在中子辐照下将引起氦偏聚,导致焊接接头脆化。扩散焊通常需要施加高压,对表面质量要求高,不适合用在复杂结构与形状构件连接场合。这些都是制约扩散焊技术在钨/低活化钢上应用的关键因素。

8. 其他连接技术

钨/钢的热膨胀系数差异大,接头处的热应力大,钨/钢的连接是一个难点,国内外研究还创新了几种方法,如热等静压法[50]、脉冲等离子体烧结技术[51]、爆炸焊[52]、真空等离子喷涂和磁控溅射技术[53]等。但目前针对这些连接技术的研究尚少,需要进一步研究其可行性[54]。

无论采取哪种焊接方式,针对聚变堆的服役条件特点,仅具备良好的可焊性还远远不够。首先要考虑连接后部件整体具备应有的力学性能,要承受高热负荷的冲击;然后要注意高强辐照后的连接部分(接头)组织性能变化;尽管有利于焊接结合,但包括中间层或过渡层慎用含有高活化元素或组分。

7.2.4　ITER全钨偏滤器认证测试

全钨偏滤器认证测试包含几个步骤:① 技术研发和验证,通过制造小尺寸的W/Cu模块(Mock-up)和面向等离子体部件单元(Plasma-Facing Unit,PFU),进行相应的热负荷辐照测试来验证方案的可行性;② 全尺寸的示范,通过制造全尺寸部件并进行高热负荷(High Heat Flux,HHF)测试来验证部件的设计能力和方案的可行性。

ITER对小尺寸钨铜模块的要求:至少有三组模块被用来做HHF测试,每一件模块上至少含有5个钨铜块。因为CuCrZr合金(高强高导合金)在温度高于450 ℃的时候就会发生软化,在20 MW·m^{-2}的热负荷和ITER的水力条件下,如果使用光滑管道实施冷却,材料很可能会提前产生损害,所以穿管钨铜模块的设计中要求带有扰流片。全尺寸钨铜部件垂直靶板区域(近打击点)同样要求装备扰流片。

HHF验证测试之前首先要开展无损检测,包括:① 目测;② 尺寸控制;③ 界面超声检测;④ 室温氦检;⑤ 压力测试。小尺寸部件和垂直靶板区域的HHF具体测试程序:① 在5 MW·m^{-2}的热负荷下热成像(Thermal Mapping);② 5000次10 MW·m^{-2}的热负荷测试;③ 300次20 MW·m^{-2}的热循环测试;④ 5 MW·m^{-2}的热负荷下热成像。全尺寸部件的弯曲段区域(Baffle)的热负荷测试步骤:① 5 MW·m^{-2}的热负荷下热成像;② 5000次5 MW·m^{-2}的热负荷测试;③ 最后5 MW·m^{-2}的热负荷下热成像。

HHF测试的合格标准:① 没有明显融化;② 辐照后无漏水现象;③ 焊接界面不能出现脱黏;④ 测试中无热点Hot Spot(热点:实验中最热的钨块的温度比其他无缺陷处的温度高出30%)出现;⑤ 测试前后的热成像表面的最高温度差不能超过20%。在试验之后,还要进行室温氦漏和水压测试[55]评价。

7.3 国内外穿管型钨铜模块高热负荷测试

如何提升聚变堆核心部件的抗热负荷能力,ITER计划的主要参与国从材料选择到制造规范,都在加紧主要部件的研究和研发。他们在钨连接模块的设计与制造方面取得一些进展,为ITER计划工程推进起到积极作用。

7.3.1 日本W/Cu-Monoblock测试评价

日本一直积极参与ITER项目的筹备和建设,JADA正在推进ITER采购包的制备工作。日本的穿管型钨铜模块(W/Cu-Monoblock)主要由日本原子能机构JAEA负责研发(总部位于茨城县那珂市,是日本原子能领域的核心单位,承担原子能的开发和利用)。在全钨偏滤器认证项目框架引导下,取代了CFC/W的偏滤器概念设计,开展全W偏滤器概念研发工作[56]。

首先研制出小尺寸(Small-scale)钨铜模块,其尺寸如图7-6所示[57]:钨块的宽度为27.8 mm、高为28 mm、轴向长度为12 mm。W-PFMs承受等离子体冲击的表面与CuCrZr冷却管上表面之间的厚度为8 mm。两钨块之间的间隔为0.5 mm。纯铜中间层的厚度为1 mm,用来缓解因PFMs与热沉的物理性能差异而产生的热应力。热沉材料CuCrZr合金的内外径分别为12 mm和15 mm。钨/铜之间的连接方法分别为热等静压、铸造和单向扩散焊接。钨铜块和铬锆铜通过钎焊进行连接,使用的钎料是无银钎料Ni-Cu-Mn合金(NiCuMan-37)。焊料的厚度为50 μm,钎焊温度为980 ℃。随后对CuCrZr合金在480 ℃下进行除气和时效处理。在进行高热负荷测试之前,需对模块进行并通过目视检查、界面的无损超声探伤、水压测试和室温氦气泄漏检测等一系列检查项目。

日本采用俄罗斯的IDTF设备,总共有6组模块被用来进行高热负荷测试。测试条件:冷却水流速11 m·s^{-1}、入口处温度70 ℃、压力3.9 MPa,热负荷条件为5000次10 MW·m^{-2}和300次20 MW·m^{-2}的热循环测试(IO认证),以及额外的700次20 MW·m^{-2}的热负荷测试。日制的测试模块通过了高热负荷测试,并且满足了ITER组织的高热负荷要求,所以日本JAEA的模块制造和焊接技术满足IO需求。图7-7显示了高热负荷辐照之后的样件表面形貌,可以看出,即使经历了额外的700次20 MW·m^{-2}热负荷,

面向核聚变等离子体钨基材料

其模块的钨表面也没有出现宏观开裂现象(Self-castellation),但发现在钨表面产生了明显的塑性变形。

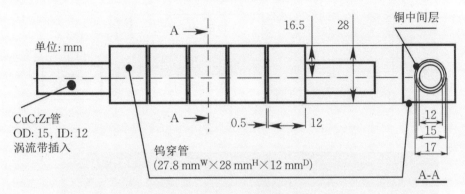

图7-6　日本钨铜穿管模块示意图[57]

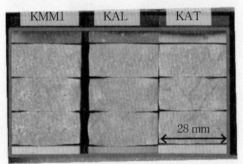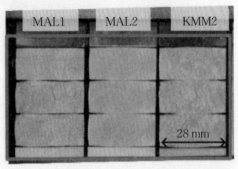

(a) 日本JAEA钨铜模块在经历了5000次10 MW·m⁻²　　(b) 300次20 MW·m⁻²的热负荷后表面的形貌

图7-7　高热负荷辐照后的样件表面形貌[16]

　　为了进行质量控制,在高热负荷辐照之后需要对钨/铜界面进行超声无损检测。检测方法是探头沿铜管轴向扫描,然后探头旋转一个角度,继续轴向扫描,直到旋转扫描一周,收集的图谱便成为超声C扫图像。图7-8(a)为5 MW·m⁻²热负荷后对模块的Cu/CuCrZr和W/Cu界面的超声C扫图像。以垂直表面向上为扫查的0°方向,顺时针方向为θ角(0~360°)。不同的颜色表示不同的回波值,图中黄色的部分即是连接有缺陷的地方。被热负荷辐照的模块被编号,例如,在5 MW·m⁻²热负荷辐照后,1-5-4发现缺陷的角度分布在0~180°,这与图7-8(b)中CCD图像显示的过热区域(红色区域)在试样右半侧相吻合。其他几个模块通过超声检测到的连接缺陷位置与CCD图中的过热区域也都相吻合,表明超声检测是一种在不损伤模块的前提下检测连接界面完整性的可靠方法。

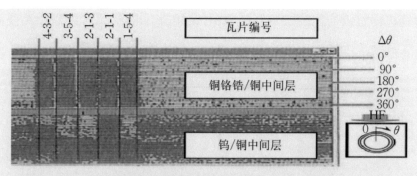

（a）5 MW·m⁻²模块的连接界面的超声C扫图像

（b）CCD图像显示热负荷测试中的过热区域

图7-8 高热负荷辐照检测[57]

日本还在JEBIS设备上，对小尺寸模块（钨armor厚度为7.7 mm）进行了HHF测试，经历300次大于20 MW·m⁻²（峰值约为23 MW·m⁻²）后，虽然钨表面层出现宏观开裂的现象，但是并不影响其传热能力。开裂的原因可能是由于在更高的温度下，产生更大的塑性变形和材料的机械性能下降所致。

JAEA还制造了全尺寸的PFC，即打击点区域使用CFC材料，其他区域采用钨材料（ITER早期设计），其结构如图7-9（a）所示。JAEA在IDTF上对全尺寸靶板的钨段部分进行了HHF测试。该区域的钨铜块尺寸与小尺寸模块相同，总共有5×4个钨铜块，承受了5000次10 MW·m⁻²和1000次20 MW·m⁻²的热负荷辐照，部件没有发生任何水的泄漏和钨表面的连续熔化。图7-9（b）为热负荷辐照之后的钨的表面形貌，表面出现了晶粒长大现象，但是同样没有出现开裂。相比于小尺寸模块，钨的表面没有出现明显的塑性变形。通过对小尺寸模块和全尺寸靶板的制造和热负荷测试，表明JAEA的制造技术满足ITER要求。

JADA制备了7件全钨全尺寸的面向等离子体部件，如图7-10所示。其中6件根据ITER质量标准制造，W Monoblock的制造来自于两家生产商，钨块的宽度为27.8 mm、高为28 mm、轴向长度为12 mm。钨armor厚度为7.7 mm，纯铜中间层的厚度为1 mm。W/Cu之间的连接方法取决于钨的生成厂家，一种是铸造，另一种是单向

面向核聚变等离子体钨基材料

面向等离子体单元测试组件

5×4块

CFC部件

钨直线部分

钨曲线部分

(a) IDTF中的测试组件

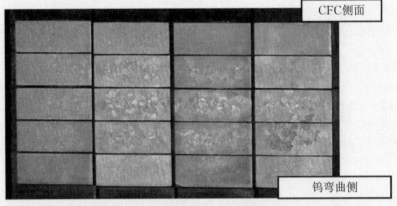

CFC侧面

钨弯曲侧

(b) IDTF中高热能量测试后的钨

图7-9　安装在IDTF上的全尺寸靶板（a）和经过5000次10 MW·m⁻²和1000次

20 MW·m⁻²热负荷测试后钨的表面形貌（b）[57]

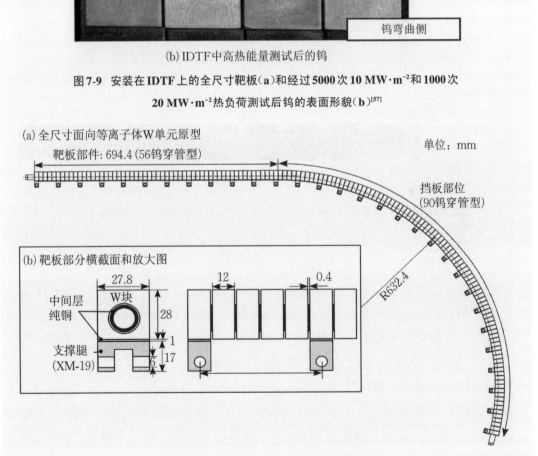

(a) 全尺寸面向等离子体W单元原型

靶板部件: 694.4(56钨穿管型)

单位：mm

挡板部位
(90钨穿管型)

R632.4

(b) 靶板部分横截面和放大图

27.8

W块

中间层
纯铜

支撑腿
(XM-19)

28

1

6

17

12

0.4

图7-10　日本全尺寸全钨PFU示意图[58]

扩散焊接。CuCrZr冷水管的内外径分别为12 mm和15 mm[58]。图7-11(a)为高热负荷后对模块连接界面的超声C扫图像,上部分为Cu/CuCrZr连接界面扫描结果,下部分为W/Cu界面。图中红色的部分即是连接有缺陷的地方,可以看出1、20和45号模块都出现了缺陷。这与图7-11(b)红外(Infrared,IR)相机显示过热区域相吻合。这些缺陷仅出现在通过扩散焊焊接的W/Cu连接界面上,而在铸造Cu/W界面没有发现缺陷。因此,下一步的工作方向是通过改进工艺来提高扩散焊的质量。

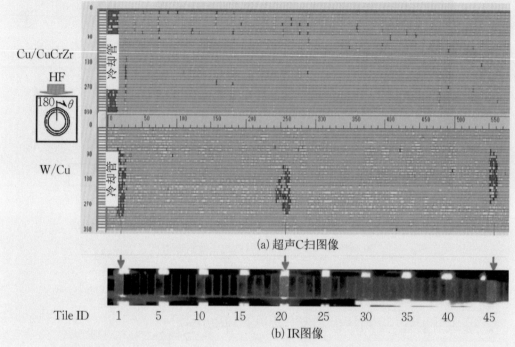

图7-11 超声C扫图像(a)和红外相机图像显示热负荷测试中的过热区域(b)[58]

7.3.2 欧洲W/Cu-Monoblock测试评价

俄罗斯Efremov研究所承接了ITER偏滤器穹顶部件的采购合同,已经制备出了穹顶QPs。穹顶QPs承受住了1000次3 MW·m^{-2}和1000次5 MW·m^{-2}热负荷冲击,通过IO的认证。欧盟承接ITER内靶板部件的采购合同,意大利ANSALDO/ENEA和奥地利PLANSEE公司都制备出了内靶板的QPs,并且都通过了验证,达到了ITER的接收标准。欧洲对小尺寸的穿管钨铜模块和全尺寸的偏滤器靶板部件做了大量的HHF测试。测试的设备是俄罗斯的IDTF和法国的FE200。测试条件是:冷却水的流速为10.2 m·s^{-1}、入口处的温度为100 ℃、压力为3.3 MPa、符合ITER水力条件要求。

面向核聚变等离子体钨基材料

热负荷条件是:5000次10 MW·m^{-2}和1000次20 MW·m^{-2},测试加载和停止热负荷的时间均为10 s。

　　小尺寸模块和全尺寸钨铜部件的制造和高热负荷测试,主要集中在西班牙的F4E(Fusion for Energy),总共有26件小尺寸钨铜模块,以及2件中等尺寸部件由奥地利的Plansee SE(10个件尺寸模块、1件中等规模靶板和热等静压焊接)和意大利的Ansaldo Nucleare(ANN,16个件尺寸模块、1件中等规模靶板和热环压焊接)制造。小尺寸钨铜模块每件包括7个钨铜块,冷却管管中插入一根0.8 mm厚、扭曲比为2的铜制扰流片。对于ANN生产的所有部件,冷却管的内径和外径分别是12 mm和15 mm,钨块的宽度为28 mm,轴线方向上的长度为12 mm,钨armour的厚度(加热表面到纯铜中间层的最小距离)是6 mm。PSE生产的部件总共有三种不同的几何结构,对于第一种和第二种结构,其内径和外径的大小分别是12 mm和15 mm;钨块的宽度是28 mm,轴线方向上长度为12 mm,钨armour的厚度分别是7.5 mm和5.5 mm。对于第三种几何结构,冷却管的内径和外径分别是10 mm和12 mm,钨块的宽度是23 mm,轴线方向上的长度为12 mm,钨armour的厚度为8 mm。PSE生产的中等尺寸规模的靶板,采用的是第三种几何结构,共使用了三种钨材(杆材、板材、棒材)。

　　PSE有6件小模块在FE200上进行了HHF测试,所有的模块都完成了预定的辐照流程,并且没有出现水的泄漏状况。主要的损伤形式是表面局部熔化、粗糙和边缘的塑性变形,在轴线方向上产生了宏观的开裂,这些裂纹在承受了几十次20 MW·m^{-2}的热负荷辐照之后产生。图7-12(a)~(f)分别是相应的高热负荷辐照之后样品表面的形貌,其中:(a)为5000次10 MW·m^{-2};(b)为100次20 MW·m^{-2};(c)为300次20 MW·m^{-2};(d)~(f)为1000次20 MW·m^{-2}。在IDTF设备上的10件小模块的表现满足了ITER组织给出的最低要求(5000次10 MW·m^{-2}和300次20 MW·m^{-2}的热负荷辐照),但是只有7件模块完成了完整的1000次20 MW·m^{-2}的热负荷辐照,有3件在热循环的时候发生了水的泄漏现象。开裂只在前两种结构中产生,与钨armour的厚度无关,这个与在FE200上得到的结果相同。在IDTF设备上的损伤比FE200上面的要轻一些,并且没有发生钨的熔化,如图7-13所示。可能是由于FE200装置独特的参数造成的,即在高频(1~10 kHz)光束扫描时,窄聚焦的电子束斑直径(通常几个毫米)会产生极高的局部热负荷。这种高局部热负荷会导致表面粗糙化和晶粒塑性变形后的微裂纹,并最终使粗糙表面局部熔化。为了减轻这种局部熔化,考虑到表面温度和腐蚀寿命之间的平衡,可以降低钨armour的厚度。

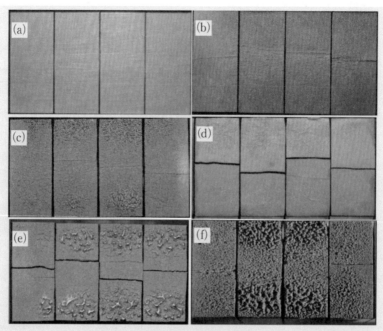

图7-12 PSE钨铜模块在高热负荷辐照之后的表面形貌[59]：(a)(b)(d)(e)的钨armour厚度为5.5 mm，

(c)(f)的钨amour厚度为7.5 mm

[其中(a)(b)(c)(e)(f)在FE200上测试，(d)为IDTF]

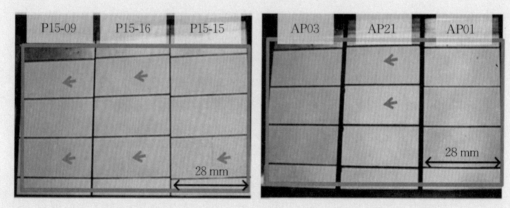

(a) armour厚度为7.5 mm   (b) armour厚度为6 mm

图7-13 欧洲小尺寸穿管钨铜模块在IDTF上经过5000次10 MW·m⁻²和

1000次20 MW·m⁻²热负荷测试后的表面形貌[16]

为了更好地理解模块在高热负荷测试之后的具体损伤情况，对PSE钨铜模块进行了破坏性分析。模块在IDTF设备上高热负荷后破坏检测发现在热沉内部表面沉积了很多杂质，如图7-14(a)所示。推测其原因是在对小尺寸模块进行热负荷实验时使用的水存在质量问题，这样增加了热沉的热阻，导致热应力变大而使CuCrZr水管的塑性

面向核聚变等离子体钨基材料

变形增加,如图7-14(b)所示。PSE W/Cu Mock-ups经过HHF测试后冷水管内表面出现了裂纹,裂纹的长度通常在20~100 μm,如图7-15所示。这些裂纹对Mock-ups的性能影响还不明确,在这些位置水管的微观结构没有显著的变化。在FE200装置上的Mock-ups没有出现水锈(Scale),但是水管内壁也出现了长度为20~100 μm的裂纹。这些裂纹在未加热区域也出现,可能是在制造过程中引入的。

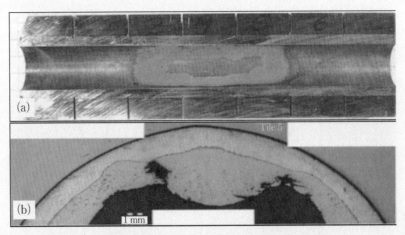

图7-14 典型的水锈(scale)沉积(a)和热沉材料发生变形(b)[59]

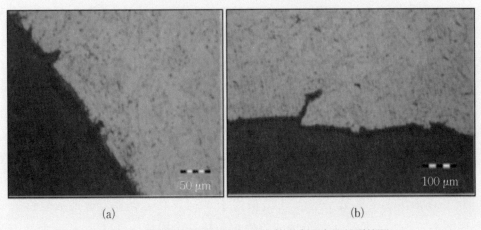

图7-15 PSE模块HHF测试后冷水管内表面出现的裂纹[59]

为了验证钨铜小模块的临界抗热负荷能力,对模块进行了临界热负荷测试(Critical Heat Flux,CHF),临界热负荷测试中,逐渐加大加载在试样上的热通量,直到样品发生破坏。对PSE3件进行了ITER最低要求热负荷辐照的小模块(几何结构为1,armour厚度为7.5 mm)做了CHF测试,最终的临界热负荷通量约28~30 MW·m^{-2}。对于在FE200上测试的靶板,在最低要求测试中没有发生泄漏和开裂,但最终在第616次20 MW·m^{-2}的热负荷辐照中发生了泄漏。

ANN有7件小模块和一件垂直靶板(Vertical Target Prototypes,VTPs)完成了5000次10 MW·m^{-2}和1000次20 MW·m^{-2}的HHF测试,没有发生泄漏。其中有5件小模块和垂直靶板在FE200上测试,2件模块在IDTF设备上完成了测试。和PSE生产的Mock-ups类似,ANN钨铜模块表面出现了粗糙和开裂现象,但是,最后有2件模块没有出现表面开裂的现象(图7-16),可能在于这2件模块使用了具有更好物理性质的钨材料。对ANN钨铜模块进行了破坏性分析,CuCrZr冷水管内表面没有发现裂纹。其中3件模块在进行了300次20 MW·m^{-2}的热负荷辐照之后,进行了CHF测试,最终的热负荷通量在30 MW·m^{-2}左右。

(a) 在FE200上测试　　　　　　　　　　(b) IDTF

图7-16　ANN钨铜模块(armour厚度为6 mm)经过1000次20 MW·m^{-2}高热负荷辐照之后的表面形貌[59]

7.3.3　中国W/Cu–Monoblock测试评价

东方超环EAST是中国研制的,国际上首个全超导Tokamak装置。为了能够承受EAST长脉冲、高参数等离子体下粒子和能量的冲击以及为ITER W/Cu偏滤器设计提供验证和积累经验,中国科学院等离子体物理研究所从2010年开始启动EAST W/Cu偏滤器工程,计划将在2013年底实现上W/Cu偏滤器,2015年底实现下W/Cu偏滤器,并逐渐实现全钨第一壁结构[60],最终于2014年将上偏滤器改造成全钨的偏滤器[61],如图7-17所示。EAST每个偏滤器模块包括一个模块构件(CB)和三个PFCs,即内靶板(Inner Target,IT)、外靶板(Outer Target,OT)以及穹顶(DOME)。IT和OT分别由有4个、5个穿管PFUs组成。DOME由上板和下板组成,通过EBW连接。图7-18给出了EAST上偏滤器W/Cu PFCs细节图[62]。

图7-17　2014年以后EAST装置面向等离子材料及部件图，包括上偏滤器实现了全钨[62]

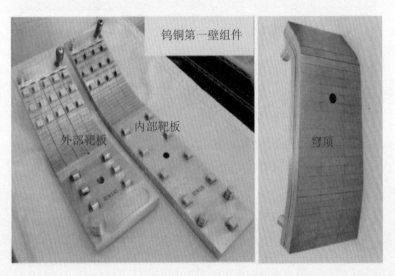

图7-18　EAST W/Cu PFCs一个模块组成，包括9个穿管型PFUs和3个平板型PFUs[62]

　　在制备和应用过程中W/Cu界面处自然会产生较高的热应力，这种周期交替变化且相互叠加的热应力能将W/Cu PFCs造成严重破坏。因此，W/Cu PFCs的制备非常困难，也将是EAST W/Cu偏滤器工程的关键技术之一。中国科学院等离子体物理研究所研制了三种类型的W/Cu PFCs：第一种是与ITER偏滤器垂直靶板PFCs类似的穿管型W/Cu PFCs，也将用于EAST偏滤器垂直靶板的区域，设计具有承受7~10 MW·m^{-2}热负荷的能力。第二种是平板型W/Cu PFCs，将用EAST穹顶区域，也有可能用于除偏滤器以外的第一壁区域，设计具有承3~5 MW·m^{-2}热负荷的能力。第三

295

种是等离子体喷涂 W/Cu PFCs,将用于 EAST 除偏滤器以外的第一壁区域,也有可能用于偏滤器穹顶区域,设计具有承受 $3\sim5$ MW·m^{-2} 热负荷的能力。三种类型的 W/Cu PFCs 在 EAST 装置中的应用分布如图 7-19 所示[63]。

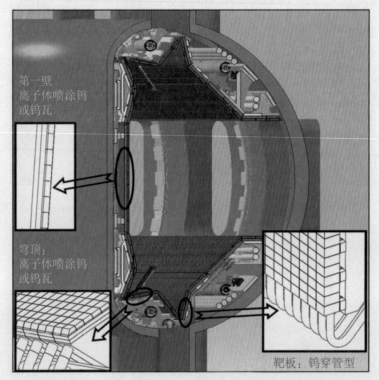

第一壁
离子体喷涂钨
或钨瓦

穹顶:
离子体喷涂钨
或钨瓦

靶板:钨穿管型

图 7-19 三种 W/Cu PFCs 在 EAST 装置中的分布[63]

合肥工业大学提供组分与尺度可调的钨基粉体材料,经过安泰科技公司加工成较大尺寸钨块体而不开裂。中国科学院等离子体物理研究所和安泰科技公司研发了钨与铜、钨铜块与铜合金的"HIP+HIP"焊接工艺[64],即先用热等静压(930 ℃,100 MPa,2 h)在钨块的孔内壁上覆一层无氧铜(OFC)作为中间层,然后再用热等静压工艺(600 ℃,100 MPa,2 h)把 W/Cu 块与 CuCrZr 管串接起来。W/Cu 复合块的照片和 W/Cu 界面的 SEM 照片如图 7-20 所示[13]。SEM 可以看出 W/Cu 界面结合较好,没有出现微观裂纹和界面分离的情况。拉伸试验测得界面结合强度高达 150 MPa。等离子体所与安泰科技公司合作,成功研制了高质量的用于穿管型 W/Cu PFCs 的 W/OFC 块,达到了 ITER 的要求等级,其物理性能如下:密度为 19.2 g·cm^{-3},纯度为 99.95%,硬度 HV 为 450,晶粒大小为 50 μm(垂直轧制方向)×200 μm(平行轧制方向),拉伸强度为 430 MPa(1000 ℃),拉伸率(1000 ℃)大于 5%。

使用"HIP+HRP"工艺[13]制备了含有五个钨块的 W/Cu 模块,如图 7-21(b)所示。

面向核聚变等离子体钨基材料

(a)

(b)

图7-20 （a）利用HIP技术制成的W/Cu复合块；（b）W/Cu界面SEM照片[13]

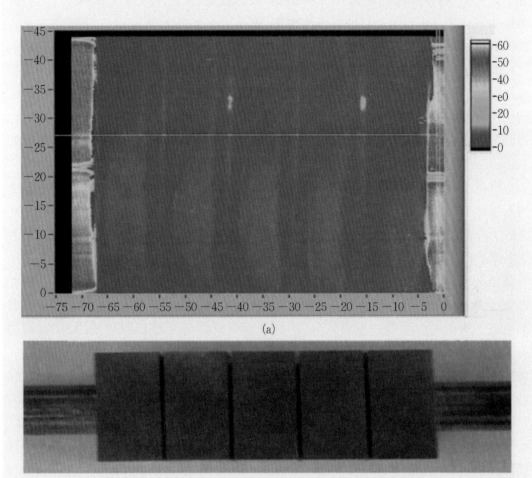

(a)

(b)

图7-21 HRP法制备的小尺寸W/Cu模块及OFC/CuCrZr界面超声无损检测结果[13]

HRP 是意大利 ENEA 开发的一种制备穿管型 W/Cu PFCs 的方法,是一种扩散焊接和热等静压相结合的新技术。等离子体所与意大利 ENEA 合作,利用 HRP 技术共同开展了用于 EAST 偏滤器垂直靶板的穿管型 W/Cu PFCs 的研制。W/Cu 块是用 HIP 法制备的,然后通过 HRP 将 W/Cu 块与 OFC 连接在一起。HRP 参数:温度为 600 ℃、压力为 58 MPa、保温保压 108 min。超声无损检测表明,Cu/CuCrZr 界面结合良好,没有发现缺陷或裂纹,如图 7-21(a)所示。

为了评价等离子体所研制的 W/Cu 模块的高热负荷性能,在中国核工业集团公司西南物理研究院(SWIP)进行了高热负荷测试。每个钨块的尺寸为 31 mm×28 mm×12 mm,钨块之间有一个 0.5 mm 的间隙。测试的设备为电子束设备 EMS-60。测试的水力参数为:冷却水流速为 2 m·s^{-1},入口处温度为 20 ℃,压力为 0.2 MPa。热负荷条件为 1000 次 8.4 MW·m^{-2} 的热负荷辐照,电子枪加速电压为 140 kV,电子束电流为 190 mA。每次加载和停止热负荷的时间均为 15 s。冷却水进出口温度用两路热电偶进行测量,模块表面的温度用红外相机和高温量热仪进行测量。另外,用一台 CCD 相机对试验样品进行监控。红外相机测量的模块表面温度在第 1 周期和第 1000 周期的演化历程没有发生变化,只是真空室的背景温度有所升高,如图 7-22 所示。图 7-23 是热负荷冲击后的模块照片,对模块进行了超声无损检测测试,模块没有出现新的缺陷。

等离子体所采用 EBW-6MG 型电子焊接枪(电子枪最大功率为 6 kW,加速电压为 60 kV,真空室真空度为 1×10^{-2} Pa),对两步热等静压法制备的中等尺寸的靶板部件进行了高热负荷辐照实验。钨块尺寸为(28~31) mm×28 mm×12 mm,辐照面积为 10×26 mm^2。为了保证钨部件具有足够长的刻蚀寿命,冷却水通道顶端到钨块面向等离子体表面的距离为 8 mm。测试的条件:冷却水流速为 4 m·s^{-1}、入口处温度为 25 ℃。测试时,电子束辐照功率 5.4 kW、电子束电流 90 mA、加速电压 60 kV。钨表面对电子束的吸收系数一般为 50%,即钨表面吸收热负荷为 10 MW·m^{-2},加载周期为 15 s 加载、15 s 卸载。用红外热像仪实时观测模块表面温度。在实验中发现在热负荷冲击下表面的最高温度达到了钨表面温度最高温度约为 1200 ℃,如图 7-24 所示。经过 1000 次的 10 MW·m^{-2} 热辐照后,样品表面的最高温度没有明显变化,加载时钨表面升温迅速,卸载时钨表面迅速冷却。对实验前后部件进行了超声无损检测,通过比较发现辐照后没出现新的缺陷,说明制造的穿管型钨铜部件可以承受 10 MW·m^{-2} 的热负荷辐照。

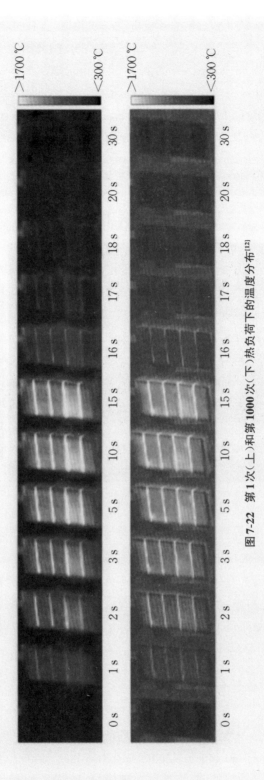

图 7-22　第 1 次（上）和第 1000 次（下）热负荷下的温度分布[12]

受热区

图 7-23　热负荷测试后的样品表面形貌[13]

图 7-24　红外相机测量的钨表面温度分布[62]

　　2015 年,中国科学院等离子物理研究体所与法国的 CEA-WEST 团队合作,为其提供了两件穿管型的钨铜模块,进行了高热负荷辐照测试。其中一件模块因为在实验中冷却系统故障而导致漏水发生实验停止,另一件模块在 SWIP 的 EMS-60 上进行了 700 次 10 MW·m^{-2} 的热负荷辐照,随后在 JUDITH-1 进行了 500 次 10 MW·m^{-2} 和 500 次 20 MW·m^{-2} 的热负荷辐照,具体的辐照条件和辐照后的表面如图 7-25 所示。在经历了 500 次和 300 次 20 MW·m^{-2} 的热负荷辐照之后,在钨的侧面可以看到一个明显的温度梯度的出现,推测是钨表面温度过高导致再结晶发生导致的;在模块表面没有发现钨的宏观开裂,无损检测显示没有产生明显缺陷。由此说明,制造的穿管型钨铜模块可以承受住 300 次 20 MW·m^{-2} 的热负荷辐照。

　　2015 年 5 月,IO 工程部门与等离子体所多次会议讨论,最终确定由等离子体物理研究所提供 6 件 W/Cu Monoblock 的质量认证模块,IO 负责对模块进行高热负荷测试,

面向核聚变等离子体钨基材料

所有的模块都成功完成了测试项目。每件模块包括7个钨铜块和1根CuCrZr管,钨铜块之间通过钼垫片,保留了0.4 mm的间隙。CuCrZr管内插入一根铜制的扰流片。为了防止冷却水中存在的杂质影响传热,实验用的冷却水为去离子水。6件小尺寸W/Cu Monoblock在圣彼得堡JSC NIEFA的IDTF设备上,进行了高热负荷辐照,如图7-26所示。每件模块上有4个钨铜块(从第2块到第5块)被用来做高热负荷测试,进行了5000次10 MW·m^{-2}和300次20 MW·m^{-2}以及额外的700次20 MW·m^{-2}的热负荷辐照,并在测试中对模块进行10 MW·m^{-2}的热扫描。

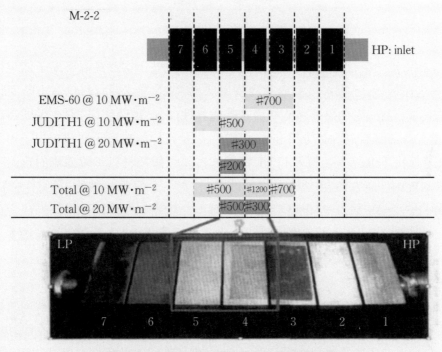

图7-25　为CEA提供模块的热负荷辐照测试[55]

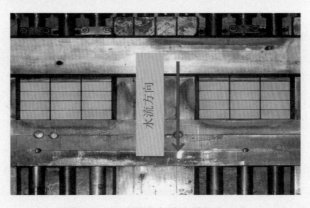

图7-26　测试模块安装在样品台上[62]

虽然在钨偏滤器模块制造及其测试方面有了初步的结果,但离未来聚变堆的服役条件要求还有距离。中国科学院等离子物理研究所、中国核工业集团公司西南物理研究院联合合肥工业大学、中南大学和北京大学等单位正在承担国家重大研发计划项目,开展有关偏滤器从钨基材料优化筛选、模块设计制造和评价测试等研究,力争在聚变堆核心部件偏滤器模块等方面取得新的突破。

本 章 小 结

偏滤器是磁约束核聚变堆实验装置的核心部件,处于构成高温等离子体与材料直接接触的过渡区域,已从水冷型向氦冷型发展,相应的偏滤器材料也在不断变化和发展。钨具有高熔点、高热导率和低氚滞留等优异性能,已被选作ITER中偏滤器部位的PFMs;铜合金兼具有高的热导率和高的强度,以及很好的热稳定性和抗中子辐照活化性,被作为现代Tokamak装置及ITER的偏滤器热沉候选材料。偏滤器的热流密度高达$5\sim20$ MW·m^{-2},PFMs必须给予强制冷却,作为一个完整的偏滤器部件,面向等离子体部件(PFC)、PFMs与热沉材料、热沉材料与结构材料之间的连接已经成为重要技术难题。在几部分连接和部件服役过程中将产生高热应力,选择合适的连接手段与技术,来降低连接界面处的热应力有利于提高偏滤器的稳定和寿命。各种连接技术都在尝试之中,进行不断地完善。

W/Cu模块和面向等离子体部件单元的设计与制造概念已取得基本认同,日本、欧盟和中国在此领域都已取得了长足进步,如何进一步从材料、性能优化设计、提高,以及两者或/和三者的连接等制造工艺取得突破,都还有很大的研发与提升空间。

参考文献

[1] 贾文宝,黑大千,钱仲悠.聚变堆实验包层模块第一壁温度场及热结构分析[J].原子能科学技术,2010(1):340-345.

[2] Raffray A R, Nygren R, Whyte S, et al. High heat flux components-readiness to proceed from near term fusion systems to power plants[J]. Fusion Engineering and Design, 2010, 85(1):93-108.

[3] Tillack M S, Raffray A R, Wang X R, et al. Recent US activities on advanced He-cooled W-alloy divertor concepts for fusion power plants[J]. Fusion Engineering and Design, 2011, 86(1):71-98.

[4] Norajitra P, Boccaccini L V, Gervash A, et al. Development of a helium-cooled divertor: material choice and technological studies[J]. Journal of Nuclear Materials, 2007, 367-370 (B):1416-1421.

[5] 中国科学院等离子体物理研究所.EAST 大科学工程[Z/OL]. http://east.ipp.ac.cn.

[6] Pintsuk G.Tungsten as a fusion plasma-facing material[J]. Comprehensive Nuclear Materials, 2012, 4:551-581.

[7] Hirai T, Panayotis S, Barabash V, et al. Use of tungsten material for the ITER divertor[J]. Nuclear Materials and Energy, 2016, 9:616-622.

[8] Visca E, Cacciotti E, Libera S, et al. Manufacturing and testing of reference samples for the definition of acceptance criteria for the ITER divertor[J]. Fusion Engineering and Design, 2010, 85(10-12):1986-1991.

[9] Litunovsky N, Alekseenko E, Makhankov A, et al. Development of the armoring technique for ITER Divertor Dome[J]. Fusion Engineering and Design, 2011, 86(9-11):1749-1752.

[10] Mazul I V, Belyakov V A, Giniatulin R N, et al. Preparation to manufacturing of ITER plasma facing components in Russia[J]. Fusion Engineering and Design, 2011, 86(6-8): 576-579.

[11] Hirai T, Barabash V, Escourbiac F, et al. ITER divertor materials and manufacturing challenges[J]. Fusion Engineering and Design, 2017, 125(12):250-255.

[12] Song J H, Kim K H, Hong S H, et al. High heat flux test of tungsten brazed mock-ups developed for KSTA divertor[J]. Fusion Engineering and Design, 2016, 109-111(11):78-81.

[13] Li Q, Qin S, Wang W, et al. Manufacturing and testing of W/Cu mono-block small scale mock-up for EAST by HIP and HRP technologies[J]. Fusion Engineering and Design, 2013, 88(9-10):1808-1812.

[14] Sugiyama K, Mayer M, Rohde V, et al. Deuterium inventory in the full tungsten divertor of ASDEX Upgrade[J]. Nuclear Fusion, 2010, 50(3):35001.

[15] Hirai T, Escourbiac F, Carpentier-Chouchana S, et al. ITER tungsten divertor design development and qualification program[J]. Fusion Engineering and Design, 2013, 88(9-10): 1798-1801.

[16] Hirai T, Escourbiac F, Barabash V, et al. Status of technology R&D for the ITER tungsten divertor monoblock [J]. Journal of Nuclear Materials, 2015, 463:1248-1251.

[17] Barabash V R, Kalinin G M, Fabritsiev S A, et al. Specification of CuCrZr alloy properties after various thermo-mechanical treatments and design allowables including neutron irradiation effects[J]. Journal of Nuclear Materials, 2011, 417(1-3):904-907.

[18] Norajitra P, Abdel-KhalikS I, Giancarli L M, et al. Divertor conceptual designs for a fusion

第7章 聚变堆偏滤器钨铜模块制造与评价

power plant[J]. Fusion Engineering and Design, 2008, 83(7-9):893-902.

[19] Norajitra P, Boccaccini L V, Gervash A, et al. Development of a helium-cooled divertor: material choice and technological studies[J]. Journal of Nuclear Materials, 2007, 367-370 (B):1416-1421.

[20] Chehtov T, Aktaa J, Kraft O. Mechanical characterization and modeling of brazed EUROFER-tungsten-joints[J]. Journal of Nuclear Materials, 2007, 367-370(B): 1228-1232.

[21] Huang Q, Li C, Li Y, et al. Progress in development of China Low Activation Martensitic steel for fusion application[J]. Journal of Nuclear Materials, 2007, 367-370(A):142-146.

[22] 宋书香. 聚变堆中高热负荷部件钨(钼)基涂层的制备和性能评价[D]. 北京:北京科技大学,2007.

[23] Roedig M, Kuehnlein W, Linke J, et al. Investigation of tungsten alloys as plasma facing materials for the ITER divertor[J]. Fusion Engineering and Design, 2002, 61-62(0):135-140.

[24] Smid I, Akiba M, Vieider G, et al. Development of tungsten armor and bonding to copper for plasma-interactive components[J]. Journal of Nuclear Materials, 1998, 258-263(1):160-172.

[25] Onozuka M, Hirai S, Kikuchi K, et al. Manufacturing study of Be, W and CFC bonded structures for plasma-facing components[J]. Journal of Nuclear Materials, 2004, 329-333 (1-3):1553-1557.

[26] Barabash V, Akiba M, Cardella A, et al. Armor and heat sink materials joining technologies development for ITER plasma facing components[J]. Journal of Nuclear Materials, 2000, 283(B):1248-1252.

[27] Maksimova S V, Khorunov D V F, Barabash V R. Problems in fabricating sections of a divertor of a thermonuclear synthesis reactor by brazing[J]. Welding International, 1995, 9 (1):47-50.

[28] 郭双全,冯云彪,燕青芝,等. 偏滤器中钨与异种材料的连接技术研究进展[J]. 焊接技术,2010, 39(9):3-7.

[29] Saito S, Fukaya K, Ishiyama S, et al. Mechanical properties of HIP bonded W and Cu-alloys joint for plasma facing components[J]. Journal of Nuclear Materials, 2002, 307(2 Suppl):1542-1546.

[30] Döring J-E, Vaßen R, Pintsuk G, et al. The processing of vacuum plasma-sprayed tungsten-copper composite coatings for high heat flux components[J]. Fusion Engineering and Design, 2003, 66-68(0):259-263.

[31] 种法力,陈俊凌,李建刚. Tokamak 第一壁上 W/Cu 材料的连接和界面应力的研究[J]. 稀有

金属与硬质合金,2005,33(4):38-42.

[32] Raffray A R, Guebaly L E, Ihli T, et al. Engineering design and analysis of the ARIES-CS power plant[J]. Fusion Science and Technology, 2008, 54(3):725-746.

[33] Norajitra P, Giniyatulin R, Ihli T, et al. Current status of He-cooled divertor development for DEMO[J]. Fusion Engineering and Design, 2009, 84(7-11):1429-1433.

[34] Chehtov T, Aktaa J, Kraft O. Mechanical characterization and modeling of brazed EUROFER-tungsten-joints[J]. Journal of Nuclear Materials, 2007, 367-370(B):1228-1232.

[35] 刘文胜,刘书华,马运柱,等.基于镍基微晶钎料的钨/钢真空焊接接头的组织及性能[J].中国有色金属学报,2014,24(12):3051-3058.

[36] Prado J, Sánchez M, Ureña A. Evaluation of mechanically alloyed Cu-based powders as filler alloy for brazing tungsten to a reduced activation ferritic-martensitic steel[J]. Journal of Nuclear Materials, 2017, 490:188-196.

[37] Kalin B A, Fedotov V T, Sevrjukov O N, et al. Development of rapidly quenched brazing foils to join tungsten alloys with ferritic steel[J]. Journal of Nuclear Materials, 2004, 329-333(1-3):1544-1548.

[38] Kalin B A, Fedotov V T, Sevrjukov O N, et al. Development of brazing foils to join monocrystalline tungsten alloys with ODS-EUROFER steel[J]. Journal of Nuclear Materials, 2007, 367-370(B):1218-1222.

[39] Oono N, Noh S, Iwata N, et al. Microstructures of brazed and solid-state diffusion bonded joints of tungsten with oxide dispersion strengthened steel[J]. Journal of Nuclear Materials, 2011, 417(1-3):253-256.

[40] Basuki W W, Aktaa J. Investigation on the diffusion bonding of tungsten and EUROFER97[J]. Journal of Nuclear Materials, 2011, 417(1-3):524-527.

[41] Basuki W W, Aktaa J. Investigation of tungsten/EUROFER97 diffusion bonding using Nb interlayer[J]. Fusion Engineering and Design, 2011, 86(9-11):2585-2588.

[42] Zhong Z, Jung H, Hinoki T, et al. Effect of joining temperature on the microstructure and strength of tungsten/ferritic steel joints diffusion bonded with a nickel interlayer[J]. Journal of Materials Processing Technology, 2010, 210(13):1805-1810.

[43] Zhong Z, Hinoki T, Kohyama A. Effect of holding time on the microstructure and strength of tungsten/ferritic steel joints diffusion bonded with a nickel interlayer[J]. Materials Science and Engineering:A, 2009, 518(1-2):167-173.

[44] Basuki W W, Aktaa J. Diffusion bonding between W and EUROFER97 using V interlayer[J]. Journal of Nuclear Materials, 2012, 429(1-3):335-340.

[45] Basuki W W, Aktaa J. Process optimization for diffusion bonding of tungsten with

第7章 聚变堆偏滤器钨铜模块制造与评价

EUROFER97 using a vanadium interlayer[J]. Journal of Nuclear Materials, 2015, 459:217-224.

[46] Zhong Z, Hinoki T, Nozawa T, et al. Microstructure and mechanical properties of diffusion bonded joints between tungsten and F82H steel using a titanium interlayer[J]. Journal of Alloys and Compounds, 2010, 489(2):545-551.

[47] Liu W S, Cai Q S, Ma Y Z, et al. Microstructure and mechanical properties of diffusion bonded W/steel joint using V/Ni composite interlayer[J]. Materials Characterization, 2013, 86:212-220.

[48] Cai Q, Liu W, Ma Y, et al. Microstructure, residual stresses and mechanical properties of diffusion bonded tungsten – steel joint using a V/Cu composite barrier interlayer[J]. International Journal of Refractory Metals and Hard Materials, 2015, 48:312-317.

[49] 代野,戴明辉,牛犇,等. 钢/钨扩散连接技术研究进展[J]. 兵器装备工程学报,2019, 40 (5):205-209.

[50] Jung Y I, Park J Y, Choi B K, et al. Interfacial microstructures of HIP joined W and ferritic-martensitic steel with Ti interlayers[J]. Fusion Engineering and Design, 2013, 88(9-10): 2457-2460.

[51] Rosiński M, Kruszewski M J, Michalski A, et al. W/steel joint fabrication using the pulse plasma sintering (PPS) method[J]. Fusion Engineering and Design, 2011, 86(9-11):2573-2576.

[52] Mori D, Kasada R, Konishi S, et al. Underwater explosive welding of tungsten to reduced-activation ferritic steel F82H[J]. Fusion Engineering and Design, 2014, 89(7-8):1086-1090.

[53] Weber T, Stüber M, Ulrich S, et al. Functionally graded vacuum plasma sprayed and magnetron sputtered tungsten/EUROFER97 interlayers for joints in helium-cooled divertor components[J]. Journal of Nuclear Materials, 2013, 436(1-3):29-39.

[54] 刘天鸶. 钨/低活化钢连接用Fe基非晶钎料研究[D]. 大连:大连理工大学,2018.

[55] 孙兆轩. ITER钨铜穿管模块高热负荷测试及有限元模拟[D]. 合肥:中国科学技术大学, 2017.

[56] Hirai T, Escourbiac F, Carpentier-Chouchana S, et al. ITER full tungsten divertor qualification program and progress[J]. Physica Scripta, 2014, 2014(T159):14006.

[57] Ezato K, Suzuki S, Seki Y, et al. Progress of ITER full tungsten divertor technology qualification in Japan[J]. Fusion Engineering and Design, 2015, 98-99(10):1281-1284.

[58] Ezato K, Suzuki S, Seki Y, et al. Progress of ITER full tungsten divertor technology qualification in Japan: manufacturing full-scale plasma-facing unit prototypes[J]. Fusion Engineering and Design, 2016, 109-111(B):1256-1260.

[59] Gavila P, Riccardi B, Pintsuk G, et al. High heat flux testing of EU tungsten monoblock

mock-ups for the ITER divertor[J]. Fusion Engineering and Design, 2015, 98-99(0):1305-1309.

[60] Luo G-N, Li Q, Chen J M, et al. Overview of R & D on Plasma-Facing Materials and Components in China[J]. Fusion Science and Technology, 2012, 62(1):9-15.

[61] Cao L, Zhou Z, Yao D. EAST Full Tungsten Divertor Design[J]. Journal of Fusion Energy, 2015, 34(6):1451-1456.

[62] Luo G-N, Liu G H, Li Q , et al. Overview of decade-long development of plasma-facing components at ASIPP[J]. Nuclear Fusion, 2017, 57(6):65001.

[63] 李强. EAST 钨铜偏滤器材料设计和部件制备研究[D]. 北京:中国科学院大学,2012.

[64] 刘国辉,李强,魏然.用于核聚变装置的W/Cu穿管部件的制备与辐照性能研究[J]. 核聚变与等离子体物理,2015, 35(1):75-78.

后　记

在本著作付梓之际,核聚变及聚变能领域不断传来惊人的消息。据报道,美国加利福尼亚州劳伦斯·利弗莫尔国家实验室(LLNL)的科学家使用激光的聚变实验中首次实现净能量增益,聚变反应后得到 2.5 MJ 能量比投入 2.1 MJ 能量大,新增约 20% 能量;继去年首次实现了核聚变点火,2023 年 7 月 30 日的实验再次实现了这一突破,产生去年比 12 月更高的能量输出。自 20 世纪 50 年代以来,物理学家们一直试图利用为太阳提供能量的核聚变反应,但直到 2022 年 12 月,还没有任何研究单位能够从该反应中产生比其消耗更多的能量,即点火。

英国托塔马克能源公司在一台名为 ST40 的原型装置中实现 1500 万℃,计划于 2023 年末使堆内温度达到 1 亿℃,并计划在 2025 年前实现工业规模核聚变且并网发电。2023 年 7 月 7 日,英国空间推进领域的脉冲星聚变公司(Pulsar Fusion)正在建造一款核聚变火箭发动机,该研究一旦成功,核聚变火箭的性能将远超传统的化学燃料火箭,核动力产生的巨大推力将使火箭的推进速度达到 100 km/s 以上,可以轻轻松松超越第三宇宙速度,宇宙飞船以这样的速度从地球到火星时间甚至将缩短至 30 天。

英美关于核聚变的研究进展,引起世界各国的广泛关注。在核聚变反应中获得了净能量增益,使人们更加乐观地认为实现无限、零碳能源不再是梦想。传统能源日渐枯竭和全球气候变化加剧问题已成为人类社会可持续发展面临的共同挑战,人类必须转变获得能源的方式。聚变能发展纳入应对能源短缺和气候变化的重要方向,激起国际气候变化谈判和能源竞争新的波澜,各国政府和企业努力加快聚变能源推进步伐,也为当前围绕能源战争的多方角逐开启了新的战场。

2022 年 10 月 19 日,中核集团核工业西南物理研究院新一代"人造太阳"(HL-2M)装置,为中国目前规模最大、参数最高的新一代"人造太阳"实验研究装置,该装置取得了突破性进展——等离子体电流突破 100 万 A(1 MA),标志着中国核聚变研发距离"聚变点火"迈进了重要一步,跻身国际第一方阵。2023 年 4 月 12 日,正在运行的中国

面向核聚变等离子体钨基材料

大科学装置"人造太阳"、世界首个全超导Tokamak装置东方超环(EAST)取得重大成果,中国科学院等离子物理研究所在第122254次实验中成功实现了403 s稳态长脉冲高约束模式等离子体运行,创造了Tokamak装置高约束模式运行新的世界纪录,为中国聚变能源的发展与利用创造了曙光。

但是,中国仍将在相当一段时期内,面临能源资源不足和生态环境的双重压力,能源形势异常严峻。作为世界第二大经济体和负责任的大国,推动聚变能早日规模化商用的需求更为迫切。开发核聚变能,是我国科技界面向国家发展战略需求的一项重大任务,也将是实现我国科技自立自强、成为现代化强国的严峻考验。

核聚变能的研究使等离子体物理学、材料科学、工程科学及和其它学科交叉产生的科学技术已成为物质科学前沿,聚变研究作为一个多学科交叉的领域,将材料科学等方面一些方向推到一个崭新高度,促进了高精尖技术的诞生和发展。

1. 国际磁约束核聚变研究和发展

(1)国际热核聚变实验堆(ITER)

ITER的科学目标是要实现并验证在400 s的时间内聚变功率增益(Q)大于10、在3000 s的时间内稳态聚变功率增益大于5、验证点火(自持燃烧)条件所需的功率增益大于30等条件下聚变实验堆的科学和工程可行性。ITER的建设、运行和实验研究将直接影响并决定聚变示范电站(DEMO)的设计和建设,可推进实现商用聚变发电的进程。

ITER主要部件的研发(R&D)均已完成,目前进入安装阶段,进展基本顺利。预期第一次等离子体放电将在2027年之后,正式的氘氚聚变实验在2035年左右进行。

(2)欧盟

欧盟在20世纪90年代就明确要将核聚变能研究作为优先领域之一。为加强聚变一体化建设,成立了欧盟聚变联盟(EUROFUSION),明确在ITER计划后,建造并运行磁约束核聚变工程示范堆和核聚变商业电站。欧盟聚变联盟集中人力物力和目标加快DEMO进程,强化统一的前瞻性布局,开展物理工程设计、关键技术和部件研发。为了适应和引领未来聚变能的快速发展,他们将ITER计划调整到能源署管理,更加明确要尽早把聚变能源从研发转向实施发展。

(3)美国

美国在相当长的一段时间内,将聚变研究列在基础研究范畴。进入21世纪,随着双碳目标的确定以及一系列科学技术的突破,美国重新制定了一系列能源发展战略及相关计划,将核聚变能作为重要的清洁、安全、可靠的新能源之一。经过广泛的研讨和论证,提出了更先进的稳态高磁比压物理思路和高温超导技术路线。2021年,美国国家科学院、工程和医学院联合发布聚变能发展战略研究报告《将核聚变引入美国电网》,提出在2035—2040年建造可运行的核聚变发电厂,并表示到2050年,美国电力公司将全面向零碳发电进行转变。

(4) 英国

2021年10月,英国商业、能源和产业战略部(BEIS)发布《迈向聚变能源:英国聚变战略》和《迈向聚变能源:英国政府关于聚变能源监管框架的提议》,提出了两大战略目标:① 通过建造一个能够接入电网的聚变发电厂原型,示范聚变技术的商业可行性;② 建立世界领先的英国聚变产业,在随后几十年里向世界各地输出聚变技术。英国提出"球形托卡马克能源生产(STEP)"计划,表示将在2040年前建造一个将能源接入电网的核聚变发电厂原型。

(5) 日本

日本为了加快聚变堆的进程和减少福岛事故带来的影响,形成专门从事聚变研究的机构。日本与欧盟合作建设的ITER卫星装置JT-60SA已完成调试,已于2023春季正式投入实验研究。JT-60SA是目前投入运行的最大规模的超导Tokamak,它将对ITER的运行提供极为宝贵的经验,也将为DEMO设计提供坚实的科学技术基础。日本还有国际上最大的超导螺旋装置LHD,对磁约束聚变发展和人才培养有着非常重要的推动作用。2022年9月,日本政府首次召开了专家会议,商讨制定核聚变战略,讨论研发和工业发展的政策。目前日本已完成新一轮DEMO概念设计,其目标是在2050年前完成聚变能商用化前的准备。

(6) 中国

我国自正式加入ITER计划以来,就设立了ITER计划专项,部署国家磁约束核聚变能整体发展战略,促使我国磁约束核聚变能研究总体发展取得了长足进步(图1)。中国聚变工程实验堆(CFETR)致力于填补ITER和DEMO间的技术空白,在2050年前做好建设和运行原型电站(PFPP)的各项准备。2019年由中国国际核聚变能源计划执行中心牵头负责,完成了面向2035年的交叉前沿与颠覆性创新研究专题——核聚变能源方向战略研究调研报告,对国际磁约束核聚变能发展的现状及发展趋势、我国磁约束核聚变能研发发展情况和态势、未来15年主要任务及工作重点等进行了分析和梳理,并评估了近期建造CFETR的风险。根据国家战略及发展和国际合作基础,将CFETR升级为具有所有商用示范堆特征的装置——国际核聚变示范电站(International

面向核聚变等离子体钨基材料

Fusion Demo,IFUD），力争将IFUD培育成由我国牵头发起的国际大科学工程。

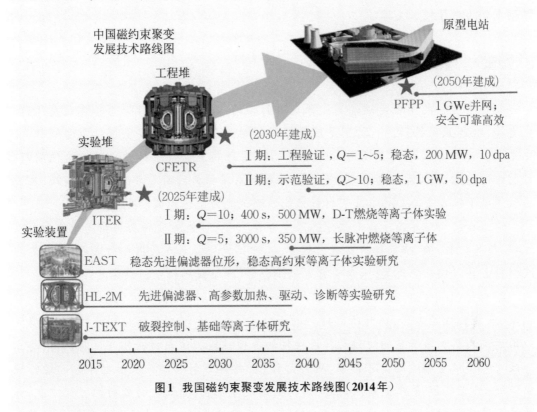

图1 我国磁约束聚变发展技术路线图（2014年）

（7）其他国家

韩国政府把聚变能的发展作为国家发展的长期国策，并在国会以法律的形式通过，宣布在2040年前后建成聚变示范堆，为此专门成立示范堆研究机构，以及提供庞大的研究经费用于工程设计和关键技术预研，并于2013年与美国能源部普林斯顿等离子物理实验室合作开发"韩国示范聚变堆（K-DEMO）"，计划在2030年建成。

印度和俄罗斯政府也都以参与ITER计划为契机，筹划本国未来核聚变能发展，提出在2035年前后建成聚变示范堆设想，目标时间是2050—2060年建成聚变商用堆。

随着ITER装置建成和实验运行的日益临近，各国都在考虑并部署核聚变能从科研走向能源，特别是近年来一系列突破性进展，实现核聚变能商用的前景越来越清晰。国际聚变界普遍认为，ITER计划结束后，还需要经历示范堆阶段，重点突破建设和运行聚变电站遗留的问题，全面演示和验证商用核聚变电站的工程设计及经济可行性。世界科技强国在参与ITER建设和规划科学实验的同时，瞄准后ITER阶段，纷纷增加投入，加快部署下一代聚变装置的设计和研发，加速推进聚变能开发应用。为了实现战略目标，这些国家在积极参与ITER建设和准备ITER科学研究的同时，提出和更新了聚变能发展路线和战略,强化基础、加大投入、全面部署,为战略目标的制定和实施提供重要的科学技术支撑。

2. 聚变材料的发展思路与方向

聚变堆材料的发展是核聚变能源发展面临的三大关键挑战(等离子体稳态运行、氚自持、抗辐照材料)之一,特别是反应堆结构材料是核能系统安全性的重要保障,需要尤其关注与聚变堆功率及运行时间密切相关的中子辐照下材料的性能退化问题。目前中国在RAFM钢和纯钨这两种聚变堆材料基础材料的研发方面已取得突破,在高通量等离子体轰击与高热负载下材料性能的测试能力已达到国际先进水平。

作为直接面对等离子体的偏滤器及包层第一壁,可能备选的面向等离子体材料有纯钨、钨基材料、铍、碳基材料及液态锂等,其中钨材料体系发展得相对成熟,偏滤器热沉材料主要以铜合金为主,探索的有先进钨合金、纤维或颗粒增强钨基复合材料。

21世纪20年代将基于RAFM钢与纯钨等基础材料,开展高纯化、工艺定型、完整测试、采集数据等工作,提升所需材料的成熟度,并完善相关连接与制造技术,需要完成用于偏滤器和第一壁的纯钨及其连接件的各项性能测试与材料相关性能认证,建立全尺寸部件批量制造的工艺标准,从而为IFUD堆的设计与建设及低功率期的运行提供保障;21世纪30年代中期,探索提高钨抗热疲劳开裂、降低表面溅射的可行方案,并开展先进钨基材料研发和性能测试工作,深入系统地开展纯钨改性和先进钨基材料等相关工作,推动后继部件设计与制造方案的确定,将针对高功率运行的需求,完成先进钨基材料及热沉铜合金、先进氚增殖剂与中子倍增剂及阻氚涂层等的研发及技术成熟度提升。

在发展核聚变能源的进程中,聚变材料还需一个完成研制、试验和认证等的较长周期,必须加强诸如聚变中子辐照等基础设施建设,只有这样才能满足预期工程设计与部件制造等条件,支撑聚变能源的商业示范。

核聚变能开发研究是人类共同发展面临的难题,更是面向世界科学前沿、攀登科技高峰的国际化事业。我国以ITER计划为契机,探索建立了创新型的国际合作形式、管理体制和运行机制,培养了国际化的高端前沿科技人才队伍,逐步构建起了我国自主建设及层次、布局、学科合理的磁约束核聚变科学、工程、技术和管理的人才体系,为我国2040—2050年实现聚变能示范应用奠定基础。

面向核聚变等离子体钨基材料